ULF DANIELSSON

Physik für Poeten

ULF DANIELSSON

Physik für Poeten

Von Sternschnuppen, Schwarzen Löchern und anderen
Merkwürdigkeiten im Universum

Aus dem Schwedischen
von Susanne Dahmann

List

Die Originalausgabe erschien 2003 unter dem Titel
Stjärnor och äpplen som faller
bei Albert Bonniers Förlag, Stockholm

Der List Verlag ist ein Verlag
der Ullstein Buchverlage GmbH

ISBN 3-471-77353-3

© Ulf Danielsson, 2003
Deutsche Ausgabe:
© Ullstein Buchverlage GmbH, Berlin 2004
Alle Rechte vorbehalten.
Gesetzt aus der Berling
bei Pinkuin Satz und Datentechnik, Berlin
Druck und Bindung: Claussen & Bosse, Leck
Printed in Germany

Für meine Mutter

Inhaltsverzeichnis

Vorwort

✳

»Wir liegen alle in der Gosse,
aber einige von uns können die Sterne sehen.«

Oscar Wilde

Es gibt viele Wissenschaftler, die nicht immer so leben, wie sie es lehren. Ich selbst zum Beispiel spucke mir schon mal heimlich über die Schulter, wenn eine schwarze Katze über die Straße läuft. Dann gibt es Momente, in denen ich den Verdacht habe, meine Frau könne meine Gedanken lesen; und es kommt tatsächlich vor, dass ich glaube, das zweite Gesicht zu haben. Aber zugleich würde ich natürlich lautstark gegen solch einen blödsinnigen Aberglauben auftreten, wenn jemand anders mit vergleichbaren Behauptungen zu mir käme. Doch meist habe ich meine irrationalen Eskapaden im Griff und es gelingt mir, die Welt im Einklang mit der Vernunft zu betrachten.

Eine angemessene Weltanschauung ohne Aberglauben ist allerdings nicht zwangsläufig auch naturwissenschaftlich. Es gibt durchaus Fragen über das Menschliche – und es sind vielleicht sogar die wichtigsten –, die in naturwissenschaftlicher Terminologie nicht formuliert werden können. Beobachtungen und Ideen aus weit voneinander entfernten Richtungen greifen ineinander, Gedanken über die Natur springen aus dem historischen Zusammenhang und werden selbst Teil einer Erzählung, in die sogar menschliche Schicksale eingeflochten sind. Man kann keine Erkenntnis erlangen, ohne die menschliche Perspektive zu berücksichtigen, von der wir uns nie losmachen können. Zugleich sind wir durch die Materie, aus der unsere Körper bestehen, als Menschen auch Teil eines märchenhaften Universums – Teil einer Materie, die vor langer Zeit im Bauch der Riesensterne geschaffen und durch Jahrmillionen der Entwicklung veredelt wurde.

Es ist auf Dauer unmöglich, ohne Visionen, ohne einen größeren Zusammenhang zu leben. Zu anderen Zeiten ist dieser Zusammenhang durch die Religion geschaffen worden, doch in unserer säkularisierten Zeit ist ein Vakuum entstanden. Womit soll es gefüllt werden? Ein sich immer stärker ausbreitendender Aberglaube unter den Menschen, die nach Visionen hungern, kann nur dadurch bekämpft werden, dass man zeigt, wie unergründlich und wunderbar die wirkliche Welt ist. Doch dieses Wissen muss auf der Einsicht in die Grenzen der Naturwissenschaft gründen. Sie ist keine eigenständige Weltanschauung oder Religion.

Während ich dies schreibe, hat der Merkur gerade die Oberfläche der Sonne passiert. Heute Morgen habe ich mein Teleskop in die Schule meines Sohnes mitgenommen, um ihm und seinen Schulkameraden zu zeigen, wie das schwarze Rund des kleinen Planeten vor der strahlenden Scheibe der Sonne aussieht. Die Kinder haben sich neugierig angehört, was ich über weit von der Erde entfernte Welten zu berichten hatte, und ich hoffe, dass einige von ihnen auch auf eigene Faust weiter darüber nachgedacht haben. Das Wichtigste, was ich vermitteln wollte, war die Einsicht, dass wir immer noch dabei sind, die Welt zu entdecken. Ich bin fest davon überzeugt, dass diejenigen, die behaupten, die Wissenschaften seien am Ende ihres Weges angelangt, und die größten Fragen seien bereits beantwortet, sich gänzlich täuschen. Nichts weist darauf hin, dass wir uns in den letzten Tagen befinden, vielmehr leben wir im Gegenteil mitten in der Geschichte.

Ulf Danielsson
Uppsala, den 7. Mai 2003

Anmerkung zur Deutschen Ausgabe

Physik für Poeten soll eine unterhaltsame Anregung für Literaturliebhaber, Sternengucker und verträumte Philosophen sein, sich mit den Themenbereichen der Physik zu beschäftigen. Deshalb enthält weder die schwedische noch die deutsche Ausgabe ein Glossar oder ein Register. Wer mehr wissen möchte, ist herzlich eingeladen, sich in die hinten aufgelisteten Bücher zu vertiefen.

13

KAPITEL 1

Die Herausforderung des Platon

In dem Platon die Weisen der Welt herausfordert,
Eudoxos einen Stern verschlampt und Kepler
Sphärenmusik summt.

Seit ich denken kann, habe ich die Sterne beobachtet, doch der große Komet aus dem Frühjahr 1976 ist mir besonders im Gedächtnis geblieben. Ich hatte von meinen Eltern ein Abonnement für eine amerikanische astronomische Zeitschrift geschenkt bekommen, und dort hatte ich über den neuen Kometen, den Komet West, gelesen, der bald am Himmel sichtbar werden sollte. An einem kalten Märzmorgen, als alle noch schliefen, ging ich voller Erwartung hinaus. Die Luft war klar, es hatte schon zu dämmern begonnen, und nur noch wenige Sterne waren am Himmel zu sehen. Einen Kometen konnte ich jedoch nicht entdecken, und so ging ich etwas enttäuscht den kleinen Kiesweg vor meinem Elternhaus hinunter. Aber als ich um den Schuppen der Nachbarn bog, da sah ich ihn plötzlich. Er hing mit seinem gespensterhaften Schweif über dem Berg auf der anderen Seite des Sees und übertraf alle meine Vorstellungen. Ich rutschte auf dem Eis aus, so schnell rannte ich nach Hause, um mein Teleskop zu holen.

Im Laufe der Jahrhunderte sind Kometen dieser Art immer wieder von den Menschen gesehen worden. Erschrocken und erstaunt haben sie sich gefragt, was dieses bedrohliche Ding, das so unerwartet am Himmel auftauchte, wohl sein könnte. Im besten Fall hat man auf atmosphärische Phänomene getippt, im schlimmsten Fall dachte man an ein schlechtes Omen. Auch Martin Luther schrieb, dass nur Heiden an eine natürliche Erklärung glauben könnten. Ein gutes Beispiel sind die Kometen, die in den Jahren 1664 und 1665 Angst und Schrecken verbreiteten, und die so manchen Astrologen dazu verleiteten, Verheißungen für die Zukunft auszusprechen. Eine praktische Hilfe für alle Neugierigen bot der Londoner Astrologe John Gadbury, der damals gerade eine Schrift darüber verfasst hatte, was bei Auftauchen eines Kometen zu erwarten sei. Es sei einzig und allein zu untersuchen, in welchem Sternbild der Komet zum ersten Mal beobachtet worden war. Diese beiden Kometen hatten nun aber ihre Reise in Jungfrau und Steinbock begonnen, was nach Gadbury Krawalle, Verfolgung und Unzucht ankündigte. Und tatsächlich geschahen in dieser Zeit schreckliche Dinge in England, es brach nämlich eine furchtbare Pestepidemie aus, der viele Menschen zum Opfer fielen. Peinlicherweise war aber die Pest in Jungfrau und Steinbock gerade nicht vorgesehen. Und eine Ironie des Schicksals wollte es, dass einer der Menschen, die vor der Epidemie flohen, nämlich der junge Isaac Newton (1642–1727), gerade dabei war, die Naturgesetze zu entdecken, die später Gewissheit schaffen sollten, was Kometen wirklich waren.

Mein eigener Komet West nahm den Morgenhimmel ein, als er sich irgendwo beim Sternbild Wassermann aus den blendenden Sonnenstrahlen herausbewegte. Und nach John Gadbury hätten seinem Auftreten schwere Pest, langwieriger Krieg und der Tod eines wichtigen Prinzen oder einer großen Frau folgen müssen. Meines Wissens hat der Komet jedoch weder das eine noch das andere gebracht.

Gedanken über die Rückkehr der Kometen

*»Kometen können ganz bis auf die Erde fallen, wo die, die in der
Gegend lebten, wenn diese Himmelskörper zufällig vorbeikämen,
vielleicht ein wenig Unbild erführen, aber es den Menschen dienen
könnte, indem sie mit diesen neuen Planeten ebenso erstaunliche wie
nützliche Reisen unternehmen könnten, wie für die landgierigen
Könige, neue Eroberungen zu tun.«*
Anders Celsius, *Gedanken über die Rückkehr der Kometen,* 1735

Die Furcht vor Kometen hat sich eigensinnig gehalten,
selbst wenn sie im Laufe der Zeit eine etwas wissenschaft-
lichere Ausrichtung bekommen hat. Als uns im Jahr 1910
der Halleysche Komet einen seiner regelmäßigen Besuche
abstattete, hatten die Astronomen im Schweif des Kometen
das giftige Element Blausäure entdeckt. Als man dann noch
berechnet hatte, dass die Erde sich Mitte Mai durch den
Schweif des Kometen bewegen würde, da verursachte dies
eine Menge Aufregung und Endzeitprophezeiungen. Doch
die schicksalsschweren Tage kamen und gingen, ohne dass
irgendetwas Besonderes geschehen wäre. Die Gaskonzen-
tration war natürlich viel zu dünn gewesen, um irgendeine
Wirkung zu zeigen, und der Komet setzte seinen Weg
gleichgültig fort, ohne sich um Wohl oder Wehe der Menschen zu kümmern. Doch eine Ausnahme gibt es: Der amerikanische Schriftsteller Mark Twain wurde im Jahr 1835
geboren, als der Halleysche Komet seinen davor liegenden
Besuch bei der Erde machte, und er soll gesagt haben, er sei
mit dem Kometen auf die Erde gekommen, und er würde
auch wieder verschwinden, wenn dieser zurückkäme. Und
tatsächlich verließ Mark Twain die Erde im Jahre 1910.
Auch heute noch verursachen Kometen Angst und Schrecken, selbst wenn wir vielleicht behaupten können, dass unsere Furcht jetzt etwas besser begründet ist. Wir wissen

schließlich, dass Kometen manchmal mit verheerenden Folgen auf die Erde niederstürzen. Das bekannteste Beispiel dafür ist ein Einschlag in Mittelamerika vor 65 Millionen Jahren, der die Erde in ein viele Jahre währendes Winterdunkel versetzte. In dieser eiskalten Dunkelheit starben letztendlich, so eine mögliche Theorie, die Dinosaurier aus. Und so etwas wird sicherlich irgendwann wieder geschehen, vielleicht morgen, vielleicht in 100 Millionen Jahren. Es ist auch nicht sicher, dass wir mit einer großartigen Vorwarnung rechnen können, denn man weiß keineswegs von allen Stein- und Eisblöcken, die in die Nähe der Erde kommen und die ganze Welt verwüsten könnten. Sie tauchen plötzlich aus dem Nichts aus, und wenn sie dann noch zufällig aus derselben Richtung kommen, in der die Sonne steht, dann sieht man sie erst, wenn sie schon vorbeigeflogen sind. Oder getroffen haben.

In einer lauen Spätsommernacht im August 2002 konnte ich mit eigenen Augen sehen, wie einer dieser todbringenden Steinklumpen von ungefähr 800 Metern Durchmesser irgendwo gleich hinter dem Mond in der Dunkelheit vorbeitorkelte. In meinem Teleskop sah er aus wie ein schwach leuchtender Stern, der sich langsam über den Himmel bewegte. Und wenn seine Bahn nur ein klein wenig anders gelegen hätte, dann hätte die Weltgeschichte einen anderen Verlauf genommen. Im Jahre 1908 ist es in der Tat schlimm ausgegangen, als die Erde einem viel kleineren Himmelskörper, vielleicht dem Überrest eines Kometen, in den Weg geriet, der hoch oben in der Atmosphäre explodierte und ein großes Gebiet in der sibirischen Tundra in der Nähe des Flusses Tunguska verödete. Wäre das in einer etwas dichter bevölkerten Gegend geschehen, dann wären die Konsequenzen schrecklich gewesen.

Doch in der Regel werden Menschen nur selten von Dingen erschlagen, die vom Himmel fallen, und es gibt insgesamt auch nur wenige dokumentierte Fälle. Pech hatte allerdings ein Hund in der ägyptischen Stadt Nakhla, der 1911 von einem Stein vom Mars, der ihm auf dem Kopf fiel, niedergestreckt wurde. Man weiß nur von sehr wenigen solcher Steine, die durch einen heftigen Meteoritenniederschlag auf dem Mars in den Raum geschleudert worden sind, um dann irgendwann auf der Erde zu landen. Aber es schwirrt einem der Kopf, wenn man die Aneinanderreihung von Millionen von Zufällen bedenkt, die schließlich zum vorzeitigen Ende dieses armen Hundes führten. Solche Marsmeteoriten sind natürlich sehr interessant, denn bisher waren sie die einzige Methode, wie man etwas vom Mars zur Erde bekommen konnte. Alle Steine, die man findet, werden so gründlich wie möglich studiert. Im Jahre 1996 gab die amerikanische Raumfahrtbehörde NASA bekannt, dass man in einem dieser Steine Reste fossilen Lebens entdeckt habe. Diese Behauptung wurde jedoch in weiten Kreisen angezweifelt, und erst die Zukunft wird zeigen, wie die Dinge hier wirklich liegen.

Kleinere Steine fallen jedoch ständig vom Himmel, und in der Nacht können wir sie als Sternschnuppen sehen. Sternschnuppen sind, ebenso wie Kometen, mit übernatürlichen Phänomenen in Verbindung gebracht worden, und um sich über die eine oder andere Wahnvorstellung lustig zu machen, schlug der Grieche Aristophanes (485–445 v. Chr.) vor, dass die Sternschnuppen die Seelen der Toten seien, die auf dem Weg von einem ausschweifenden Fest nach Hause Purzelbäume schlugen. Diese Feste treten besonders deutlich in Erscheinung, wenn die Erde durch ganze Schwärme von Brocken und Steinen zieht: die Meteoritenschauer. Einen der bekannteren Meteoritenschauer, die Perseiden, kann man in klaren Augustnächten sehen, und wenn man Glück hat, dann sieht man viele prächtige Sternschnuppen. Wenn man beobachtet, welche Richtung die

Sternschnuppen haben, dann wird man schnell sehen, dass sie alle von demselben Punkt am Himmel kommen, der im Sternbild des Perseus liegt und diesem Meteoritenschauer seinen Namen gegeben hat.

Wie andere Meteoritenschauer auch, haben die Perseiden ihren Ursprung in einem Kometen. Man nimmt an, dass sie aus Steinen bestehen, die auf der Bahn des großen Kometen Swift-Tuttle ausgestreut wurden. Lewis Swift (1820–1913) und Horace Tuttle (1837–1923) waren die zwei Astronomen, die den Kometen entdeckten, als er im Jahre 1862 die Erde passierte. Mit Ausnahme des berühmten Halleyschen Kometen, von dem ich später noch mehr erzählen werde, benennt man Kometen meist nach ihren Entdeckern. Man begriff irgendwann, dass der Komet aus dem Jahre 1862 mit dem identisch sein müsste, der 1737 gesichtet worden war, und das bedeutete, dass der Komet 1992 wiederkehren müsste. Und er kam. Doch als man dann die Bewegungen des Kometen etwas gründlicher beobachtete, um berechnen zu können, wann er wieder in die Nähe der Sonne und der Erde kommen würde, entdeckte man etwas sehr Beunruhigendes. Es schien die Gefahr einer Kollision mit der Erde zu bestehen, wenn der Komet im August 2126 den inneren Regionen unseres Sonnensystems einen erneuten Besuch abstatten würde. Spätere Berechnungen haben dann dieses bedrohliche Szenario ausgeschlossen, doch es wird sicher ein prächtiges Schauspiel werden, wenn der große Komet vorbeischwebt. Überhaupt wird 2126 ein gutes Jahr für alle Schweden sein, die sich für astronomische Phänomene interessieren: In Schweden wird eine fast totale Sonnenfinsternis zu sehen sein, wenn am Mittwoch dem 16. Oktober um 9:20 Uhr morgens der Mondschatten über Norrland zieht.

Was den Kometen West angeht, der mir damals so viel bedeutete, so wird es noch etwa eine Million Jahre dauern, bis er wiederkehrt. Während ich das hier schreibe, rauscht er in Form von ein paar auseinander gebrochenen toten und kalten Eisklumpen aus unserem Sonnensystem in die Dunkelheit. Doch jenen Morgen werde ich nie vergessen, denn durch den Kometen West und den ganzen Sternenhimmel wurde meine Neugierde auf die Natur geweckt. Und da bin ich keineswegs allein. Denn wenn man die Sterne betrachtet, dann stellt sich schnell eine lange Reihe von Fragen: Wie weit sind sie entfernt? Warum leuchten sie? Wie lange gibt es sie schon, und woher kommen sie? Und wo ist unser Platz in dieser gigantischen und rätselhaften Schöpfung? Die Antwort oder zumindest der Versuch einer Antwort reicht weiter, sehr viel weiter. Die Natur und die Welt scheinen unendlich reich an Phänomenen und Erscheinungen zu sein, doch wie Albert Einstein (1879–1955) schon zeigte, ist das Bemerkenswerte daran, dass sie trotz allem doch begreifbar zu sein scheinen.

Gerade die Beobachtungen der Himmelskörper und ihrer Bewegungen waren es auch, die den Menschen erstmals davon überzeugten, dass es gewisse Gesetzmäßigkeiten gab und der Natur einfache Regeln zugrunde lagen – wodurch dann weitere Erkenntnisse möglich wurden. Das Einzige, was man dazu benötigte, war Nachdenken, Phantasie und ein waches Auge. Wie und wann das Ganze begann, verliert sich in der unbekannten Geschichte früherer Zeiten. Wir werden nicht herausfinden, wer als Erster damit begann, Sternbildern Namen zu geben oder den langsamen Tanz der Planeten im Jahreskreis zu verfolgen. Doch allmählich ist so das Bild eines Universums entstanden, das voller einzigartiger Dinge ist, und in dem wir selbst auf einer kleinen Kugel wohnen, die mit einer Schnelligkeit voranwirbelt, die alle menschliche Vorstellungskraft übertrifft. Und wenn man hinausgeht und zum Nachthimmel hochschaut, sieht alles so friedlich aus. Man kann nicht einmal ahnen, dass die Erde, auf der man steht, rund ist.

Die Erde ist rund!

In unseren Zeiten gibt es nicht mehr viele Leute, die daran zweifeln, dass die Erde rund ist, wenngleich es angeblich in England eine Gruppe geben soll, die nach wie vor das Gegenteil behauptet. Wenn ich selbst je daran gezweifelt hätte, dann hätte eine nächtliche Flugreise von Europa nach Südamerika alle meine diesbezüglichen Zweifel ausgeräumt. Es ist mir immer schwer gefallen, im Flugzeug zu schlafen, und ich wachte deshalb während der Reise in regelmäßigen Abständen auf. Diese Momente nutzte ich dazu, aus dem Fenster und in den Nachthimmel zu schauen. Je weiter wir nach Süden kamen, desto mehr drehte sich der Orion mit dem Uhrzeigersinn am Himmel und landete in einer immer merkwürdigeren Lage. Schon bald konnte ich sehen, wie auch die anderen Sterne kuriose Positionen einnahmen. Und als wir den Äquator überquerten, mit dem nördlichen Sternenhimmel hinter und dem südlichen vor uns, stand der Löwe auf der Nase. Als ich angekommen war, konnte ich bei einem späteren Ausflug zu dunkleren Himmeln die entscheidende Entdeckung machen: In der Steppe lag der Große Bär tot, mit den Tatzen nach oben. Es gab keinen Zweifel: Die Erde ist rund!

Doch es ist auch ohne Flugreisen zwischen den Kontinenten möglich, die Form der Erde zu begreifen. Ein Schiff, das aufs offene Meer hinaussteuert, beweist dem scharfsichtigen Beobachter, wie es sich damit verhält, wenn es irgendwann hinter dem Horizont verschwindet und nur noch die Masten herausschauen. Das gilt vor allem, wenn das Schiff eines Tages auch noch zurückkommt und die Besatzung berichten kann, dass man keineswegs über irgendeine Kante gefallen ist. Und entgegen dem, was manchmal behauptet worden ist, ist die Form der Erde tatsächlich seit Tausenden von Jahren bekannt gewesen, und erst später entstand der Mythos, dass Columbus mit seiner Überzeugung mehr oder weniger allein gewesen sei.

Bei etwas Spitzfindigkeit ist es außerdem möglich, mit einfachen Mitteln herauszubekommen, wie groß die Erde ist. Das hat der Grieche Eratosthenes (276–194 v. Chr.), der Vorsteher der riesenhaften und sagenumwobenen Bibliothek von Alexandria, vor mehr als 2000 Jahren getan. Eratosthenes hatte gehört, dass die Sonne im Sommer zur Mittagszeit den Boden eines Brunnens in der Stadt Syene (dem heutigen Assuan) beleuchtete. Das heißt, dass die Sonne in Syene zu diesem Zeitpunkt im Zenit stand, also direkt oben am Himmel. Aber Eratosthenes konnte gleichzeitig feststellen, dass ein Pfahl in Alexandria zum selben Zeitpunkt einen Schatten von einer bestimmen Länge warf, und mit Hilfe des Schattens war es möglich, die Höhe des Sonnenstandes in Alexandria zu messen. Die Erklärung für die unterschiedlichen Sonnenstände musste natürlich sein, dass die Erde rund war, und das Einzige, was Eratosthenes dann noch tun musste, war, erfahrene Reisende zu fragen, wie groß die Entfernung zwischen Alexandria und Syene war, um dann schließlich die Größe der Erde schätzen zu können. Unglaublicherweise errechnete Eratosthenes einen Erdumfang von ungefähr 40 000 Kilometern, was ganz mit dem übereinstimmt, was wir heute als den richtigen Wert kennen. Doch unglücklicherweise wurde die Erkenntnis des Eratosthenes schon bald danach völlig vergessen, und die Geographen späterer Zeiten vermochten ganz und gar nicht Messungen derselben Güte durchzuführen, sondern behaupteten stur, die Erde sei viel kleiner. Wahrscheinlich hatte Eratosthenes auch ein wenig Glück mit seiner Schätzung, und wahrscheinlich war das auch ein Glück für Columbus, denn vielleicht wäre der korrekte Erdumfang ihm doch zu groß vorgekommen, als dass er sich auf seine waghalsige Reise begeben hätte, um die Westpassage nach Indien und China zu finden.

Doch wenn man sich in der Geschichte weiter zurückarbeitet, kann man auch frühe Anhänger der *Flat Earth Society* finden. Ein paar Jahrhunderte vor Eratosthenes war es der Grieche Anaxagoras, der davon überzeugt war, die Erde sei flach. Und wenn Anaxagoras sich mit ebensolchen Beobachtungen beschäftigt hätte wie Eratosthenes, dann hätte er wahrscheinlich das Ergebnis auf eine ganz andere Weise interpretiert. Auf einer flachen Erde kann es ja keinen anderen Grund dafür geben, dass die Sonne zum selben Zeitpunkt in unterschiedlichen Richtungen sichtbar ist, als dass sie relativ nahe an der Erde ist. Wenn man die Sonnenstände an verschiedenen Orten unter der Prämisse misst, dass die Erde flach ist, dann ist es nur natürlich, den Schluss zu ziehen, dass die Sonne nicht mehr als lächerliche 6000 Kilometer entfernt liegt. Ein Abstand von 6000 Kilometern passt übrigens recht gut zu der Schätzung des Anaxagoras, dass die Sonne ungefähr so groß sei wie die griechische Halbinsel. Es ist interessant zu sehen, wie auch in ein falsches Weltbild Beobachtungen eingefügt und dazu benutzt werden können, gewisse Wahnvorstellungen weiterzuentwickeln und zu präzisieren. Dies ist in der Geschichte der Wissenschaft sehr oft geschehen, und sicherlich gibt es Dinge, die wir heute behaupten, und die in der Zukunft als lehrreiche und unterhaltsame Beispiele herangezogen werden können.

Hamlets Mühle

Aber die Erde ist nicht nur rund, sondern sie bewegt sich auch. Es ist eine Bewegung, die wir mit unseren Körpern nicht spüren, die aber durchaus entdeckt werden kann, wenn wir den Blick heben. Doch liegt es nicht viel näher zu glauben, dass die Erde still steht, und sich stattdessen das Firmament bewegt? Dann würden die Sterne nämlich eine ganze Umlaufbahn innerhalb von 24 Stunden absolvieren, und die Sonne würde ihre komplette Umlaufbahn innerhalb eines Jahres schaffen, und zwar gegen den Uhrzeigersinn, wenn man ihre Position zu den Sternen als Ausgangspunkt nimmt. Auf diese Weise würden sich die Veränderungen des Sternenhimmels erklären lassen.

Schon die alten Ägypter hatten früh bemerkt, wie der Wechsel der Jahreszeiten dem Sternenhimmel folgte. Besondere Bedeutung maßen sie dem Stern Sirius zu, der am stärksten leuchtet, und seinem Aufgang kurz vor der Morgendämmerung um Mittsommer herum. Der Sirius war ein Vorbote der Überschwemmungen des Nils und wurde so zum Anzeiger für den Beginn eines neuen Jahres. Die Ägypter glaubten auch, dass Sirius der Urheber der Überschwemmungen sei. Es ist nicht immer leicht zu entscheiden, was nun Ursache ist, was Wirkung und was einfach nur Zufall. Denn natürlich erkannten die Ägypter schon sehr früh, dass das Jahr nicht genau 365 Tage hatte, sondern eine Spur länger war, nämlich ungefähr 365,25 Tage. Doch sie bestanden aus irgendeinem Grund dennoch darauf, einen Kalender mit 365 Tagen zu verwenden. Wenn also 1460 Jahre vergangen waren, dann stand der ägyptische Kalender ein ganzes Jahr weiter auf 1461. Das durch den Sirius markierte Neujahr verschob sich auf diese Weise jedes Jahr ein wenig, und nach 1461 Jahren war es wieder an seinem alten Platz. Diesen Vorgang nennt man »Sothisperiode«, nach Sothis, dem ägyptischen Namen für Sirius.

Die mächtigen Bewegungen des Himmelskreislaufs können auch schon sehr lange eine wichtige Rolle in Mythen und Sagen gespielt haben. In der isländischen *Prosa-Edda*,

25

die irgendwann um 1220 niedergeschrieben wurde, berichtet Snorri Sturluson von dem König Frodi, der in seiner Mühle Gold, Glück und Frieden mahlte. Doch alles nimmt ein böses Ende, als der Seekönig Mysing Frodi tötet, die Mühle mit aufs Meer hinaus nimmt und den Mägden befiehlt, unablässig nur noch Salz zu mahlen. Ab da geht alles schief:

> »Sie mahlten nur ein klein wenig weiter, ehe das Schiff versank. Da entstand ein Malstrom im Meer, wo die See in das Loch des Mühlsteins stürzte, und so wurde das Meer salzig.«

Doch diese Geschichte ist vielleicht nicht nur eine Sage zur Erklärung, warum das Meer salzig ist, sondern möglicherweise verbirgt sich dahinter noch viel mehr, und sie knüpft in versteckten Worten an uralte Mythen über den Sternenhimmel an. Spannend wird es auch, wenn die Mühle in der Edda unter anderem von dem dänischen Geschichtsschreiber Saxo im 13. Jahrhundert »Hamlets Mühle« genannt wird. Darauf weisen Giorgio de Santillana und Hertha von Dechend in ihrem Buch *Die Mühle des Hamlet* hin, das seit über dreißig Jahren mit seinen tiefsinnigen und eingehenden Analysen erstaunt und fasziniert. Die Erzählung von Hamlets Mühle bereitet nach von Dechend und de Santillana den Boden zu einer schwindelerregenden Interpretation – einer Art frühzeitlicher Theorie für alles – die dann doch verlangt, dass ich hier etwas mehr über den Platz der Erde im Universum erzähle.

Man kann die Erde mit einem riesigen Kreisel vergleichen, der alle 24 Stunden eine Runde dreht. Und genau wie bei einem Spielzeugkreisel bewegt sich die Achse langsam von einer Seite zur anderen. In unserer heutigen Zeit weist sie auf den Stern Polaris im Kleinen Bären, unseren Polarstern, während sie zur Zeit der alten Ägypter auf das Sternbild Drachen wies. Diese Bewegung, *Präzession* genannt, geht sehr langsam vor sich, und es dauert 26 000 Jahre, bis die Achse wieder in dieselbe Richtung weist. Nun kann man sich fragen, ob man in der Antike schon von dieser mächtigen Drehbewegung gewusst hat. Es ist während eines Menschenlebens sicherlich unmöglich, ohne genaue Instrumente die Veränderungen am Sternenhimmel festzustellen, die auf die Präzession zurückzuführen sind. Doch könnte eine Kultur, in der man sich an das erinnert, was die Vorväter gesehen haben, dieses Phänomen nicht vielleicht entdecken? Dieser Gedanke ist keineswegs abwegig, da der Sternenhimmel in vielen Kulturen dazu diente, wichtige Zeitpunkte im Jahresverlauf zu markieren. Und dies nicht weniger bei den alten Ägyptern. Wenn nun die Präzession die Bewegung des Sternenhimmels beeinflusste, dann mussten die Menschen im Verlauf der Jahrhunderte merken, dass die alten Weisheiten nicht mehr zutrafen. Irgendetwas stimmte nicht mehr. Die Zeit war aus dem Ruder.

Eudoxos von Knidus war ein großer Mathematiker, der in den Jahren zwischen 409 und 356 v. Chr. lebte. Abgesehen von der Mathematik interessierte sich Eudoxos auch für die Sterne, und er soll seinen Nachfahren einen Sternenglobus voller eingravierter Sternbilder hinterlassen haben. Leider überlebten weder der Sternglobus noch seine anderen astronomischen Schriften den unbarmherzigen Gang der Zeit. Doch im Jahr 270 v. Chr. erzählt der Dichter Aratus von Soli von all den Sternbildern, die es auf dem Globus des Eudoxos gab. 150 Jahre nach Aratus studierte dann der Grieche Hipparchos von Rhodos dieses Gedicht und war sehr erstaunt. Irgendetwas stimmte nicht mit den Sternbildern des Eudoxos. Im Gedicht wurden nämlich Sternbilder genannt, die weder Aratus noch Eudoxos gesehen haben konnten. Und es gab Sternbilder, die für Hipparchos deutlich sichtbar waren, die Eudoxos aber ungenannt ließ. Man weiß nicht genau, ob Hipparchos die Antwort auf das Rätsel fand, doch er selbst entdeckte gewissermaßen in einem anderen Zusammenhang die Lösung. Indem er die Sternpositionen, die er gemessen hatte, mit Aufzeichnungen verglich, die ein paar hundert Jahre alt waren, konnte er um 127 v. Chr. feststellen, dass die Beobachtungen ein klein wenig voneinander abwichen. Somit hatte er die Präzession entdeckt.

Die seltsamen Angaben auf dem Sternenglobus von Eudoxos erklären sich dadurch, dass dieser den Sternhimmel so wiedergab, wie er lange vor der eigenen Zeit von Eudoxos aussah. Eudoxos war ja, wie erwähnt, ein sehr guter Mathematiker, aber vielleicht war die Beobachtung der realen Welt nicht so sehr seine Stärke. Er muss sehr, sehr alte Angaben übernommen haben, ohne sie zu kontrollieren, denn sonst wäre ihm aufgefallen, dass irgendetwas nicht mehr stimmte. Wenn man das Gedicht des Aratus mit heutigen Berechnungen vergleicht, dann kann man darauf schließen, dass die vorzeitlichen Astronomen, deren Berechnungen die Grundlage für den Sternenglobus des Eudoxos bildeten, ungefähr um das Jahr 2500 v. Chr. gelebt haben müssen. Doch wer waren sie? Vielleicht liegt ja irgendwo ein kleiner Klumpen aus Stein oder Metall begraben, der auf einen glücklichen Archäologen wartet.

Es ist dennoch fraglich, ob Hipparchos wirklich der Erste war, der die Präzession entdeckte. Das uralte Wissen um den veränderlichen Himmel ist vielleicht stattdessen in Sagen eingeflochten worden, und möglicherweise haben viele unserer alten Mythen ihre Ursprünge im Sternenhimmel. Vieles davon ist in der Weltliteratur wiederzuerkennen. Eine Folge der Präzession ist ja, dass die Position der Sonne bei der Frühjahrs-Tagundnachtgleiche von Sternbild zu Sternbild verschoben wird. Ein Zeitalter folgt auf das andere. Stier, Widder und Fische haben einander abgelöst, und in der fernsten Vergangenheit schimmert ein goldenes Zeitalter auf, in dem die Frühjahrs-Tagundnachtgleiche im Sternbild Zwilling lag. Da kreuzte der Weg der Sonne am Himmel zur Frühjahrs-Tagundnachtgleiche sogar die Milchstraße. Das Schicksal der Menschen auf der Erde und die Bewegungen des Himmels im Laufe der Jahrhunderte wurden in einem allumfassenden Weltbild miteinander in Verbindung gebracht. Eine Art Theorie für alles. Und vielleicht ist die mahlende Mühle in der Edda ein Bild für die ständig rotierende Erdachse, und der Mythos erzählt davon, wie sie aus ihrer senkrechten Position geriet.

Es ist verlockend, vielleicht zu verlockend, darüber zu spekulieren, wie viel frühere Kulturen geahnt haben könnten, was im Verlauf der Jahrtausende mit dem Sternenhimmel geschah. Vor allem die Mayaindianer in Südamerika mit ihrem umfassenden mathematischen und astronomischen Wissen verleiten zu weitschweifigen Spekulationen. Der rätselhafte Kalender der Maya geht von einem Datum in der weit zurückliegenden Vergangenheit aus, dem 13. August des Jahres 3114 v. Chr., und er endet ein paar Tage nach der Wintersonnenwende am 23. Dezember 2012 n. Chr. – eine Zeitperiode also von 5125 Jahren, die »der Große Zyklus« genannt wird. Aber warum bemühten sich die Maya um eine derart groß angelegte Zeitperiode? Dass der Kalender im August beginnt, das kann seine Erklärung in der Schöpfungsgeschichte der Maya haben. Das meinen zumindest die Mayaforscher David Freidel, Linda Schele und Joy Parker in ihrem Buch *Die geheimnisvolle Welt der Maya*. Wenn die Erde sich unter dem von der Milchstraße durchkreuzten Augusthimmel dreht, passen die Schöpfungsmythen der Mayaindianer mit der Milchstraße als Weltenbaum, einem kosmischen Ungeheuer, zusammen, oder mit dem Kanu, das den Maisgott an den Schöpfungsort bringt. Vielleicht hat deshalb für die Maya die Zeit im Au-

29

gust begonnen. Aber warum ausgerechnet im Jahre 3114 v. Chr.? Und ist es nur Zufall, dass ihr Kalender so nahe an einer Wintersonnenwende endet? Waren sie der Überzeugung, dass die Zeit genau da enden sollte? Natürlich kann man sich auch fragen, ob die Mayaindianer mit ihrem Sinn für groß angelegte Zeitperspektiven etwas vom Wirken der Präzession geahnt haben könnten. Doch ich kenne wirklich keinen seriösen Versuch, Belege für eine solche Annahme zu finden, vielleicht währte ja die große Zeit der Maya nicht lange genug. Doch die Spekulationen werden sicher weit bis in den nächsten Großen Zyklus hinein fortgesetzt werden.

Für die Menschen früher war der Sternenhimmel ein natürlicher Teil des Daseins, während es heutzutage viele gibt, die die Milchstraße noch nicht einmal richtig gesehen haben, und das, obwohl wir jetzt so unendlich viel mehr über die Welt wissen. Wir leben in einer eigenartigen Zeit. Aber dennoch dürfen wir uns von all diesen uralten Ideen auch nicht verleiten lassen. Wir wissen, dass die alten Mythen über die Verbindung zwischen Himmel und Erde lediglich Sagen waren, um es mit Nils Ferlin auszudrücken:

»Den Sternen ist es ganz gleich, ob jemand geboren oder gestorben ist.«

Ich möchte hingegen zeigen, wie dasselbe Erstaunen auch heute noch geweckt werden kann, und zwar durch das Neue, das wir gelernt haben. Gewiss ist das Bild von der Erdachse als ein sich drehender Kreisel etwas dürftig. Man kann sich fragen, ob das alte Weltbild durch etwas Einfaches und Bedeutungsloses ersetzt worden ist, in dem der Mensch keinen Platz mehr hat. Dürfen wir nicht mehr träumen? Im Gegenteil, meine ich. Die Wissenschaft und die Physik haben unser Weltbild weiterentwickelt und bereichert. Es gibt noch mehr Erstaunliches, als wir uns je hätten träumen lassen. Die kosmischen Zusammenhänge existieren, aber sie sind viel weitreichender und wunderbarer, und das Faszinierendste daran ist, dass wir in einer Zeit leben, in der wir sie immer noch entdecken. Die Welt ist jung, und wir kennen den Platz des Menschen immer noch nicht.

Es gibt ein Bild, das vieles von dem, was ich erzählt habe, illustriert. Es ist ein Bild, das weder Eudoxos noch Hipparchos oder Eratosthenes sehen durften. Es ist ein Bild, das in einsamer Gegend, weit weg von der wärmenden Sonne, draußen im interstellaren Raum aufgenommen wurde, wo die Sonne nicht anders aussieht als irgendein kleiner Stern. Sie ist wohl der strahlendste Stern, aber doch nur ein Stern. Das Bild ist von der Raumsonde Voyager I am 14. Februar 1992 aufgenommen worden. Die Voyager hatte ungefähr zehn Jahre zuvor auf ihrem Weg aus dem Sonnensystem Jupiter und Saturn passiert. Zu diesem Zeitpunkt brauchte das Licht der Sonne sieben Stunden, um die Voyager zu erreichen – von der Sonne zur Erde braucht es acht Minuten. Man drehte die Kamera der Sonde einfach rückwärts und machte ein Foto, auf dem das ganze Sonnensystem zu sehen ist. Dort sieht man sehr deutlich, dass die Erde nur einer unter vielen Planeten der Sonne ist, fast ganz im Licht der Sonne verborgen. Ein kleiner Lichtpunkt, das ist alles. Da sind wir. Da hat sich die ganze Weltgeschichte abgespielt, dort sind die Träume aller Menschen geträumt worden.

Die Herausforderung des Platon

Der Grieche Platon ist für vieles bekannt, doch nicht nur seine philosophischen Überlegungen waren von Bedeutung, sondern auch noch etwas anderes. Er forderte die Weisen der Welt heraus, die Bewegungen der Himmelskörper zu erklären. Platon war der Auffassung, dass es hinter den Wanderungen der Planeten eine tief gehende Einfachheit geben müsse, die wahrscheinlich auf einem ewigen Kreislauf gründete. Der Erste, der sich an Platons Herausforderung wagte, war kein anderer als unser Freund Eudoxos, der auch ein Zeitgenosse Platons war. Es soll ihm geglückt sein, mit Hilfe eines Systems von Kugeln mathematisch zu beschreiben, wie die sieben Himmelskörper – fünf Planeten, die Sonne und der Mond – sich über den Himmel bewegen. Doch wie ich bereits erzählt habe, ist vom mystischen Sternenglobus des Eudoxos oder seinen eigenen Schriften über diese himmlischen Gedanken nichts übrig geblieben. Es ist ungeheuer traurig, dass viel von diesem frühen Wissen auf immer verloren ist.

Stattdessen war es der Grieche Ptolemäus von Alexandria, der die erste etwas beständigere Lösung für Platons Rätsel hinterließ. In seinem Werk *Almagest* (Arabisch für »der Größte«) gab er um das Jahr 150 n. Chr. eine detaillierte Beschreibung, wie man zu Werke gehen musste, um die Bewegungen zu beobachten. Sein Weltsystem funktionierte so gut, dass es 1500 Jahre bestehen sollte, und schon Ptolemäus schrieb zufrieden:

»Wenn ich zu meinem Vergnügen die Bewegungen der Himmelskörper vor- und zurückbetrachte, dann erhalte ich meine Portion Ambrosia, die Nahrung der Götter.«

Ptolemäus hatte Platon beim Wort genommen und ein sinnreiches System von Kreisbahnen konstruiert, das auf ordentliche Weise die Positionen der Planeten voraussagen konnte. Die Planeten, Mond und Sonne bewegten sich hauptsächlich in Kreisen um die Erde, doch damit dies mit den Beobachtungen richtig übereinstimmte, mussten sie noch weiteren Systemen von kleineren Kreisläufen, *Epizy-*

klen, unterworfen sein, die entlang der Umlaufbahnen kreisten. Je höher die Genauigkeit, desto mehr Zyklen waren erforderlich.

Das Weltsystem des Ptolemäus war eine rein mathematische Konstruktion. Es enthielt korrekte Voraussagen, doch inwieweit die Wirklichkeit so aussah wie auf dem Papier, ging daraus eigentlich nicht hervor. Im Laufe des 13. Jahrhunderts begann man jedoch, die Astronomie des Ptolemäus, die Physik des Aristoteles und den christlichen Glauben zu einem vollständigen Weltbild zusammenzufassen, das unter keinen Umständen in Frage gestellt werden durfte. Aber es gab dennoch Menschen, die es anzweifelten.

Im Verlauf des 16. Jahrhunderts wurden zwei neue Weltsysteme ausgearbeitet, die das Weltall besser beschreiben sollten. Das eine stammte von dem Polen Nikolaus Kopernikus (1473–1543), das andere von dem dänischen Astronomen Tycho Brahe (1546–1601). Kopernikus vertrat in Opposition zum etablierten Dogma die Ansicht, dass die Sonne im Zentrum stand, und alle Planeten, einschließlich der Erde, sich in Bahnen um die Sonne bewegen würden. Rein praktisch gesehen war das System des Kopernikus nicht viel besser als das, welches Ptolemäus vorgedacht hatte. Wie seine Vorgänger auch war Kopernikus auf die Kreisbewegung fixiert, und benötigte ebenso die Epizyklen des Ptolemäus, um die wirklichen Bewegungen der Planeten erklären zu können. Übrigens war Kopernikus nicht der Erste, der sich ein Sonnensystem mit der Sonne in der Mitte vorstellte. Schon der Grieche Aristarchus stellte um das Jahr 300 v. Chr. derartige Überlegungen an, die Kopernikus durchaus bekannt waren. Im Manuskript zu seinem Werk *De revolutionibus* erwähnt Kopernikus, dass Aristarchus dieselbe Idee gehabt habe, doch in der schließlich publizierten und revidierten Version des Buches ist Aristarchus dann unter den Tisch gefallen. Vielleicht versehentlich.

Tycho Brahe meinte ebenso wie Kopernikus, dass das alte ptolemäische System fehlerhaft sei, und es gibt auch eine Reihe von einfachen astronomischen Beobachtungen, die zur Bekräftigung einer solchen Auffassung herangezogen werden können. Eine Möglichkeit ist, auf die Beobachtungen der Venus hinzuweisen. Nach Ptolemäus steht nämlich der Kreismittelpunkt der Bahn der Venus immer in einer Linie mit der Erde und der Sonne, was bedeutet, dass die Venus immer in Form einer Sichel am Himmel zu sehen sein müsste. Als ein paar Jahrzehnte später Galilei Galileo (1564–1642) sein neues Teleskop der Venus zuwandte und feststellte, dass sie vielmehr ebenso wie der Mond einen vollen Satz Phasen aufweist, war es unmöglich, noch länger an Ptolemäus festzuhalten. Da die Venus sich am Himmel immer in der Nähe der Sonne aufhält, kann sie nur mehr als halb zu sehen sein, wenn sie weiter von der Erde entfernt ist, als die Sonne. Mit einem gewöhnlichen Feldstecher kann heute jeder die Phasen der Venus verfolgen und mit eigenen Augen sehen, dass Ptolemäus sich geirrt hat.

Eine andere Möglichkeit, Ptolemäus zu widerlegen, ist, auf die Beobachtungen des Mars hinzuweisen. Nach Ptolemäus ist die Sonne nämlich immer näher an der Erde als der Mars, während Kopernikus sagt, dass es sich von Zeit zu Zeit immer wieder anders verhält. Um herauszubekommen, was eigentlich geschieht, muss man sich eine raffinierte Art ausdenken, wie man den Abstand der Planeten messen könnte.

Doch weder die Phasen der Venus noch der Abstand zum Mars waren für Tycho Brahe erkennbar, der ja nur sein scharfes Auge als Hilfe hatte. Stattdessen waren es gute Intuition und gesunde Vernunft, die ihn davon überzeugten, dass mit dem Weltsystem des Ptolemäus irgendetwas nicht stimmen konnte, und man ein neues ersinnen musste. Doch dann gerieten Tycho Brahes Überlegungen aufs falsche

Gleis. Trotz der Einsicht in die Schwächen des ptolemäischen Weltbilds konnte Tycho sich nicht von dem Gedanken frei machen, dass die Erde im Zentrum des Weltalls liegen musste. Das bereitete ihm natürlich Probleme, doch er wusste sich zu helfen und löste das Rätsel, indem er die Sonne sich in einer Bahn um die Erde bewegen ließ, und alle anderen Planeten ihrerseits in Bahnen um die Sonne. Eine genialische Konstruktion, die es ermöglichte, dass man, nach Tycho, das Beste von allem bekommen konnte.

Mit Hilfe dieses neuen Bildes vom Sonnensystem konnte er auch die Existenz von Kristallsphären widerlegen. Zuvor hatte man in dem ptolemäischen Weltbild gemeint, dass Sonne, Mond, Planeten und Sterne an unterschiedlichen Kristallsphären befestigt seien, die sich langsam drehten und so die Himmelkörper um die Erde führten. Doch in Tychos Weltsystem würde die Kugel der Sonne die von Merkur, Venus und Mars kreuzen, und so war das Ganze natürlich unhaltbar: Die Himmelskörper, in voller Fahrt, würden die Kristallsphären ja in Stücke schlagen.

Doch Tycho Brahe hielt noch mehr Argumente und Beobachtungen bereit, die die Sache auch für Kopernikus schwer machten. Wenn die Erde sich um die Sonne bewegt, so argumentierte Tycho, dann müsste man in Folge dessen sehen können, wie die Sterne im Laufe eines Jahres ihre Position zueinander am Himmel veränderten. Genau wie ein Finger, den man sich vor die Augen hält, sich im Verhältnis zum Hintergrund bewegt, wenn man ihn abwechselnd mit dem einen und mit dem anderen Auge betrachtet. Eine solche Bewegung nennt man *Parallaxe*. Tycho konnte keine Parallaxe erkennen, und deshalb zog er den verständlichen, aber fehlerhaften Schluss, dass die Erde stillstehe. Heutzutage wissen wir natürlich, dass es die Parallaxe durchaus gibt, wenn sie auch ungeheuer klein ist. Der Abstand zu den Sternen ist nämlich viel, viel größer, als sogar Tycho Brahe es sich in seinen wildesten Phantasien vorstellen konnte. Messungen der Parallaxe sind heutzutage eine ungeheuer wichtige Methode, um den Abstand der Sterne zu bestimmen, wenn sie nicht allzu weit entfernt sind. Den Rekord hält der Satellit Hipparchos, dem es gelungen ist, Parallaxen von Sternen zu messen, die 1000 Lichtjahre entfernt sind.

Doch Tycho Brahe studierte nicht nur die Parallaxen der Sterne. Er interessierte sich auch für Kometen und machte einige wichtige Entdeckungen über diese Himmelskörper – auch wenn es noch lange dauern sollte, ehe man allgemein davon überzeugt war, dass Kometen ein geeignetes Objekt für wissenschaftliche Studien sind, und nicht etwas Übernatürliches.

Im Jahre 1577 entdeckte Tycho selbst einen mächtigen Kometen. Er stürzte sich sogleich auf die Aufgabe, seine Parallaxe zu messen, so wie er zuvor auch die Parallaxen der Sterne zu messen versucht hatte. Zu diesem Zweck verglich er die Position des Kometen am Himmel mit der von Sternen, die man von Wien und Prag aus sehen konnte. Doch wieder gelang es ihm nicht, zu einem Ergebnis zu kommen, und er zog daraus den richtigen Schluss, dass sich die Kometen irgendwo draußen zwischen den Planeten bewegten und ganz und gar kein atmosphärisches Phänomen waren.

Zusammenfassend kann man sagen, dass Tycho mit seiner Argumentation um die Parallaxe sowohl richtig als auch falsch lag, und dass die Beobachtungen, die er unternahm, in beiden Fällen richtig waren. Es gab nämlich keine Möglichkeit, mit bloßem Auge eine Parallaxe zu erkennen, weder, was die Sterne, noch was die Kometen betraf. Hingegen zog er, ausgehend von seinen vorgefassten Überlegungen, in dem einen Fall den richtigen Schluss, in dem anderen den falschen. Vielleicht sollte man das in Erinnerung behalten.

Was natürlich ist und was nicht

Es war folglich in der Praxis unmöglich zu entscheiden, ob Kopernikus oder Tycho Brahe Recht hatte, was die relativen Bewegungen unserer Himmelkörper betraf. Um weiterzukommen, genügte es nicht, auf astronomische Beobachtungen hinzuweisen, sondern man musste zudem die Physik zu Rate ziehen. Der Grieche Aristoteles, der im Jahr 300 v. Chr. lebte, Schüler Platons und Lehrer Alexanders des Großen war, würde ohne Zweifel nichts für eine sich bewegende Erde übrig gehabt haben und hätte Kopernikus wahrscheinlich mit etwas im Stil von: »Warum fegt es uns nicht von der Erdoberfläche, wenn diese sich wirklich so schnell durch den Raum bewegt?« abgefertigt. Ptolemäus selbst argumentierte wie folgt:

> »… wenn die Erde eine Bewegung erfahren würde, dann würde diese jeden fallenden Körper betreffen, sodass wegen der ungeheuren Größe der Erde Tiere und alle frei beweglichen Dinge zurückgelassen worden wären, schwebend in der Luft, während die Erde selbst, im Hinblick auf die ungeheure Schnelligkeit, aus dem Universum fallen würde.
> Doch einen solchen Gedanken muss man kaum zu Ende denken, um schon zu merken, wie lächerlich er ist.«

Unsere Beurteilung solcher Gedanken hat sich offenkundig im Laufe der Zeit verändert.

Aristoteles sprach von natürlichen und unnatürlichen Bewegungen. Die natürliche Bewegung für einen Körper auf der Erde konnte seiner Ansicht nach im Verhältnis zur Mitte der Erde aufwärts oder abwärts geschehen. Dies hing davon ab, welche Mischung der vier Elemente Erde, Wasser, Luft und Feuer der Körper aufwies. Natürlich erkannte Aristoteles auch, dass es noch andere Bewegungen gab, die nicht in dieses Schema passten. Ein einfaches Beispiel ist ein Stein, der an einer Schnur festgebunden herumgeschleudert wird. Doch Bewegungen dieser Art nannte Aristoteles unnatürlich oder nur vorübergehend.

Für Aristoteles' Sicht der Welt war die Trennlinie, die zwischen Erde und Himmel verlief, von zentraler Bedeutung. Er meinte, dass die Gesetze für diese verschiedenen Weltteile sich grundlegend unterschieden. Die Himmelskörper nämlich hatten den Kreis als ihre natürliche Bewegung. Aus diesem Grunde konnten sie nicht aus den vier Elementen bestehen, sondern aus einem fünften, dem *Äther* oder der *Quintessenz*. Mit einem solchen Weltbild lässt sich natürlich leicht für die Unbeweglichkeit der Erde argumentieren. Wenn sich die Erde nämlich drehen würde, dann würden sich ihre Bestandteile in Kreisen bewegen, was eine unnatürlich und aufgezwungene Bewegung wäre. Eine solche Bewegung müsste vorübergehend sein, doch die Weltordnung war ja ewig, und deshalb konnte das nicht sein. Die Physik des Aristoteles, die ja in der Tat recht gut mit heutigen Sichtweisen der Welt übereinstimmt, lässt eine Erde in Bewegung nicht zu.

Die alte Physik des Aristoteles kann einem in vieler Hinsicht bemerkenswert erscheinen, und tatsächlich denken viele Menschen sogar heute noch, selbst wenn sie sich aufgeklärt nennen, in tiefster Seele wie Aristoteles, wenn es um die Bewegung der Körper geht. Natürlich wissen sie, dass die Erde eine Kugel ist, die durch den Weltraum saust, aber wenn sie eine selbstständige Begründung erstellen sollen, dann geht das oft schief.

Wir wissen nicht viel über Aristoteles selbst. Im Grunde wissen wir nicht einmal genau, wann er seine Werke geschrieben hat, geschweige denn, wie er wohl ausgesehen hat. Man kann sagen, dass er ungefähr zwischen 384 und

322 v. Chr. lebte, ansonsten liegt viel im Dunkeln. Doch in seiner *Meteorologica* berichtet Aristoteles von einer Begebenheit, die uns ihm etwas näher kommen lässt. Er schreibt darüber, *wie der Jupiter mit einem Stern zusammenschmolz, der im Sternbild Zwilling stand und diesen verdeckte*. Das ist ein Verbindungsstück, aus dem wir eine Brücke zwischen uns und einem Augenblick vor mehr als zweitausend Jahren bauen können. Drei Forscher, Sheldon Cohen, Paul Burke und Jean Meeus, sind zu dem Ergebnis gekommen, dass dieser Abend der 5. Dezember des Jahres 327 v. Chr. gewesen sein muss, und dass der Stern, der im linken Fuß des rechten Zwillings, also Castors, liegt, einer sein muss, den wir heute I Geminorium nennen. Aristoteles hätte sicher seine Freude an dem Gedanken gehabt, dass seine Entdeckung am Himmel eines Winterabends vor langer Zeit, mit Hilfe der Naturgesetze, die seine Nachfahren finden würden, rekapituliert werden könnte. Obwohl Aristoteles sich in vielem täuschte, hat er doch ganz richtig erkannt, dass es in der Natur Regelmäßigkeiten gibt, die sie begreiflich machen, und dass diese mit Hilfe von Logik und Vernunft entschlüsselt werden können.

Aristoteles und die mittelalterliche Scholastik repräsentieren ein logisch vollständiges und ein für alle Mal festgelegtes Weltbild, in dem es nichts mehr zu entdecken gab. Die Gesetze, die Himmel und Erde lenken, wurden in ein bereits festgelegtes Schema eines grundlegenden Dualismus zwischen dem Ewigen dort oben und dem Vergänglichen hier unten eingepasst. Alles hatte einen Sinn, alles war zum Besten eingerichtet und das äußerste Ziel der Schöpfung war die Verehrung Gottes. Die Aufgabe der Scholastiker war es lediglich, dieses unveränderliche Wissen weiterzuvererben.

Im scharfen Gegensatz dazu gab es eine zum Teil im Untergrund arbeitende Widerstandsbewegung in Form der hermetischen Philosophie mit ihrer Mystik und Alchemie. Die Hermetik geht auf okkulte Schriften aus den ersten Jahrhunderten nach Christus zurück und wird dem mythischen Hermes Trismegistos, der griechische Name für den ägyptischen Gott Thot, zugeschrieben, der als der Ursprung allen Wissens verehrt wurde. Innerhalb dieser Bewegung, deren bedeutendster Vertreter der deutsche Alchemist Theophrastus Paracelsus (1493–1541) war, meinte man, dass die Logik nicht ausreicht, um den Geheimnissen der Natur auf die Spur zu kommen. Stattdessen brauche man sowohl Intuition wie auch Offenbarungen, wenn man wirkliches Wissen erwerben wolle. Selbst wenn wir heute den blinden Aberglauben durchschauen, auf den sich das Ganze gründete, und es zu Recht als bedeutungslosen Nonsens abtun, findet man dennoch etwas Wertvolles darin. Die moderne Physik hat ihre Wurzeln nämlich in beiden Ideenwelten. Wie bei Aristoteles gibt es eine unveränderliche Einsicht dahingehend, dass das Einzige, auf das wir uns letztendlich wirklich verlassen können, wenn wir uns den Rätseln der Natur nähern wollen, unser logisches Denkvermögen ist. Doch im Gegensatz zu Aristoteles und im Einklang mit den Alchemisten ist unser Bild von der Welt noch nicht fertig gestellt. Es gibt immer neue Fragen und neue Tiefen zu erforschen. Und es ist die Kombination aus beidem, die uns weiterbringt.

Die Naturwissenschaft vollführt eine Gratwanderung, die immer schwieriger wird, je näher man sich an ihre äußersten Grenzen begibt. Auf der einen Seite braucht man Offenheit für neue Ideen und Möglichkeiten. Man muss immer bereit sein, das Gegenteil zu denken. Auf der anderen Seite muss alles, was gegen das Alte zielt, sorgfältig geprüft und in Frage gestellt werden. Eine Idee muss sich als lebensfähig erweisen, wenn sie sich durchsetzen soll. Wenn ich selbst meine Sicht der Naturwissenschaften beschreiben soll, dann ist meine Darstellung in vieler Hinsicht davon abhängig, an wen ich mich wende. Wenn mir eine eingeschränktere Natur begegnet, jemand, der meint, mit beiden Beinen fest auf der Erde zu stehen, dann tritt meine paracelsische Seite hervor, und ich möchte dann ausführen, dass wir in einer Welt leben, die noch nicht zu Ende erforscht ist. Dass alles, was wir bereits wissen, ein Bild von einem Universum aufzeigt, das viel wunderbarer ist, als das, was die etwas steifbeinige Newtonsche Mechanik zu entdecken auf dem Weg war. Die Quantenphysik zusammen mit der Relativitätstheorie öffnet Türen zu einer Welt, wo es vielleicht sogar noch Raum für Sinn und Bewusstsein gibt.

In anderen Zusammenhängen jedoch habe ich das Gefühl, darauf hinweisen zu müssen, dass man nicht erträumen kann, wie die Welt aussieht. Sicherlich können wir darauf Einfluss nehmen, welche Fragen wir stellen, und natürlich kann das daraus entstehende Wissen, selbst das naturwissenschaftliche, dann immer anders aussehen. Doch es gibt Grenzen. In Newtons Gesetzen gibt es keine subjektiven oder ideologischen Abhängigkeiten. Wenn ich aus meinem Schlafzimmerfenster springe, dann werde ich auf den Boden fallen, ob ich es will oder nicht, und zwar mit einer Geschwindigkeit, die ich ausrechnen und vorhersagen kann.

Die Sphärenmusik

Doch jetzt muss ich wieder auf die Frage des Weltsystems zurückkommen. Von entscheidender Bedeutung war, dass Galilei von der Richtigkeit des kopernikanischen Systems überzeugt war, und zwar nachdem er 1609 zum ersten Mal durch sein neu konstruiertes Teleskop den Mond gesehen und erkannt hatte, das dies eine andere Welt war, die sich jedoch von der Erde nicht so sehr unterschied. Die darauf folgende Entdeckung der Jupitermonde bestärkte ihn noch mehr in seiner Überzeugung. Am 7. Januar 1610 hatte er drei dieser Monde bemerkt, und etwas später noch einen vierten. Er benötigte eine Woche des Beobachtens und Nachdenkens, um zu begreifen, dass sie wirklich um den Jupiter kreisten und ein Sonnensystem in Miniatur bildeten. Offensichtlich gab es Körper, die sich um etwas anderes drehten als die Erde! In seinem *Sidereus Nuncius*, der »Botschaft von den Sternen«, die er großzügig Cosimo de'Medici widmete (die Monde nennt er auch die »mediceischen Sterne«), ist er mit seiner Deutung der Dinge vorsichtig. Galilei war überzeugter Katholik und sah ein, dass er sich hier aufs Glatteis begab. Doch als er schließlich imstande war, die Phasen der Venus mit seinem kleinen Teleskop zu beobachten, vermochte er sich nicht mehr zurückzuhalten. Er musste seine Ansichten drucken lassen.

Diese Entscheidung sollte weitreichende Konsequenzen haben. Robert Bellarmine, Kardinal und leitender Theologe in Rom, griff Galilei und die anderen Verteidiger des kopernikanischen Systems an. Gewiss war es so, dass das kopernikanische System auf einfache Weise die Bewegungen der Himmelskörper beschreiben konnte, doch nur weil es einfach praktische Annahme war, bewies es doch noch nicht, dass die Sonne wirklich stillstand und die Erde sich auf einer Bahn um die Sonne bewegte. Es war ungefährlich, auf das Praktische am kopernikanischen System hinzuweisen, doch weiterzugehen würde Theologen und Philosophen verärgern und außerdem dem heiligen Glauben schaden, und deshalb war es ein sehr gefährliches Unterfangen. Wenn ein wirklicher Beweis vorgelegt werden würde, dann würde dies sehr sorgfältige und gründliche Interpretationen der Bibel erfordern, doch Kardinal Bellarmine meinte, dass Galilei solche Beweise nicht vorweisen könne. Und im Grunde hatte er eigentlich Recht. Das System von Tycho Brahe funktionierte ja genauso gut. Kardinal Bellarmine konnte Galilei auch von sehr unangenehmen politischen Komplikationen berichten. Die Protestanten in Nordeuropa stellten die katholischen Bibelauslegungen immer mehr in Frage. Um sich dagegen zu verteidigen, war man in der Auffassung, wie die Bibel gelesen werden sollte, immer rigider geworden, und Abweichungen wollte man nicht dulden. Infolgedessen konnte man natürlich noch weniger irgendwelche kopernikanischen Spekulationen tolerieren.

Später hatte Galilei ein Treffen mit dem Papst Urban VIII. (1568–1644), doch es konnte ihn niemand davon abbringen, für das zu argumentieren, woran er glaubte. Der Tropfen, der schließlich das Fass zum Überlaufen brachte, war der *Dialog über die beiden hauptsächlichsten Weltsysteme.* In diesem phantastischen Buch lässt Galilei Saviati, Sagredo und Simplicio über die Weltenordnung diskutieren. Simplicio verteidigt die alte Physik mit der unbeweglichen Erde, und schon der Name, den Galilei für diese Figur gewählt hat, macht deutlich, was er von ihr hält. Es ist sehr gut möglich, dass der Papst sich wütend und gekränkt in Simplicio wiedererkannte.

Und so wurde Galilei gefangen genommen und unter Hausarrest gestellt. Er wurde jedoch nie wegen Ketzerei verurteilt, es war vielmehr sein gefährlicher Ungehorsam, der den Zorn der Kirche erregte. In moderneren Zeiten verflog dieser Zorn ein wenig, und in der Kirche begann man, diese Entscheidung zu bereuen. 1979 wurde eine Untersuchung in Gang gesetzt, die zeigen sollte, wie die katholische Kirche mit diesem Thema eigentlich umgegangen war. Im Oktober 1992 kam das Ergebnis, 350 Jahre nach Galileis Tod. Papst Johannes Paul II erklärte, welchen Fehler die Theologen gemacht hätten, indem sie die Buchstaben der Bibel sich über die physische Welt erheben ließen.

Es gibt wohl kaum etwas, was als weniger wissenschaftlich zu bezeichnen wäre, als dieser äußerst langwierige Prozess. Und dennoch hat das Phänomen auch etwas Ewiges und Zeitloses, das doch zur Naturwissenschaft gehört. Die Wahrheiten, die die Physik sucht, sind ja auch keine Eintagsfliegen, die nur kurze Zeit gelten, sondern man strebt nach bestehenden Werten. Darin liegt die Ähnlichkeit. In den Büchern von Peter Nilsson, *Der Raumwächter* und *Nyaga*, wird der Leser in eine Zukunft versetzt, in der die katholische Kirche Wissenschaft und Kultur bestimmt. Mit Hilfe von Quantenrechnern soll man die schwierigsten wissenschaftlichen und religiösen Rätsel lösen. Die Geschichte hätte völlig anders aussehen können in einer Welt der Toleranz, die eingesehen hat, dass Religion und Wissenschaft im Grunde nur von unterschiedlichen Aspekten desselben Weltalls handeln. Ein schwindelerregender Gedanke.

Der deutsche Astronom Johannes Kepler (1571–1630) versuchte ungefähr zur selben Zeit wie Galilei, eine weitere Systematik in der Bewegung der Himmelskörper festzustellen. Er übernahm die Beobachtungen des Tycho Brahe und versuchte, sie mit Hilfe der Geometrie zu deuten. Dabei bediente er sich einer uralten Zahlenmystik, die bis auf Pythagoras, der vierhundert Jahre v. Chr. wirkte, zurückging. Ein wichtiger Bestandteil der pythagoreischen Gedankenwelt waren die gleichmäßigen Polygone. In *Timaios* berichtet Platon, der sich zu einer ähnlichen Weltauffassung bekannte, wie die vier Elemente je einem gleichmäßigen Polygon zugeordnet werden können. Zum Kubus gehört die Erde, zum Tetraeder (der aus vier gleichseitigen Dreiecken besteht) gehört das Feuer, zum Oktaeder (der aus acht gleichseitigen Dreiecken besteht) gehört die Luft und zum Ikosaeder (der aus 20 gleichseitigen Dreiecken besteht) gehört das Wasser. Platon erzählt auch geheimnisvoll von dem fünften gleichseitigen Polygon, dem Dodekaeder, verbunden mit der *quinta essentia*, oder der Quintessenz, den »Gott benutzte, um den Umfang des Weltalls zu zeichnen«. Der Dodekaeder (der aus zwölf Fünfecken besteht) soll eine der großen Entdeckungen der Pythagoräer gewesen sein. Die Legende sagt, dass der Grieche Hippasos ertränkt worden sei, weil er Uneingeweihten das Geheimnis des fünften Körpers offenbart habe. Eine andere Legende besagt, Hippasos habe ein viel schlimmeres Verbrechen auf dem Gewissen. Er hatte nämlich entdeckt, dass es noch andere Zahlen als die Ganzen und die Brüche gab. Hippasos konnte beweisen, dass die Hypotenuse in einem rechtwinkligen Dreieck, dessen kurze Seiten beide die Länge eins hatten, eine Zahl ist, nämlich die Wurzel aus 2, die unmöglich so geschrieben werden konnte, wie die Pythagoräer es gestatteten. Mit anderen Worten, es war eine irrationale Zahl. Das erschütterte das pythagoräeische Weltbild natürlich erheblich, und vielleicht musste Hippasos deshalb sterben.

Wenn heute ein neuer Hippasos mit einem neuen Vieleck auftreten würde, dann würde ihm auch niemand glauben. Selbst unser Weltbild würde angesichts einer solchen Entdeckung völlig auseinander fallen. Doch ein sechstes gleichmäßiges Vieleck gibt es nicht, unsere Mathematik behauptet, das sei unmöglich. Hoffen wir mal, dass sie Recht hat.

Kepler war von diesen fünf regelmäßigen Körpern fasziniert und benutzte sie, um den Abstand zwischen den Planeten im Sonnensystem abzuschätzen. Auf eine raffinierte Weise platzierte er die fünf Körper zwischen die Himmelssphären der Planeten, um so zu verstehen, warum das Sonnensystem so aussieht, wie es sich uns zeigt. Im Einklang mit der Idee von der Sphärenmusik verband er auch die Planeten mit charakteristischen Tonfolgen. Mi, fa, mi … sang die Erde, wenn sie entlang ihrer Bahn wanderte, was auf das wenig aufmunternde *misera, famina, misera, famina …* »Elend, Hunger, Elend, Hunger« Bezug nahm. Diese Musik der Sphären hat eine uralte Geschichte, auf die ich in einem späteren Kapitel eingehen werde, wenn ich etwas mehr von Pythagoras erzählen werde. Es ist leicht, sich über derartige Überlegungen lustig zu machen, aber man sollte nicht zu viel darüber lachen. Oft führt der Glaube an die mathematische Schönheit der Natur, der Kepler innewohnte, in eine völlig richtige Richtung. Nicht nur die Partikelphysik späterer Zeiten ist ein Beispiel dafür. Mathematische Symmetrien und Auffassungen über das, was »hübsch« ist, haben der Physik sehr erfolgreich Wege eröffnet, wenn es darum ging, die Gesetze der Natur zu entdecken. Das beste Beispiel dafür ist vielleicht Einsteins Allgemeine Relativitätstheorie für die Gravitation. Im Zusammenhang mit der endgültigen Bestätigung für diese Theorie war Einstein gefragt worden, was er denn gedacht hätte, wenn sich seine Theorie nicht als mit der Wirklichkeit übereinstimmend erwiesen hätte. Angeblich soll er geantwortet haben, dass er in diesem Fall den Schöpfer für ein solches Versehen bedauert hätte.

Doch in Keplers Variante der Sphärenmusik funktionierte eigentlich nichts richtig gut. Ein schlechterer Wissenschaftler wäre vielleicht hartnäckig auf demselben Gleis weitergefahren, doch Kepler vermochte sich von seiner Lieblingsidee zu befreien und weiterzugehen. Ungeachtet seines Glaubens an die schöne Geometrie setzte er die Natur an die erste Stelle. Schließlich erhielt er auch den Lohn für seine Mühe und fand die drei Gesetze, die seinen Namen tragen. Diese Gesetze sind etwas völlig anderes als die, die er eigentlich zu suchen begonnen hatte. Sie zeigen, wie sich die Planeten in elliptischen Bahnen bewegen und geben trockene Erklärungen über ihre Umlaufzeiten. Doch diese Gesetze bergen auch den Leitfaden zu einem Universum, das weitaus faszinierender ist als der Widerklang einer Sphärenmusik.

Wie man einen Krater auf dem Mond bekommt

Wenn Sie eine Zusammenfassung möchten von all den erwähnten Streitigkeiten über das Weltsystem, dann gibt es nichts Besseres, als ein gewöhnliches Fernglas zu nehmen und sich in Ruhe den Mond anzusehen, wenn er das nächste Mal am Himmel steht. Dort ist der Spiegel alles dessen, was sich unten auf der Erde abgespielt hat. Als Galilei entdeckte, dass der Mond eine eigene Welt mit Bergen und Tälern ist, musste man nämlich ganz eilig Namen für all das finden, was man dort sah. Schließlich war es der Jesuit Giovanni Battista Riccioli (1598–1671), Professor für Philosophie, Astronomie und Theologie in Bologna, der in seinem *Almagestum Novum* von 1651 vieles von der Nomenklatur festgelegt hat, die wir noch heute anwenden. Die phantasievollen Namen für die dunklen Lavatäler des Mondes – *Mare Imbrium* (Meer des Regens), *Mare Nectaris* (Meer des Nektars) und viele andere – stammen von eben diesem Riccioli. Heute wissen wir allerdings, dass diese toten Wüsten nicht den kleinsten Tropfen Wasser enthalten, aber die verlockenden Namen haben wir dennoch, vielleicht glücklicherweise, behalten. Riccioli hat außerdem eine große Menge von Kratern nach Philosophen und Wissenschaftlern benannt, und dies nach einem logischen System mit den ältesten im Norden und den etwas moderneren im Süden. Je berühmter die Persönlichkeit, desto größer der Krater. Riccioli war ein großer Unterstützer von Tycho Brahe und bekannte sich enthusiastisch zu dessen Weltsystem. So gebührte natürlich Tycho die Ehre, dem hervorstechendsten Krater des Mondes den Namen zu geben. Die »Erdbeweger« Kopernikus, Aristarchus und Kepler hingegen verbannte Riccioli ins Meer der Stürme, *Oceanus Procellarium*. Doch kann man bei Riccioli eine gewisse Bewunderung selbst für diese ketzerischen Denker ahnen, denn die Krater, für die sie Pate standen, gehören keineswegs zu den weniger bedeutenden. Vielleicht kann man sogar den Verdacht hegen, dass Riccioli der Nachwelt einen kleinen Wink geben wollte, was seine eigentliche Meinung war, die er jedoch in einer Zeit der Inquisition und der Verfolgung nicht zuzugeben wagte. Womöglich hat manch einer seiner mächtigen Kollegen einmal sein Teleskop in Richtung Mond gewandt und mit Bekümmerung den strahlend schönen Kopernikus betrachtet.

Doch nun wenden Sie Ihr Fernglas den nördlichen Gebieten, der frühzeitlichen Geschichte zu. Ganz oben im Norden, am Rande des Regenmeeres, in den Bergen direkt am südlichen Rand des Meeres der Kälte *(Mare Frigoris)*, liegt einer der größten Krater des Mondes. Das ist Plato, nach Platon selbst benannt. Dieser Krater ist sehr alt und fast vollständig mit Lava gefüllt, die seinen Boden in einen flachen und dunklen See verwandelt hat. Zwar ist er nicht so hell und strahlend wie Tycho oder Kopernikus, doch er ist trotz allem ein wenig größer. Ich habe ihn viele Male mit Fernglas und Teleskop angeschaut, und jedes Mal muss ich daran denken, wie das Ganze vor langer, langer Zeit begann, mit einem Griechen, der wissen wollte, wie das alles zusammenhängt.

KAPITEL 2

Die Gottheit des Laplace

In welchem wir die Zeit zügeln, Longitudenprobleme lösen
und Lord Kelvin seinen ersten Schnitzer begehen lassen.

Mein Vater kennt einen Mann, der sich jeden Herbst in ein Moor legt und die Milchstraße beobachtet, um das Wetter für das kommende Jahr vorherzusagen. Er kann sehen, ob der Winter milder oder kälter als normal werden wird, und außerdem vorhersagen, wann der erste Schnee zu erwarten ist. Ebenso kann er auf einige Monate im Voraus vor Schneestürmen warnen. Wie kann das angehen? Die Erklärung, so wird behauptet, sei keineswegs mystisch oder übernatürlich, sondern in einem aufmerksamen und geübten Blick zu suchen, der die Zeichen der Natur deuten könne. Das erscheint einleuchtend, aber dann müsste es doch ganz schön viel geben, von dem die Naturwissenschaften nichts wissen. Das Problem ist aber, dass nicht einmal die Natur weiß, welches Wetter es geben wird. So kann es geschehen, dass der Mann manchmal richtig rät, und selbst wenn er häufiger falsch rät, dann sind die Menschen doch geneigt, die richtigen Prognosen im Gedächtnis zu behalten, und die Fälle, in denen er falsch lag, zu vergessen. Man möchte doch so gern, dass es ein kleines Fenster zur Zukunft gibt – eine Möglichkeit, zu wissen.

Die großen Veränderungen

Wie weit können wir eigentlich voraussehen, was kommen wird? Gibt es wirklich Gesetze, die alles lenken? Die mittelalterlichen Wissenschaften und die Theologie versuchten Naturphänomene zu erklären, indem sie ihren Sinn analysierten. Man ging davon aus, dass Ereignisse eintrafen, weil sie einem bestimmten Zweck dienten, und es war die Aufgabe des Menschen, zu ergründen, welches dieser Zweck war. Es war auch vollkommen natürlich, in diesem Zusammenhang die Existenz eines Gottes zu diskutieren. Doch die neue Wissenschaft gab den Gedanken an einen Zweck auf. Anstatt zu versuchen, einen Sinn in dem einen oder anderen Ereignis zu finden, legte man weniger Ehrgeiz an den Tag und begnügte sich damit, die Welt ganz einfach zu beschreiben. Zumindest wird so gern im Nachhinein charakterisiert, was dann geschah. Die Fragen über die Existenz Gottes wurden durch scheinbar unschuldige Probleme ersetzt, wie zum Beispiel die Beschreibung von Kugeln, die auf schiefen Ebenen rollten. Bei dieser dramatisch veränderten Einstellung ging man von dem Prinzip aus, dass es besser ist, ein kleines Problem zu bewältigen, als an einem großen zu scheitern.

Doch die Vorstellung von einer Welt, in der die Natur im Einklang mit einer größeren Absicht handelt, sitzt tief, und dies vor allem, wenn man von der lebendigen Welt spricht. Die Entstehung des Lebens nach Darwins Evolutionstheorie wird oft mit Worten beschrieben, die an die Auffassung anknüpfen, dass alles nach einem Ziel strebt. Man sagt, die Tierarten entwickelten neue Eigenschaften, um in einer veränderlichen Welt besser zurechtzukommen – das ist eigentlich nichts anderes als ein Echo von Aristoteles. Man hat immer noch eine Absicht oder einen Sinn im Hinterkopf, bei dem die Ursachen für alles, was geschieht, nicht in der Vergangenheit zu suchen sind, sondern in der Zukunft. Ereignisse in der Gegenwart treffen ein, um etwas anderes möglich zu machen, das später geschehen wird. Und doch lautet die korrekte Beschreibung ganz anders: Man ist der Auffassung, dass die Evolution blind ist. Das große Ganze entsteht aus dem blinden Zusammenwirken seiner Teile. Die fundamentalen Naturgesetze steuern die einzelnen Atome, und auf geheimnisvolle Weise scheint das Große daraus hervorzuwachsen, selbst wenn es in keinerlei Gleichungen irgendwo festzumachen ist.

Und das scheint wirklich zu funktionieren. Nichts weist darauf hin, dass noch etwas anderes erforderlich wäre. Der blinde Zufall hat mit Hilfe der natürlichen Auslese im Laufe von Jahrmillionen aus der toten Erde eine Welt wimmelnden Lebens geschaffen. Und das nicht, weil es in den Naturgesetzen so geschrieben stand, sondern einfach, weil es zufällig so kam. Und die grundlegenden Bestandteile, die die Gesetze steuern, haben keine Ahnung davon, dass das so geschehen ist. Ein Wassermolekül in einem lebendigen Organismus ist nicht lebendiger als ein einsames Molekül im Meer.

Man kann vielleicht meinen, dass das in gewisser Weise das Menschliche ausschließt. Schließlich verwenden wir einen großen Teil unseres Lebens darauf, uns irgendwie um das Ziel unseres Lebens zu bemühen. Wir wollen gern glauben, dass es einen Sinn gibt, und es ist nur natürlich, sein Weltbild nach dieser Hoffnung auszurichten. Im Laufe der Zeit haben unterschiedliche Kulturen ihre Antworten in Form von großen Ideen über die Verbindung zwischen der menschlichen Welt und den kosmischen Mysterien gesucht und gefunden. Was ist davon heute noch übrig geblieben? Haben wir den Kontakt zum Zeitlosen verloren? Gehen wir mit gesenktem Blick voran und sehen die großen Zusammenhänge nicht?

Die Naturwissenschaft hat auf dramatische Weise unser Weltbild verändert. Ihre Fortschritte erschrecken vielleicht viele, und sie meinen, dass das Wunderbare an der Welt nach und nach wegerklärt wird. Pär Lagerkvist schrieb:

»Ich gehe in der Dunkelheit. Ich wandle unter den Sternen. Ich verspüre die Demut des Menschen gegenüber der Ewigkeit; mich schaudert.«

Die Bedeutung des Menschen wird immer geringer, und es ist schon lange her, dass wir die Krone der Schöpfung waren. Stattdessen sind wir zu einem sinnlosen Schimmelpilz auf der Oberfläche eines unbedeutenden Steinklumpens zusammengeschrumpft, in der Nähe eines durchschnittlichen Sterns am Rande einer Galaxie unter unzähligen anderen, in einem Weltall ohne Sinn und Ziel.

Doch das ist keine gerechte Darstellung. Die Naturwissenschaften beschreiben die Welt, mehr nicht. Und in den vergangenen Jahrhunderten haben wir ungeahnte neue Tiefen in der Natur entdeckt, die sie noch wunderbarer machen. Die moderne Physik ist außerdem in Begriff, eine Theorie für alles herauszuarbeiten – eine Einheit, in der das Kleinste und das Größte zu einem allumfassenden Weltbild zusammengefügt werden. Der ewige Traum des Menschen von einem Zusammenhang, mit uns selbst als wichtiger Teil eines kosmischen Schauspiels, ist alles andere als tot. Vielleicht ist er einfach nur reifer geworden, und anstatt unserem Wunschdenken nachzuhängen, fangen wir an zu untersuchen, wie die Dinge wirklich liegen. Der Witz daran ist natürlich, dass gerade diese demütige Herangehensweise es für die heutigen Wissenschaftler möglich gemacht hat, einen Teil der großen Fragen zu beantworten, mit denen die Alten vergebens kämpften. Eine nach der anderen, in aller Ruhe. Nun wollen wir sehen, wie dieser Ansatz uns wichtige

Einsichten darüber vermitteln kann, wie die Welt funktioniert.

Wie im Himmel, so auch auf Erden

Auf meinem Schreibtisch liegt ein kleiner schrumpeliger
unreifer Apfel, von dem ich inständig hoffe, dass niemand
ihn mal aus Versehen wegwirft. Ich habe ihn von einem
Apfelbaum gepflückt, der vor einem Steinhaus in dem kleinen Ort Woolsthorpe im Herzen von England steht. Natürlich ist weder an meinem kleinen Apfel noch an dem Baum,
von dem er stammt, etwas Besonderes. Es ist keine besondere Sorte, und auch wenn ich diese Äpfel nie probiert habe,
so bin ich doch überzeugt davon, dass sie höchst gewöhnlich
sind. Und doch hat der kleine Apfel auf meinem Schreibtisch eine Geschichte, die ihn zum bedeutendsten kleinen
Äpfelchen in der ganzen Welt macht.

An seinem Lebensabend erzählte Newton seinem Biogra-
fen William Stukeley eine Geschichte, wie er auf die Spur
zu seiner Gravitationstheorie kam. Die Idee soll ihm gekommen sein, als er an einem Tag im Jahre 1666 unter einem Apfelbaum vor dem Haus seiner Mutter in Woolsthorpe saß und einen Apfel herunterfallen sah. Vielleicht war
die Geschichte ja auch nur ausgedacht, um einen Mythos
um sich selbst zu schaffen – es war Newton sehr wichtig,
welche Erinnerungen die Nachwelt an ihn behielt, und die
eine oder andere Anekdote konnte da nicht schaden. Doch
andererseits ist es auch nicht ganz unmöglich, dass die Geschichte wahr ist, oder zumindest ein Körnchen Wahrheit
enthält.

Natürlich gibt es Newtons Apfelbaum heute nicht mehr.
Angeblich ist er bereits 1820 bei einem Sturm zerstört worden, doch aus den Resten des umgestürzten Baumes soll ein

neuer gewachsen sein, der noch heute im Garten in Woolsthorpe steht. Und natürlich stammt mein kleiner Apfel auf dem Schreibtisch von diesem Baum. Es scheint ein ganz gewöhnliches Äpfelchen zu sein, doch wenn ich es vorsichtig hochwerfe, um es dann wieder aufzufangen, kann ich doch nicht umhin zu bemerken, dass es mit ganz besonderer Grazie fällt.

Doch jetzt wollen wir wie Newton darüber nachdenken, was sich hinter dem Fallen des Apfels verbirgt. Die erste Frage, die man natürlich gern stellen möchte, ist *warum* der Apfel denn fällt. Doch das ist, zumindest zu Anfang, der völlig falsche Ansatz. Weiter führt vielmehr die Frage: *Wie* fällt der Apfel? *Wie* kommt vor *warum*. Die Naturwissenschaften müssen immer mit der Beschreibung beginnen, und solche Fragen bringen uns weit, vielleicht sogar bis zur Antwort auf die Frage warum.

Galilei hatte herausgefunden, dass Begriffe wie Schnelligkeit und Beschleunigung in Zahlen ausgedrückt von entscheidender Bedeutung sind, wenn man die Natur beschreiben will. Und das nicht minder, wenn es um fallende Körper geht. Im Unterschied zu Aristoteles sah Galilei ein, welche grundlegende Bedeutung es hat, dass fallende Körper an Schnelligkeit zunehmen, je länger sie fallen. Geduldige Experimente zeigen, dass ein Körper, der hier auf der Erde fällt, in jeder Sekunde 9,8 m an Schnelligkeit zunimmt, und das völlig unabhängig davon, wie schwer er ist oder wie beschaffen. Die Ausnahme bilden natürlich Dinge, die so geformt sind, dass der Luftwiderstand zu stark ist, doch davon später. Deshalb kann man von einer allgemeinen Gewichtsbeschleunigung von 9,8 m/s sprechen. Das ist mehr als dreimal so viel, wie ein modernes Auto zu beschleunigen vermag.

Es gibt auch noch weitere wichtige Eigenschaften des freien Falls, die man mit den richtigen Experimenten festmachen kann. Wenn ich mit der Hand einen Stein aufnehme und ihn dann loslasse, dann fällt der Stein natürlich sofort zu Boden. Wenn ich ihn nun aber stattdessen mit einem Schwung seitwärts werfe, wird er dann genauso schnell zur Erde fallen? Die Antwort ist, dass er exakt genauso lange fällt. Doch anstatt mich beim Wort zu nehmen, rate ich Ihnen, dieses einfache Experiment selbst durchzuführen – es ist nämlich charakteristisch für die Naturwissenschaften, dass es einem frei steht, alle Aussagen selbst zu testen. Man benötigt keine göttlichen Offenbarungen oder besondere Erlaubnis von himmlischen Mächten. Ich gebe allerdings gern zu, dass die Behauptungen, die ich etwas später in diesem Buch noch aufstellen werde, nicht alle so einfach zu Hause in der Küche verifiziert werden können. Wie auch immer, die Tatsache, dass der Stein immer gleich schnell fällt, wie man ihn auch wirft, ist ein Beispiel für die Relativität, die schon Galilei beschrieb, indem er darauf hinwies, dass man auf einem sich bewegenden Schiff denselben Naturgesetzen unterworfen ist wie auf dem Land. In seinem *Dialog über die beiden hauptsächlichsten Weltsysteme*, dem Buch, das den Papst so schrecklich geärgert hat, lässt Galilei Simplicio und Salviati diese Frage diskutieren. An der Stelle, in der wir in den Text kommen, hat Simplicio gerade seinen Glauben verkündet, dass ein Stein, der von einem Mast fällt, am Mastfuß landet, wenn das Schiff stillsteht, aber weit vom Mastfuß entfernt, wenn das Schiff in Bewegung ist. Doch Salviati versucht nun, ihn davon zu überzeugen, dass er Unrecht hat:

«Salviati: Nun sage mir, wenn der Stein genau an denselben Platz fallen würde, wenn sich das Schiff mit großer Geschwindigkeit bewegt, wie wenn es stillsteht, zu welchem Nutzen sollte der Stein dann fallen, wenn Ihr wissen wolltet, ob das Fahrzeug stillsteht oder nicht?

Simplicio: Zu gar keinem. Es wäre dieselbe Sache, wie wenn man den Puls von einem messen würde, um herauszubekommen, ob er schläft oder wacht, denn der Puls schlägt genauso beim Wachen wie beim Schlafenden. Salviati: Ausgezeichnet. Habt Ihr das Experiment mit dem Schiff schon einmal ausgeführt? Simplicio: Das habe ich nicht. Aber ich bin sicher, dass diejenigen, die es anführen, es gründlichst untersucht haben werden. Und im Übrigen ist der Grund zu dem Unterschied so wohl bekannt, dass es keinen Raum für Zweifel gibt.

Salviati: Ihr selbst seid ein gutes Beispiel dafür, dass die anderen es anführen können, ohne selbst ein Experiment durchgeführt zu haben, und Ihr wiederholt doch deren Worte in gutem Treu und Glauben. Es ist nicht nur möglich, sondern notwendig, dass sie dieselbe Sache getan haben, ich meine, auf andere hingewiesen, ohne dass man je einen findet, der es ausgeführt hat. Denn wer das tut, der wird herausfinden, dass die Erfahrung den genauen Gegensatz zu dem ergibt, was geschrieben wurde. Es wird sich nämlich zeigen, dass der Stein immer auf denselben Platz auf dem Schiff fällt, ganz gleich, ob es stillsteht oder ob es sich mit irgendeiner beliebigen Geschwindigkeit bewegt.«

Galileis Einsicht löst das Problem des Kopernikus und beantwortet die Frage, warum wir nicht von der Erde geweht werden, obwohl diese mit schwindelerregender Schnelligkeit durch das All saust. Fast dreihundert Jahre später sollte Einstein bei derselben Relativität einen Schritt weitergehen. Aber natürlich ist klar, dass Papst Urban VIII. sauer war, als er sich auf diese Weise in die Rolle des einfältigen Simplicio gesteckt sah.

Doch wie sehr täuschte sich Aristoteles eigentlich? Für

leichtere Objekte in freiem Fall gilt nämlich das Gesetz der Beschleunigung, das Galilei festhielt, ganz und gar nicht. Ein Blatt, das von einem Baum niedersinkt, fällt ja im Großen und Ganzen mit konstanter Schnelligkeit. Aristoteles hat damit überhaupt kein Problem; das Blatt sucht schließlich nur seine natürliche Bewegung. Wenn Galilei sich dafür entschieden hätte, fallende Blätter zu beobachten, wäre er mit seinen Argumentationen nicht sonderlich weit gekommen, aber zum Glück begriff er, dass die grundlegenden Dinge woanders lagen. Entscheidend ist, dass jeder fallende Körper seinen Fall mit einer Periode der Beschleunigung einleitet, die dann, wenn der Luftwiderstand die Schwerkraft genau überschreitet, in eine konstante Geschwindigkeit übergeht. Für ein fallendes Blatt trifft das fast sofort zu, während die maximale Fallgeschwindigkeit für einen Menschen, der aus einem Flugzeug fällt, bei ungefähr 200 km/h liegt, wenn er die Arme ausstreckt und so gut als möglich zu bremsen versucht. Da man schon nach ein paar hundert Metern die maximale Fallgeschwindigkeit erreicht, ist es eigentlich nicht viel schlimmer, aus fünf Kilometern Höhe auf die Erde zu fallen als aus einem Kilometer Höhe. Überraschenderweise hätte Aristoteles das überhaupt nicht erstaunlich gefunden.

Aristoteles sah also die einleitende Beschleunigung als unnatürlich an, während die letztendlich konstante Schnelligkeit für ihn zum Grundlegenden gehörte. Galilei entschied sich für die umgekehrte Sichtweise. Die Beschleunigung war das Grundlegende, während die letztendliche konstante Schnelligkeit nur eine kleinere, durch den Luftwiderstand hervorgerufene Komplikation war. Das war ein ungeheurer Durchbruch, der den Weg für eine Revolution in der Physik bereitete.

Damit habe ich gezeigt, zu welchen Erkenntnissen man gelangt ist, was die Bewegungen der Körper hier auf der

57

Erde angeht. Aber wie verhält es sich mit den Körpern draußen im All? Wie steht es mit den Planeten? Werden diese ehemaligen Gottheiten von denselben Gesetzen gelenkt, die uns sterbliche Kleinstlebewesen auf der Erde festgeklebt halten? Wie steht es mit den Naturgesetzen, die die Bewegung des Mondes steuern, haben sie etwas mit dem zu tun, was hier auf der Erde geschieht? In diesem Zusammenhang tritt nun Newton mit seinem Geistesblitz des Jahrtausends auf.

Aus Keplers Gesetzen für die Bewegungen der Planeten um die Sonne konnte Newton nämlich Gleichungen ableiten, die nicht nur den Fall eines Apfels beschrieben, sondern auch die Bahn des Mondes am Himmelszelt. Scheinbar unterschiedliche Phänomene erhielten auf diese Weise eine gemeinsame Erklärung, oder besser gesagt, eine Beschreibung. Die ist das erste Beispiel für eine Vereinigte Theorie, und sie enthält etwas grundlegend Neues. Der alte Dualismus des Aristoteles, »Wie im Himmel, so auch auf Erden«, war durchbrochen. Diese Erkenntnis Newtons war von größter Bedeutung – man kann sich kaum eine wichtigere wissenschaftliche Umwälzung vorstellen. Der englische Astronom Edmond Halley (1656–1742) schrieb über Newton:

»Näher kann kein Sterblicher den Göttern kommen.«

Ungeachtet seiner göttlichen Einsichten war Newton selbst eine sehr schwierige Persönlichkeit. Humphrey Newton, der von Newton als Schreiber an der Universität Cambridge angestellt war, aber trotz seines Namens nicht mit ihm verwandt, erzählt, wie Newton mit heruntergerutschten Strümpfen und ungekämmter silberner Haarmähne herumschlich. Scheinbar hatte niemand Lust, zu seinen langweiligen Vorlesungen zu gehen. Humphrey Newton berichtet weiterhin, wie Newton am Ende eines jeden Tages zu seiner steten und unbekannten Arbeit zurückkehrte. »Ich vermochte nicht herauszubekommen, welche Ziele er verfolgte«, schreibt er.

Isaac Newton war launisch und konnte überhaupt nicht mit Kritik umgehen. Er verschwendete viel Energie darauf, Hetzkampagnen gegen wirkliche und eingebildete Gegner anzuzetteln. Ein Grund, warum Newton oft in die Schusslinie geriet, war, dass er die Ergebnisse, die er erzielt hatte, nicht veröffentlichen wollte. Wenn aber jemand anders, oft lange nach ihm, zu denselben Schlussfolgerungen kam, war er sauer und beschuldigte ihn des Plagiats.

Sicherlich hatte Newton gute Gründe, seine Forschungen ein wenig geheim zu halten. Denn er ging dabei so mancher Beschäftigung nach, die nicht ganz einwandfrei war. Außerdem verwendete er viel Zeit auf religiöse Grübeleien, und er war selbst überzeugt, dass er wegen seiner theologischen Erkenntnisse im Gedächtnis der Welt bleiben würde. Unter anderem kam er zu dem Schluss, dass die Dreieinigkeit ein Bluff und Christus gar nicht göttlichen Ursprungs sei. Wenn man bedenkt, dass Newton am Trinity College in Cambridge wirkte, dann war das natürlich besonders heikel, und er hatte große Angst, als Ketzer angeklagt zu werden.

Am schlimmsten war der englische Physiker Robert Hooke (1635–1703) dem Zorn von Newton ausgesetzt. Hooke war ein sehr erfolgreicher Wissenschaftler, der auf vielen Gebieten der Physik wichtige Beiträge geleistet hat. Sein großes Unglück bestand jedoch darin, dass er ein Zeitgenosse Newtons war und somit gezwungen, im Schatten dieses großen Mannes zu leben. Im Jahre 1678 hatte Hooke eine Idee formuliert, wie eine Kraft, die im Quadrat zum Abstand abnimmt, die Bewegungen der Planeten erklären könnte – nicht wissend, dass Newton bereits zehn Jahre zuvor zu demselben Schluss gekommen war. Hooke schrieb 1680

Newton in einem Brief davon und behauptete später, Newton habe die Idee gestohlen und ihm nicht die nötige Anerkennung zuteil werden lassen. Newton hingegen publizierte seine Ergebnisse zu guter Letzt 1687 in seinen *Principia*, die ihn sofort weltberühmt machten. Edmond Halley hatte Newton angefleht, großzügig zu sein und den armen Hooke wenigstens zu erwähnen, wo er doch schließlich der Erste gewesen war, der die Entdeckung öffentlich gemacht hatte. Doch das half alles nichts. Newton schrieb in einem Brief, in dem es um seine erfolgreiche Arbeit ging, dass er auf den Schultern von Riesen gestanden habe. Das war allerdings kein ungewöhnlicher Anfall von Demut, sondern ein frecher Seitenhieb gegen den extrem kleinwüchsigen Hooke. Auch diese Formulierung gebrauchte Newton nicht als Erster. Der französische Philosoph des 12. Jahrhunderts Bernard von Chartres drückte schon viel früher auf diese Weise seine aufrichtige Verehrung der antiken Philosophie aus.

Edmond Halley war es allerdings, der eine der spektakulärsten Voraussagen machen würde, die auf der Theorie von Newton basierten. Er hatte die Bahnen der Kometen berechnet, die 1531, 1607 und 1682 gesichtet worden waren, und herausgefunden, dass es sich mit großer Wahrscheinlichkeit um dasselbe Objekt handelte. Auf diese Weise konnte er vorhersagen, dass der Komet Ende der 1750er Jahre wiederkehren würde – lange nachdem Newton, wie auch er selbst, gestorben sein würden. Und tatsächlich, am Weihnachtsabend 1758 entdeckte der deutsche Bauer und Amateurastronom Georg Palitzsch ein rätselhaftes Objekt an der Grenze zwischen den Sternbildern Fische und Walfisch. Beobachtungen in den nachfolgenden Tagen ergaben, dass es sich um einen Kometen handelte, den Halleyschen Kometen. Passenderweise an Newtons einhundertsechzehnten Geburtstag, am Weihnachtstag.

Newton dachte nicht nur über die Gravitation nach, sondern im Grunde über die ganze Physik. In den drei Büchern, die die *Optik* ausmachen, erzählt er, was er über die Gesetze des Lichts und vieles andere herausgefunden hat. Newton plante sogar einen vierten Teil der *Optik*, in dem er eine Vereinigte Theorie präsentieren wollte, die die ganze Physik umfasste und die Aufgaben erfüllen würde, derer er sich angenommen hatte. Doch ein vierter Teil der *Optik* wurde nie gedruckt. Diese Aufgabe war dem Meister ganz einfach zu schwer, und wir wissen heute warum. Zu den Leitgedanken der Vereinigten Theorie würden erst Jahrhunderte nach Newtons Tod Beobachtungen und Experimente möglich sein, und nicht einmal die übersprudelnde Phantasie Newtons hätte der Natur in dieser Hinsicht vorgreifen können. Anstelle des vierten Buches musste Newton sich damit begnügen, eine Reihe von Überlegungen oder *queries* aufzustellen, die er an das Ende des dritten Buches der *Optik* stellte. Auf eine für Newton völlig uncharakteristische Weise erlaubt er sich in diesen *queries* Spekulationen, die jedem theoretischen Physiker Schauer des Wohlbehagens über den Rücken laufen lassen.

Doch ist es interessant, darüber zu spekulieren, ob Newton noch mehr ausschweifende Ideen aufgeschrieben hatte, als uns heute erhalten sind. Es existiert eine spannende Geschichte über Newtons verschwundene Papiere, die solchen Spekulationen Nahrung geben kann. Einmal hatte Newton aus Zerstreutheit eine brennende Kerze auf seinem Tisch stehen lassen. Als er nach Hause kam, entdeckte er zu seinem großen Ärger, dass sein Hund Diamond die Kerze umgeworfen und so viele der noch unpublizierten Werke seines Herrn in Brand gesetzt hatte. Newton soll ausgerufen haben:»Oh, Diamond, Diamond! Du weißt ja nicht, was du angerichtet hast!« Was kann in den verbrannten Werken gestanden haben? Selbst wenn dies lediglich eine Legende ist, fällt es doch schwer, sich die Überlegung zu verkneifen, welche anderen Entdeckungen Newton noch gemacht haben könnte. Was wäre möglich gewesen? Relativität und Quantenmechanik waren wohl selbst für das größte Genie außer Reichweite, denn die Möglichkeiten zu den entsprechenden Experimenten und Beobachtungen gab es noch nicht, und man war noch nicht weit genug, die richtigen Fragen formulieren zu können. Oder gab es da in diesen verschwundenen Papieren etwas, wovon wir noch nichts wissen, noch einen Geistesblitz, am Ende gar größer als die Gravitationstheorie, der durch eine Laune des Schicksals vor fast dreihundert Jahren in den Flammen versank, und der vielleicht noch einmal Hunderte von Jahren warten muss, bis irgendein anderes Genie in einer anderen Zeit denselben Wurf noch einmal tut?

Das kosmische Uhrwerk

Wir haben gesehen, wie die klassische Physik die Bewegungen der Planeten und der irdischen Körper erklären, oder besser gesagt, beschreiben konnte. Wenn man ein wenig nachdenkt, dann kommt man schnell zu dem Schluss, dass auch lebendige Organismen, die ja aus demselben Material bestehen, diesen unbestechlichen Gesetzen gehorchen. Selbst das menschliche Herz, und damit unsere Gedanken, scheinen in der Welt des Determinismus verankert. Man kann *alles* vorhersagen! Pierre-Simon Laplace (1749–1827) dachte über einen allwissenden Gott nach, der die Bewegungen aller Körper in einem bestimmten Augenblick kannte, und der deshalb auch alles über kommende Zeitläufe wissen konnte. Die Zukunft ist so bereits bis ins kleinste Detail ausgearbeitet. Und man kann in der Tat mehrere Beispiele aus der Geschichte finden, die nach diesem Schema funktionieren.

Mein erstes Beispiel handelt von Kolumbus und seiner vierten Reise in die Neue Welt. Nachdem er zwei seiner Schiffe verloren hatte, strandete Kolumbus mit der restlichen, leckgeschlagenen Flotte, die zudem noch stark vom Schiffswurm angegriffen war, an der nördlichen Küste Jamaicas. Nach sechs Monaten meuterte die halbe Besatzung, sie stahlen die Vorräte und plünderten und mordeten die Ureinwohner, die Kolumbus zuvor noch mit Proviant versehen hatten. Verständlicherweise hörten die Indianer dann auf, den Schiffbrüchigen zu helfen. Dies geschah im Februar 1504, und man kann über die Sache in der vom Sohn Ferdinand Kolumbus verfassten Biographie *Histoire* lesen. Die Situation war sehr ernst, aber Kolumbus hatte eine geniale Idee: Er erinnerte sich, dass drei Tage später eine totale Mondfinsternis eintreffen würde. Also erzählte er den Indianern, wie wütend Gott darüber sei, dass sie Kolumbus und seiner Besatzung kein Essen mehr geben wollten, und dass er sich entschlossen habe, sie zu bestrafen. Um ihnen zu zeigen, dass er es ernst meinte, würde er ihnen ein Zeichen geben. Sie sollten also ein paar Tage später den aufgehenden Mond beobachten, denn der werde zornesrot entflammt sein, als ein Symbol für all das Elend, mit dem Gott die unglücklichen Indianer überziehen werde. Als die Indianer denn den verdunkelten und blutroten Mond aufgehen sehen, bekommen sie es derart mit der Angst zu tun, dass sie sofort Essen heranschleppen und Kolumbus anflehen, für sie bei Gott um Vergebung zu bitten. Kolumbus zieht sich zurück und gibt vor, mit Gott zu sprechen. Als die Finsternis ihren Höhepunkt erreicht hat, verkündet er, dass Gott ihnen verziehen hat, und die Indianer können aufatmen, als sie sehen, wie der Mond zurückkehrt. Das Proviantproblem war gelöst.

Die Mondfinsternis am 29. Februar 1504 war noch in einer anderen Hinsicht für Kolumbus von Bedeutung. Ebenso wie Kolumbus konnten die Seefahrer früherer Zeiten den Breitengrad mit Hilfe der Sterne bestimmen. Auf der Nordhalbkugel kann man nachts am Abstand des Polarsterns zum Horizont ablesen, wie weit im Norden man sich befindet, und tagsüber kann man es durch den Sonnenstand errechnen. Ein Blick an den Himmel gibt hingegen keine unmittelbare Information darüber, wie weit man sich in ost-westlicher Richtung befindet, weil der Sternenhimmel, wenn man sich auf demselben Breitengrad befindet, auf der ganzen Erde zur selben Zeit gleich aussieht. Doch je mehr die Welt von Handel und Seefahrt abhängig wurde, desto wichtiger wurde es, eine verlässliche Methode zu finden, um den Längengrad zu messen, auf dem sich ein Schiff befand. Im Jahre 1714 lobte das englische Parlament schließlich einen Preis für denjenigen aus, der das Rätsel lösen würde. Wer die Nuss knacken könnte, würde 20 000 Pound Sterling erhalten, was heute ein paar Millionen Euro entspräche. Und es fehlte tatsächlich nicht an erstaunlichen Vorschlägen. Der englische Diplomat und Philosoph Kenelm Digby (1603–1665) hatte ein seltsames Medikament erfunden, ein Pulver, das angeblich Wunden heilte. Das Wundersame daran war, dass es funktionieren sollte, indem man es nicht auf die Wunde auftrug, sondern auf etwas, was dem Verletzten gehörte. Leider hatte es den unerwünschten Effekt, dass der Patient schwere Schmerzen erlitt, wenn es angewendet wurde. In *Die Insel des vorigen Tages* erzählt Umberto Eco von einer Seereise, auf der dieses magische »Sympathiepulver«, *unguentum armarium*, erstaunlicherweise benutzt werden konnte, um das Längengradproblem zu lösen. Die Hauptperson des Romans, der junge Roberto della Griva, stellt fest, dass ein anderer Passagier, ein Doktor Byrd, ein rätselhaftes Gepäckstück hat, nach dem er regelmäßig schaut. Im Laufe der Zeit bemerkt della Griva, dass sich der Zeitpunkt, zu dem Byrd sich davonschleicht, von Tag zu Tag verschiebt, und am Ende kommt er dem seltsamen Geheimnis auf die Spur. Byrds geheimes Gepäckstück besteht aus einem armen Hund mit einer offenen Wunde in der Seite, deren Heilungsprozess unterbunden wird. Genau um zwölf Uhr jeden Tag applizieren nun Byrds Helfer in England das heilende Pulver auf ein Stück Stoff, das mit dem Blut des gequälten Hundes getränkt ist. In dem Moment heult der Hund, der sich auf der anderen Seite der Erde auf dem Schiff befindet, auf. So sollten die Leute auf dem Schiff die Mittagszeit in England wissen, und indem sie sie mit der lokalen Zeit auf dem Schiff verglichen, die nach dem Sonnenstand errechnet wurde, den Längengrad erschließen. Das klingt wie eine gruselige Geschichte, wurde aber als seriöser Vorschlag vorgelegt.

Der Roman von Umberto Eco erzählt weiter, wie della Grivas Schiff in der Nähe des Antimeridians, der Datumsgrenze, Schiffbruch erleidet. Der Antimeridian und Greenwich vor London, der Ort, der als Ausgangspunkt für das Koordinatensystem der Erde gewählt wurde, liegen sich auf der Erdkugel genau gegenüber. Wenn es in Greenwich zwölf Uhr Mittag ist, ist es also auf dem Antimeridian Mitternacht. Es hat einen lustigen Hintergrund, warum ausgerechnet Greenwich diese Ehre zuteil wurde. Es handelt sich nämlich um ein Zugeständnis Frankreichs, bei dem England angeboten wurde, die Mitte der Erde markieren zu dürfen, während Frankreich im Gegenzug festlegen dürfe, wie man auf der ganzen Welt messen und wiegen solle. England hat seinen Teil des Abkommens immer noch nicht eingelöst.

Das Wundersame am Antimeridian ist, dass östlich davon noch der vorige Tag ist, während westlich davon bereits ein neuer Tag angefangen hat. Beim Schiffbruch landet della Griva auf einer Insel, die westlich vom Antimeridian liegt, und von der aus er zu einer anderen Insel auf der östlichen Seite hinüberschauen kann: der Insel des vorigen Tages.

Della Griva begegnet auch dem erstaunlichen Vater Caspar, der viel von seinen Überlegungen, wie die Welt beschaffen sein könnte, zu berichten hat. Vater Caspar unternimmt unter anderem spannende eigene Experimente, um festzustellen, wo er sich befindet, die sehr viel erfolgversprechender sind als die seltsamen Versuche, die an Bord von della Grivas Schiff unternommen wurden.

Viele Physiker und Astronomen, darunter auch Newton, meinten, dass die einzig mögliche Lösung für das Längengradproblem in der Astronomie zu finden sei. Hier tritt nun Kolumbus mit der Mondfinsternis auf den Plan. Dank seiner astronomischen Tabellen wusste Kolumbus ganz genau, wann die Finsternis nach europäischer Zeit eintreffen würde, und indem er dies mit dem Zeitpunkt, zu der die Verdunkelung an seinem Aufenthaltsort eintraf, verglich, konnte er im Prinzip seinen Längengrad ausrechnen. Das war die Überlegung gewesen, doch leider ging irgendetwas schief, und die berechnete Position lag viel zu weit westlich. Kolumbus lebte also weiterhin in dem Irrtum, die äußeren Gestade des chinesischen Imperiums erreicht zu haben.

Natürlich konnte man sich im Allgemeinen nicht auf Mondfinsternisse verlassen – verhältnismäßig seltene Phänomene, zwischen denen oft ein paar Jahre liegen. Stattdessen erstellte man gründlichste Tabellen über die Position des Mondes, die dieselbe Funktion erfüllen sollten. Vater Caspar in Ecos Buch hielt sich an eine andere Idee, die auf die Entdeckung der Jupitermonde durch Galilei zurückging. Diese konnten doch ebenso wie der Mond als eine Art Uhr fungieren, vorausgesetzt, dass man auf sorgfältig erstellte Tabellen zurückgreifen konnte. Leider jedoch stellte das alles sehr große Anforderungen an die bereits sehr belasteten Seeleute, weil man dafür genaueste Instrumente brauchte und höchst komplizierte Berechnungen anstellen musste.

Da die genaue Zeitmessung heutzutage eine alltägliche Selbstverständlichkeit geworden ist, kommt uns das ziemlich verwickelt vor. In der Vergangenheit war es jedoch ein sehr beschwerliches Problem, denn Uhren waren notorisch unzuverlässig, vor allem, wenn sie zur See transportiert werden sollten. Kolumbus selbst benutzte Sanduhren, die alle halbe Stunde umgedreht werden mussten. In seinen Aufzeichnungen ist zu lesen, dass die besagte Mondfinsternis fünf Glasen nach Sonnenuntergang abgeschlossen war. Natürlich war es unmöglich, auf diese Weise während einer Fahrt auf dem Atlantik die Uhrzeit in Europa im Blick zu behalten.

Der Erste, dem es gelang, eine richtig gute Uhr zu konstruieren, war der genialische Uhrmacher John Harrison (1693–1776). Sein Motiv war, das alte Längengradproblem zu lösen und so den vom englischen Parlament gestifteten Preis zu gewinnen. Die Regeln, die man hierzu aufgestellt hatte, verlangten, dass eine Uhr an einem Tag nicht mehr als drei Sekunden von der korrekten Zeit abweichen dürfe. Meine eigene Armbanduhr, die ich schon eine ganze Weile trage, verliert so viel ungefähr in einer Woche. Harrison schuf in seinem Leben fünf Uhren, wie sie bis dahin noch niemand gesehen hatte, und am Ende gelang es ihm auch, zumindest einen Teil des ausgeschriebenen Preises zu ergattern. Dies jedoch erst nach dem Eingreifen des englischen Königs George III., denn neidische Astronomen setzten alle Hebel gegen Harrisons ärgerliche Erfindung in Bewegung. Mit Harrisons Uhr brauchte man ja nur einen raschen Blick, um festzustellen, wo auf der Erde man sich befand, sodass man alle komplizierten astronomischen Tabellen vergessen konnte. Und das *unguentum armarium* sowieso.

Auch in meinem zweiten Beispiel geht es um ein Himmelsphänomen, diesmal um eine Sonnenfinsternis am 6. Juli 1230 vor Chr., um 8:59 Uhr morgens. Diese Sonnenfinsternis war auf einem Streifen Landes in Südschweden sichtbar. Wir können ganz sicher sagen, dass die Sonnenfinsternis eintraf, und die Menschen, die sich zu der Zeit am richtigen Ort befanden, können nicht übersehen haben, dass irgendetwas los war, vor allem, wenn es ein ansonsten sonniger Tag war. Auf einer Felszeichnung in Boglösa, kurz vor Enköping, kann man etwas sehen, was mit etwas Phantasie als eine verdunkelte Sonne interpretiert werden kann. Könnte das eine Wiedergabe der Sonnenfinsternis im Sommer des Jahres 1230 v. Chr. sein? Das behauptet zumindest der Astronom Göran Henriksson aus Uppsala, der außer der verdunkelten Sonne noch ein paar andere Punkte auf dem Felsenbild entdeckt hat, die er für die Planeten Venus und Merkur hält. Derartige Behauptungen müssen natürlich einer gründlichen Überprüfung ausgesetzt werden, und die Wogen der Diskussion schlugen wie immer sehr hoch. Ich bin selbst dort gewesen und habe mir die Felszeichnungen angeschaut, die zwischen Pferden und Kühen ein Stück weit in einem Acker liegen. Sie sind von Wetter und Wind sehr mitgenommen, doch man kann leicht das Bild einer verdunkelten Sonne in der Zeichnung erkennen. Wie sah es an jenem Tag vor langer Zeit aus? Wenn die Felszeichnungen wirklich die Sonnenfinsternis darstellen, dann war das Wetter zumindest gut. Die Landschaft lädt auch zu Phantasien über eine frühere Meeresbucht ein, mit Menschen, die am Strand stehen und zum sich verdunkelnden Himmel hinaufzeigen, wo die Sonne langsam verschwindet. Und es ist doch nicht erstaunlich, dass jemand für die Nachwelt den Tag verewigen wollte, an dem die Sonne in Boglösa verschwand. Natürlich werden wir niemals erfahren, wer die Zeichnungen anfertigte, wie sie aussahen und wie sie hießen. Und wir werden vielleicht niemals erfahren, was die Felszeichnungen wirklich darstellen. Doch ganz abgesehen davon wissen wir dennoch, dass es eine Sonnenfinsternis gab, und so haben wir doch ein wenig gesichertes Wissen über einen Augenblick in der weit zurückliegenden Vergangenheit. Um eine Minute vor neun Uhr, an einem Sommertag vor langer, langer Zeit. Es war übrigens ein Mittwoch. Mein drittes Beispiel entstammt der norwegischen Geschichte. Im Sommer 1030 n. Chr. fiel König Olaf Haraldsson, später der Heilige genannt, in der Schlacht von Stiklestad. Snorri Sturluson schreibt in seiner Sage von Olaf dem Heiligen:

»Es war schönes Wetter und die Sonne schien von einem klaren Himmel. Als der Kampf begann, kam ein Nebel über den Himmel und verdunkelte die Sonne, und ehe er wieder verschwand, wurde es dunkel wie zur Nacht.«

In diesem Jahr gab es am 31. August um drei Uhr nachmittags eine totale Sonnenfinsternis in Norwegen, und vielleicht begann die Schlacht gerade in diesem Moment. Doch es gibt andere Quellen, die darauf hindeuten, dass die Schlacht am 29. Juli geschlagen wurde, und wieder andere, die nahe legen, dass sie nicht einmal in jenem Jahr stattfand. Und es wäre doch ein sehr erstaunlicher Zufall, wenn etwas so Ungewöhnliches wie eine Sonnenfinsternis mit einem besonderen historischen Ereignis wie dem Tod eines Königs zusammentreffen würde. Im Laufe der Jahre ist diese Geschichte von Generation zu Generation tradiert worden, bis sie schließlich aufgeschrieben wurde, und da ist es verständlich, wenn die Sonnenfinsternis mit dem Zeitpunkt des Todes des Königs zusammenfiel und schließlich am selben Tag stattfand. Trotzdem ist es spannend zu sehen, wie man die Geschichte durch die Jahrhunderte zurückverfolgen kann, zum Teil durch mündliche Überlieferung und alte Schriften, zum Teil durch Berechnungen, die von modernen Computern nach den ewigen Gesetzen der Physik durchgeführt werden. Und die unterschiedlichen Wege in die Vergangenheit treffen aufeinander und erhellen einen verschwundenen Augenblick.

Wie man die Zeit bändigt

Aber was meint man eigentlich mit einem Datum? Wie kann man bedenken, dass das natürliche oder tropische Jahr eine völlig andere Anzahl von Tagen hat? Zur Zeit von Julius Cäsar war der Kalender richtig in Unordnung. Um damit mal aufzuräumen, beauftragte Cäsar im Jahre 46 v. Chr. den alexandrinischen Astronomen Sosigenes, eine Lösung zu finden. In einem ersten Versuch, in einen Rhythmus zu kommen, ließ man dieses Jahr, das nicht ganz unberechtigt *annus confusionis* genannt wurde, 445 Tage lang sein. Auf diese Weise fiel der erste Tag der neuen Zeit, soll heißen der 1. Januar 45 v. Chr., mit dem ersten Neumond nach der Wintersonnenwende zusammen – kein schlechter Zeitpunkt für einen Neubeginn. Da dieser Neumond zufällig eine Woche nach der Wintersonnenwende eintraf, lag diese auf dem 24. Dezember, und die Frühjahrs-Tagundnachtgleiche auf dem 24. März. Die Tage zwischen den Jahren haben wir also einem 2000 Jahre zurückliegenden astronomischen Zufall zu verdanken. Später gab man dem Jahr 365 Tage, doch weitgehend dieselbe Monatsaufteilung, die wir noch heute haben. Um sicher zu gehen, dass nicht alles schnell wieder durcheinander kommen würde, wurde ein System mit einem zusätzlichen Tag eingeführt – einem Schalttag in jedem vierten Jahr. Im Durchschnitt hat jedes Jahr somit 365,25 Tage. Natürlich wurde das Ergebnis nach dem Kaiser benannt: der Julianische Kalender.

Nun ist es aber so, dass das wirkliche Jahr ein wenig kürzer ist, als was dem Julianischen Kalender zugrunde liegt, nämlich ungefähr 365,2422 Tage. Dieses bedeutet, dass trotz des Schalttages sich der Zeitpunkt der Frühjahrs-Tag-undnachtgleiche im Laufe der Zeit verschob, sodass er immer früher fiel. Beim nizänischen Konzil im Jahre 325 n. Chr., das unter der Schirmherrschaft des römischen Kaisers Marc Aurel gehalten wurde, fiel die Frühjahrs-Tagundnachtgleiche auf den 21. März, im 16. Jahrhundert gar auf den 11. März. Zu dieser Zeit war man die Unordnung bereits leid. Wenn es auf diese Weise weiterging, dann würde der Weihnachtsabend irgendwann (genauer gesagt um das Jahr 22 000 n. Chr.) mitten in den Sommer fallen! Ein noch ernsteres Problem stellte Ostern dar. Auf dem Konzil war bestimmt worden, dass Ostern am ersten Sonntag nach dem ersten Vollmond nach der Frühjahrs-Tagundnachtgleiche stattfinden solle. Nun ging man aber davon aus, dass die Frühjahrs-Tagundnachtgleiche weiterhin am 21. März sein würde, und so landete auch Ostern in der falschen Zeit. Papst Gregor XIII. (1502–1585) beschloss daher, einen neuen Kalender einzuführen, den Gregorianischen, der auf eine Idee des Italieners Luigi Lilio zurückging. Zunächst galt es zehn Tage zu überspringen, sodass die Frühjahrs-Tagundnachtgleiche wieder auf den 21. März fiel (und die Wintersonnenwende auf den 21. Dezember). Das bewerkstelligte man, indem man auf den 4. Oktober 1582 ganz einfach den 15. folgen ließ. Um die durchschnittliche Länge des Jahres zu korrigieren, sodass sie besser mit dem tropischen Jahr übereinstimmte, wurde eine weitere Schwierigkeit eingeführt, die die Schalttage betraf. Ganze Jahrhunderte, die normalerweise Schaltjahre waren, wurden ausgenommen. So war 1600 ein Schaltjahr, aber 1700, 1800 und 1900 nicht, hingegen aber 2000. Das Ergebnis war eine durchschnittliche Jahreslänge von 365,2425 Tagen. Die Zeit war gebändigt.

In Schweden gestaltete sich die Einführung des neuen Kalenders richtig schwierig. Eine erster Versuch wurde

1700 unternommen, als die Fehlzeit auf elf Tage angestiegen war, und man begann damit, den Schalttag wegzunehmen. Dann war geplant, weitere sieben Tage im November zu streichen, und die Schalttage in den Jahren 1704, 1708 und 1712 auszulassen. Doch dann bekam man kalte Füße, und so hatte Schweden im ersten Jahrzehnt des 18. Jahrhunderts einen Kalender, der sich um einen Tag vom alten Julianischen Kalender unterschied, und um zehn Tage vom Gregorianischen. Karl der XII. (auf Reisen in Bender und drauf und dran, sich ins nächste heillose Chaos zu stürzen) sorgte dafür, dass man 1712 zum alten Julianischen Kalender zurückkehrte. Erst im Jahre 1753 konnte man sich durchringen, den Gregorianischen Kalender anzunehmen, und zwar, indem man den 1. März gleich auf den 17. Februar folgen ließ. Sicher gab es viele Menschen, die meinten, die Obrigkeit würde einem die Zeit stehlen, schließlich waren plötzlich elf Tage verschwunden!

In unseren Traditionen sind immer noch Spuren der vergangenen Zeitrechnung zu finden, selbst wenn es im allgemeinen Bewusstsein schon lange nicht mehr präsent ist, wie sie zusammenhängen. Das Luciafest am 13. Dezember geht auf ein uraltes Fest zur Wintersonnenwende zurück, und vor dem Jahre 1753 war die Lucianacht tatsächlich fast die längste Nacht des Jahres.

Wann wird es Zeit für die nächste Kalenderreform? Der Gregorianische Kalender ist in der Tat so genau, dass man bei seiner Verbesserung berücksichtigen müsste, dass der echte Tag immer etwas länger wird, weshalb das Jahr, in diesen etwas längeren Tagen gerechnet, kürzer wird, je länger die Zeit geht. Das hat damit zu tun, dass die Rotation der Erde durch den bremsenden Effekt der Gezeiten langsam abnimmt. Stattdessen wird die Bewegung auf den Mond übertragen, der sich auf diese Weise von der Erde entfernen kann. Übrigens ist es sehr schwierig, genau auszurechnen, wie sich die Länge der Tage verändert, und es ist wahrscheinlich kaum sinnvoll, jetzt nach allgemeinen Regeln für einen verbesserten Kalender zu suchen. Stattdessen sollten wir besser akzeptieren, je nach Bedarf manchmal eine kleinen Ausnahme zu machen, was die Schalttage angeht. Sonst wird die Frühjahrs-Tagundnachtgleiche in 10 000 Jahren genauso falsch liegen wie zur Zeit des nizänischen Konzils.

Das Universum – eine Maschine?

Die Sonnen- und Mondfinsternisse scheinen unverrückbaren Gesetzen zu folgen, und sind daher gute Beispiele dafür, wie wir mit absoluter Sicherheit Ereignisse in ferner Zukunft voraussagen können. Diese Gesetze sind ein Teil der Newtonschen Mechanik, die in ihrem vollständigen Determinismus keinen Raum für einen freien Willen zu lassen scheint. Die Konsequenzen eines solchen Weltbildes sind weitreichend, selbst für unsere Auffassung von uns selbst. Unser Gehirn wird so zu einer zwar komplizierten, aber doch vorhersagbaren Maschine. Wo bleibt denn dann das spezifisch Menschliche? In welcher Hinsicht ist man für seine Handlungen verantwortlich? Schon lange vor Newton dachten die Theologen über derlei Fragen nach. Bereits die aristotelische Physik, die im Mittelalter ihren Einfluss auf die christliche Welt verstärkte, gab ja bereits Anlass zu einem Glauben an eine begreifbare Welt, die von Gesetzen ohne göttliches Eingreifen gelenkt wurde. Natürlich sah die Kirche darin eine Bedrohung, und man beschloss, sich dieser Entwicklung entgegenzustemmen. Im Jahre 1277 wurde deshalb der Determinismus zusammen mit einer Reihe anderer für die Kirche bedrohlicher Ideen durch den Bischof Etienne Tempier in Paris verdammt.

Aber wie viel in der Zukunft können wir eigentlich voraussagen? Gibt es eine Grenze, oder sind meine Erlebnisse in der Zukunft ebenso vorbestimmt und festgelegt wie der Sonnenaufgang morgen früh? Wenn man einen Würfel wirft, dann hat man im Allgemeinen keine Ahnung, wie er fallen wird. Und das weiß auch niemand anders. Und das ist ja auch der Witz mit dem Würfeln, das Unvorhersagbare, oder das, was wir Zufall zu nennen pflegen. Und wenn Kinder abzählen, »ene, mene, muh«, ist das dann wieder Zufall? Und wie wird das Wetter am letzten Apriltag nächsten Jahres sein? Und ist das nicht etwas, was im Grund dem Zufall unterworfen ist? Der dänische Physiker Niels Bohr soll einmal gesagt haben: »Voraussagen sind sehr schwierig. Vor allem, wenn es um die Zukunft geht.«

Was kennzeichnet denn die Situationen, in denen wir den Zufall bemühen müssen? Um etwas über die Zukunft sagen zu können, braucht man zum einen Naturgesetze, zum anderen auch Wissen über die Gegenwart. Zunächst lernen wir so gut wie möglich die Gegenwart kennen, und von diesem Ausgangspunkt sagen wir die Zukunft mit Hilfe von Naturgesetzen voraus. Das funktioniert bei vielen einfachen Systemen wunderbar, die Bewegungen der Himmelskörper im Sonnensystem sind ein sehr schönes Beispiel dafür. Indem man abmisst, wo sich die Planeten befinden und wie sie sich bewegen, kann man mit Hilfe der Newtonschen Gesetze ausrechnen, wo sie sich morgen befinden werden. Wenn wir nun mit dem Abmessen ein wenig schlampig sind, dann führt dies natürlich zu einer schlechteren Vorhersage über den morgigen Tag, ganz gleich, wie sorgfältig wir mit unseren Berechnungen sind. Wenn wir über die Gegenwart nur schlecht Bescheid wissen, werden wir deshalb auch über den morgigen Tag nur schlecht Bescheid wissen, und wenn wir über die Gegenwart richtig gut Bescheid wissen, werden wir auch eine richtig gute Voraussage darüber treffen können, wie sich der morgige Tag gestalten könnte.

Als Konsequenz wird das kosmische Uhrwerk ohne unangenehme Überraschungen zuverlässig weiterticken. Als Siebzehnjähriger verfolgte ich, wie Jupiter und Saturn gemeinsam durch das Sternbild Löwe wanderten. An einem Frühlingsabend zwanzig Jahre später konnte ich sehen, wie sich Jupiter zum zweiten Mal seither dem Sternbild Löwe näherte, während ich ganz im Westen den Saturn erahnen konnte. Es wird noch ein paar Jahre dauern, bis sie wieder an derselben Stelle sein werden. Und wenn ich Glück habe, dann schaffe ich noch ein oder vielleicht zwei Saturnusjahre, ehe ich sterbe. Es ist eine seltsame Beschäftigung, ein Menschenleben mit Hilfe von riesigen Planeten zu messen.

Doch was für die Bewegungen der Planeten gilt, ist eher die Ausnahme als die Regel. Ein gutes Beispiel dafür, wie Vorhersagen normalerweise ablaufen, ist das Wetter. Die Meteorologen sind immer besser darin geworden, wenigstens ein paar Tage im Voraus das Wetter einigermaßen genau vorherzusagen. Was längere Zeitperioden angeht, ist das offenkundig immer schwieriger. Je weiter sich die Prognose in die Zukunft erstrecken soll, desto besser muss man die Temperatur von Luft und Wasser und den Wind kennen. Man braucht immer mehr Messpunkte, eine scheinbar unmögliche Menge, um die notwendigen Daten zu errechnen. In diesem Zusammenhang spricht man gern vom Schmetterlingseffekt: Der Schlag eines Schmetterlingsflügels soll Jahrhunderte später auf der anderen Seite der Erde einen Sturm verursachen können (oder verhindern, wer weiß). Man muss den Schluss ziehen, dass es unmöglich ist, zum Beispiel das Wetter am 30. April kommenden Jahres vorherzusagen. Wird es schneien oder nicht? Das weiß keiner, wir können nur warten und die Natur selbst die Antwort ausrechnen lassen.

Doch wie ich bereits erzählt habe, gibt es viele, die dennoch versuchen wollen, etwas über die schwer zu deutende Zukunft herauszufinden. Der berühmteste Spökenkieker von allen war der Franzose Nostradamus (1503–1566), der kryptische Prophezeiungen über die Zukunft verfasste, von denen wohlwollende Deuter meinen, sie seien auch eingetroffen. So soll er angeblich eine Menge historischer Ereignisse vorhergesehen haben. Es wird natürlich schon schwieriger, wenn man einmal versucht, Ordnung in die Vorhersagen des Nostradamus zu bringen, und zwar nicht im Nachhinein, sondern eine gute Weile vor dem Zeitpunkt, auf den sie zielen. Anscheinend gab es unter den Lesern seiner Schriften keinen Zweifel darüber, dass darin auch ein dritter Weltkrieg vorhergesagt wurde, oder zumindest irgendetwas anderes Schreckliches, das im Juli 1999 ausbrechen sollte. Heute wissen wir, dass kein Weltkrieg ausbrach. Jedenfalls nicht zu dem Zeitpunkt, und die Welt drehte sich weiter. Aber die missglückte Prophezeiung wird vergessen, die Schriften des Nostradamus werden uminterpretiert und neue werden verkündet. Wirklichkeit und Vernunft kämpfen vergebens.

Michel de Montaigne schreibt bereits 1580 in seinen *Essais* über unterschiedliche Wahrsager verschiedenen Schlages:

»Niemand zählt ihre Missgriffe, weil diese Alltag sind und unzählbar viele. Um die richtigen Vorhersagen hingegen macht man ein großes Wesen, weil sie so selten, so unglaublich und so phantastisch sind.«

Das menschlichen Tun und die Entwicklung der Zivilisation sind natürlich im Detail ebenso schwer vorherzusagen wie das Wetter. Die Grillen eines einzelnen Menschen können dieselbe verheerende Wirkung auf die Weltgeschichte haben wie der Schlag eines Schmetterlingsflügels auf das

Wetter. In den Büchern des Science-Fiction-Autors Isaac Asimov, die *Foundation-Trilogie*, wird angenommen, es würde sich anders verhalten. Die Weltgeschichte, nicht nur auf der Erde, sondern auch im ganzen Milchstraßenimperium, soll festgelegten Gesetzen folgen, die es ermöglichen, in die Zukunft zu sehen. Dank dieser Tatsache kann der geniale Psychohistoriker Hari Seldon avancierte Modelle entwikkeln und die zukünftige Geschichte im Detail vorhersagen. Ein Ding der Unmöglichkeit, möchte man annehmen, es sei denn, die Gesetze, die dem Handeln der Menschen zugrunde liegen, wären einfacher, als sie scheinen.

Ein anderes Beispiel ist das Würfeln. Der kleinste Unterschied darin, wie ich den Würfel werfe, bewirkt, dass eine andere Augenzahl oben liegt. Und wenn ich eine noch so leichte Hand habe, es gibt keine Möglichkeit, den Ausgang zu bestimmen. Und wenn es um richtig lange Zeitperspektiven geht, sind tatsächlich auch die Bewegungen der Erde und der anderen Planeten unseres Sonnensystems ein weiteres Beispiel für die unbekannte Zukunft. Auf ein paar Millionen Jahre gesehen kann man mit Sicherheit festlegen, was geschehen wird. Doch dann schleicht sich eine gewisse Unsicherheit ein, wie der Flügelschlag eines interplanetarischen Schmetterlings. Diese Empfindsamkeit für eine gewisse Willkür nennt man *Chaos*. Eine kleine Unsicherheit, die einen großes Effekt hat. Um weiterzukommen und die Voraussagen zu verbessern, wäre eine ungeheure Steigerung der Genauigkeit vonnöten, die uns in der Praxis hindert, die Zukunft zu sehen. Ene, mene, muh? Anders als beim Würfeln ist es bei diesem Abzählreim für einen Erwachsenen leicht, den Kindern über die Schulter zu schauen und zu wissen, für wen es »und raus bist du« heißen wird, und so den Zufall zu überlisten. Ein wenig so wie der allwissende Gott, von dem Laplace phantasierte. Was wir Zufall nennen, scheint also mit anderen Worten nur bloße Unwissenheit zu sein, freiwillig oder aufgezwungen, die Voraussagen über die Zukunft unmöglich macht.

Doch das ist noch nicht die ganze Geschichte. Die Physik zumindest wird von der Quantenmechanik gelenkt, über die ich später noch viel zu erzählen habe. Der Natur ist mit der Quantenmechanik gemeinsam, dass sie nicht einmal im Prinzip deterministisch ist. Das exakte Wissen um die Gegenwart, das man braucht, um die Zukunft vorherzusagen, existiert hier nicht. Die Welt ist im Grunde sumpfig und unsicher, und die Zukunft ist deshalb unbestimmt. Nicht einmal der allwissende Gott kann wissen, was geschehen wird.

Ich persönlich ziehe ja eine unbekannte Zukunft vor, die Raum für einen freien Willen und Verantwortung lässt. Eine Zukunft, die von uns selbst geschaffen wird, und nicht von einem bereits existierenden Schicksal. Doch natürlich muss das einander nicht unbedingt ausschließen. Boethius (475–525 n. Chr.) meinte in seinem *Trost der Philosophie*, dass es zugleich einen freien Willen und einen Gott geben kann, der die Zukunft kennt. Wir sind diejenigen, die entscheiden, auch wenn Gott unsere Wahl schon kennt. Doch er teilt uns dieses Wissen natürlich nicht mit, denn dann könnten wir uns ja anders entscheiden. Aber das weiß Gott ja bereits. Vielleicht ist ein kleines Gedankenspiel zu diesem Thema interessant: Stellen Sie sich ein Buch vor, in dem die Zukunft geschrieben steht. Es steht Ihnen frei, über die zukünftige Geschichte und über Ihr eigenes Leben zu lesen, was Sie wollen. Es wird Ihnen kein Wissen vorenthalten. Doch es gibt eine Grenze: Wenn Sie das Buch zuschlagen, dann haben Sie alles wieder vergessen. In welcher Hinsicht existiert da ein Wissen über die Zukunft?

Nun haben wir einen Wendepunkt erreicht. Es ist Zeit, die alte Physik mit ihrer ganz selbstverständlich annehmbaren Welt zu verlassen. Doch um weitergehen zu können, brauchen wir einen Leitfaden zum Neuen. Wir müssen das finden, was trotz allem nicht richtig in das klassische Bild passt. Vielleicht ist es etwas, was beim ersten Hinsehen nur ein kleines Detail schien, bei näherer Untersuchung aber Abgründe von Rätseln auftut. Wir rufen Lord Kelvin zu Hilfe.

Der erste Schnitzer des Lord Kelvin

Die klassische Physik war ungeheuer erfolgreich gewesen. Es gab bestimmt viele Menschen, die gegen Ende des 19. Jahrhunderts meinten, dass man endlich die großen Rätsel der Welt gelöst habe, und es nichts Bedeutendes mehr zu entdecken gäbe. Dieser Höhepunkt der klassischen Physik wird oft durch William Thompson (1824–1907) markiert, Adlatus des Lord Kelvin. Angeblich soll Kelvin bei einer Vorlesung in Paris im Jahre 1900 sich ungefähr so geäußert haben: »Nun wissen wir alles, und es bleiben nur noch ein paar dunkle Wolken am Himmel der Wissenschaft.« Also das eine oder andere störende kleine Detail, das man dann mit Sicherheit noch klären würde, doch nichts von fundamentaler Bedeutung. Diese Interpretation der Worte von Lord Kelvin ist sicher eine Geschichtsklitterung, doch ist die Geschichte so lehrreich, dass sie auch passiert sein könnte. Es waren nämlich genau diese dunklen Wolken, die zur nächsten Revolution in der Physik führen sollten. Bei der einen Wolke handelte es sich um eine Besonderheit in der Lichtübertragung, bei der anderen um eine Besonderheit im Zusammenhang von Farbe und Temperatur. Die eine führte zur Relativitätstheorie, die andere zur Quantenmechanik.

Das frühe 20. Jahrhundert lud zu einigen Umwälzungen ein, was unsere Sichtweise von der Welt anging. Altes Wissen wurde auf dramatische Weise durch etwas Neues und völlig anderes ersetzt. Doch man bekommt leicht einen falschen Eindruck davon, wie sich Wissenschaft eigentlich entwickelt. Das Wissen von gestern wird nicht plötzlich völlig wertlos, wenn etwas Neues kommt. Die Voraussagen von Newton funktionieren heute genauso gut oder schlecht wie damals, als Newton zum ersten Mal seine Mechanik formulierte. Ein Apfel fällt immer noch genauso schnell, und der Mond bewegt sich immer noch auf seiner Umlaufbahn um die Erde. Die neue Physik, wie sie unter anderem Einstein entdeckte und formulierte, präzisiert Newtons Aussagen und macht Voraussagen auf Gebieten, die für Newton unerreichbar waren. Wenn man eine Brücke baut, braucht man sich um die Relativitätstheorie von Einstein nicht zu scheren. Gewiss könnte man seine Gleichungen benutzen, aber es ist unnötig. Newton reicht da völlig aus und macht die Sache viel einfacher. In anderen Zusammenhängen, wenn es darum geht, schwarze Löcher zu beschreiben oder die Entstehung des Universums zu verstehen, muss man natürlich die neuen Erkenntnisse zu Rate ziehen. Ein großer Teil der wissenschaftlichen Arbeit befasst sich damit herauszubekommen, wie viel Wissen man in einer bestimmten gegebenen Situation benötigt. Ein wichtiger Teil des Wissens um ein Naturgesetz ist einfach, seine Grenzen zu kennen.

Um die manchmal dramatischen Umwälzungen in der Wissenschaft zu beschreiben, prägte der Philosoph Thomas Kuhn den Begriff *Paradigmenwechsel*. Ein Paradigma stellt die Regeln auf, wie die Forschung vorgehen soll, und legt fest, welche Fragen interessant und sinnvoll sind. Es hilft dabei, die Bemühungen zu konzentrieren und zufälliges Herumstochern zu vermeiden. Doch ein Paradigma hält nicht ewig, eines Tages werden die alten Fragen keine sinnvollen Antworten mehr erzeugen, neue Entdeckungen können plötzlich nicht mehr in die alten Strukturen eingefügt werden. Nach einer Zeit der Unsicherheit und vielleicht auch der Kreativität findet man ein neues Paradigma und kann weiter zielgerichtet nach neuen Einsichten suchen. Einen Paradigmenwechsel kann man nicht erzwingen, denn es ist unmöglich zu wissen, in welcher Richtung man suchen muss. Die einzige Möglichkeit, die man hat, ist, das alte Paradigma bis zum Äußersten auszuschöpfen und danach die Natur eine neue Richtung weisen zu lassen. Wie wir sehen werden, gilt dies sogar für Albert Einstein und seine umwälzende Relativitätstheorie. Unterschiedliche Paradigmen sind unterschiedliche Weisen, dieselbe Welt zu sehen. Wir entdecken immer mehr, weil die Geschichte weiterläuft. Dafür werde ich an anderer Stelle viele Beispiele geben. Das Licht als Teilchen, als Welle oder beides? Ist die Gravitation eine Kraft oder vielleicht eine Krümmung der Raumzeit? Doch wie ich bereits betont habe, macht ein neues Paradigma ein altes nicht überflüssig. Ein neues Paradigma ist ein neues Werkzeug. Oft taugen die alten Werkzeuge noch, und man muss das anwenden, das gerade das passendste ist.

Im Großen und Ganzen ist die Wissenschaft ein kontinuierlicher Prozess, in dem neues Wissen dem alten hinzugefügt wird. Die neuen Forschungsergebnisse werden jedes Mal wieder in griffige Bilder gefasst, wobei aber oft der kontinuierliche Zusammenhang aus dem Blick gerät. Zwar eignen sich diese Bilder bestens für die Popularisierung, doch wenn man sich nur auf sie konzentriert, können sie eine falsche Vorstellung davon vermitteln, wie Wissenschaft funktioniert, vor allem die Physik. In Wirklichkeit fügt Einstein Newton bloß einige Dezimale hinzu und weitet die Gültigkeit der Naturgesetze auf ein unbekanntes Territorium aus. Der Fortschritt wird an nichts anderem als der Genauigkeit der Voraussage gemessen.

Es ist schwer, eine Wissenschaftsgeschichte zu schreiben. Unsere Zeit erzählt ihre Geschichte von ihrem Paradigma ausgehend. Wenn ich zu beleuchten versuche, was vor unserer Zeit geschehen ist, dann lasse ich bewusst oder unbewusst große Teile des alten Denkens unberücksichtigt. Das geht gar nicht anders, denn ich bin ein Kind meiner Zeit, und es gibt gewisse Fragen, von denen ich gelernt habe, dass sie wichtig sind. Meine Entscheidung würde den Forschern früherer Zeiten sicher völlig unbegreiflich sein. Und vielleicht ignoriere ich einige der großen Fragen einer bestimmten Zeit, indem ich stattdessen etwas hervorhebe, was damals als eine unbedeutende Anomalie betrachtet wurde.

Im Nachhinein kann die Behauptung von Lord Kelvin erstaunlich naiv wirken und als Zeichen für einen umfassenden Mangel an Taktgefühl gelten. Und Tatsache ist, dass wir ihm in einem späteren Kapitel die Möglichkeit zu einem weiteren Schnitzer geben werden. Aber unser Urteil ist natürlich das der ungerechten Nachwelt. Lord Kelvin gelang es nämlich trotzdem, die wichtigsten Fragen, die die Wissenschaft weiterbringen sollten, auszumachen, und das war sehr scharfsinnig von ihm. Doch jetzt verlassen wir die alte Welt und folgen der ersten von Lord Kelvins dunklen Wolken.

KAPITEL 3

Das Dilemma des Augustinus

In dem wir Mr. Tompkins begegnen,
sonderbare Gedankenexperimente unternehmen
und Einstein eine erstaunliche Annahme macht.

Eines Sommers reisten wir nach Gotland. Weit entfernt von allen Sommercamps und anderen Verlockungen für urlaubende Familien fanden wir etwas, von dem ich zumindest hoffte, dass es einen etwas nachhaltigeren Eindruck auf unsere Kinder machen würde. Trotzdem habe ich natürlich den Verdacht, dass sich meine Tochter immer noch am besten an eine Umarmung von Pippi Langstrumpf erinnern kann. Wir hatten uns zu einem Strand vorgearbeitet, der von zerklüfteten Kalksteinklippen umgeben war, in denen man Spuren aus anderen Zeiten entdecken konnte. Zwischen den rundgeschliffenen Steinen am Ufer entdecken wir Fossilien von Tieren, die fast eine halbe Million Jahre vor uns gelebt hatten. Wir fanden Korallen, Moostiere, Seelilien und Pilztiere aus einem längst verschwundenen Meer.

Es ist die Zeit, die uns von dieser vergessenen Welt trennt. Aber was ist Zeit eigentlich? Was hindert uns daran, zurückzureisen? Und wo ist die Zukunft? Vor 1600 Jahren schrieb Augustinus:

»Ich weiß, was Zeit ist, wenn ich nicht daran denke, aber wenn ich nachdenke, weiß ich nicht mehr, was es ist.«

Die folgenden Jahrhunderte philosophischer Spekulationen haben es zu keiner definitiven Antwort auf diese Frage gebracht, selbst wenn das Thema die Menschen immer faszinierte. Nun ist diese Frage nicht nur ein philosophisches Problem, sondern gehört in Wirklichkeit zu den besten naturwissenschaftlichen Fragen, die man überhaupt stellen kann. Sie ist der Grund für viele wissenschaftliche Erfolge der vergangenen Jahrhunderte, und die Geschichte ist noch lange nicht zu Ende. In diesem Kapitel werde ich etwas darüber erzählen, was Zeit eigentlich ist. Doch diese Erzählung muss mit einer anderen Frage beginnen: Was ist Licht?

Was ist Licht?

Nicht nur die Schneckenhäuser an Urzeitstränden verleiten zu Grübeleien über die Zeit. Die Geschichte der Menschheit verliert sich schnell im Dunkel, wenn wir versuchen, unsere Vorväter in der weit entlegenen Vergangenheit aufzuspüren. Doch manchmal hebt sich der Nebel, und wir sehen etwas klarer. Das geschriebene Wort gibt uns eine Möglichkeit, zuzuhören und zu erfahren, was die Menschen aus vergangenen Zeiten gedacht und gefühlt haben könnten. Doch es ist nicht immer leicht, die Zeichen zu deuten. Die uralten ägyptischen Hieroglyphen bewahrten ihr Geheimnis, bis der Rosette-Stein zu Beginn des 19. Jahrhunderts den lang gesuchten Schlüssel lieferte. Der Erste, der anfing, die Rätsel des Rosette-Steins zu untersuchen, war der englische Arzt und Physiker Thomas Young (1773–1829). Young und seine Nachfolger machten es möglich, Jahrtausende von Zeit zu überbrücken, weil die seit langem gestorbenen Könige und Königinnen endlich zu uns sprechen konnten. Doch Young ist mehr dafür bekannt, eine andere Frage gestellt zu haben, die damit scheinbar gar nichts zu tun hat.

Thomas Young wollte wissen, was Licht ist. Die Antwort darauf sollte auf eine umwälzende Art unsere Auffassung von der Zeit verändern. Doch lassen Sie mich erst ein wenig erzählen, wie Young überhaupt auf diese Frage kam. Es war eine gebräuchliche Auffassung in der Antike, dass das Auge eine Form von Strahlen aussendet, die das Sehen möglich machen. Pythagoras meinte, das Auge besäße eine Art Fühlorgan, das die Umgebung abtasten würde. Diese Theorie konnte erfolgreich erklären, warum man nicht sehen kann, wenn man die Augen schließt, und warum man nur in die Richtung sehen kann, in die die Augen blicken. Hingegen konnte die Theorie nicht erklären, warum man im Dunkeln nicht sehen kann. Um jenes und vergleichbare Probleme zu umgehen, führte Platon ein richtig schwieriges Modell ein, von dem er im *Timaios* erzählt. Er hatte sich ausgedacht, dass aus dem Auge ein Feuer fließt, das zusammen mit dem Tageslicht eine Substanz formt, die erfühlen kann, was es in der äußeren Welt gibt. Doch wenn es dunkel ist, dann findet das Feuer des Auges nichts, mit dem es verschmelzen kann, und wird deshalb ausgelöscht. Es ist doch verwunderlich, dass man es sich so schwer machen musste, doch es dauerte noch bis zum Mittelalter, ehe sich die richtige Auffassung vom Licht als etwas, was vom Auge aufgefangen wird, allmählich durchsetzte.

Frühe scharfsinnige Philosophen wie der Grieche Empedokles, der um 400 v. Chr. lebte, besaßen die korrekte Auffassung, dass das Licht Zeit braucht, um sich auszubreiten, auch wenn die Geschwindigkeit so groß ist, dass man es gewöhnlich nicht merkt. Später hat man dann diese Geschwindigkeit errechnet, und sie ist wirklich enorm, nämlich 299 792,458 km/s, was fast 300 000 km/s entspricht, die man sich einfach besser merken kann. Man kann auch die Geschwindigkeit in eine Milliarde km/h umrechnen, was vielleicht noch besser zu behalten ist. Da die Lichtgeschwindigkeit an vielen Stellen in der Physik von Bedeutung ist, ist sie der Einfachheit halber mit der Standardbezeichnung »c« ausgestattet worden.

Aber wie hat man früher eine derart schwindelerregende Geschwindigkeit messen können? Der erste Vorschlag für eine einigermaßen realistische Messung wurde von Galilei vorgelegt. Er stellte sich zwei Personen auf jeweils einem Berggipfel vor, die einander mit Lichtern zuwinkten. Zuerst winkte der eine, und wenn der andere das sah, dann winkte er zur Antwort. Indem er die Verzögerung notierte, konnte dann der erste Lichtträger die Lichtgeschwindigkeit ausrechnen, wenn er den Abstand zwischen den Berggipfeln kannte. So war auf jeden Fall die Idee, und Galilei soll auch selbst einen derartigen Versuch unternommen haben. Doch leider ist das menschliche Reaktionsvermögen allzu klein, als dass so etwas von Erfolg sein könnte. Es sei denn, man würde den einen Mann auf einen Berg auf dem Mond setzen, versteht sich.

Dem dänischen Astronomen Ole Rømer gelang es 1675 mit Hilfe einer viel raffinierteren Methode, einen einigermaßen genauen Wert für die Lichtgeschwindigkeit zu messen. Galilei hatte ungefähr ein halbes Jahrhundert zuvor entdeckt, dass Jupiter vier Monde hat, Io, Europa, Ganymed und Callisto, die sich alle in Bahnen um den Planeten bewegen. Rømer maß nun die Umlaufzeit des Io. Dabei stellte er fest, dass der Mond in der Zeittabelle ein wenig hinterherzuhängen schien, wenn Jupiter sich am weitesten von der Erde entfernt befand, was er sehr richtig als den Effekt der endlichen Lichtgeschwindigkeit interpretierte. Da das Licht von der Sonne bis zur Erde ungefähr acht Minuten braucht, beträgt die relative Verzögerung, wenn man den erdnächsten Stand des Jupiter mit dem erdfernsten vergleicht, fast 17 Minuten. Vielleicht bemerkte das auch Vater Caspar auf der Insel des vorigen Tages, als er versuchte, mit Hilfe der

Jupitermonde zu bestimmen, wo er sich befand. Wenn man, um den Längengrad zu errechnen, eine Uhr benutzt, die 17 Minuten falsch geht, dann erhält man nämlich eine Abweichung von bis zu 500 Kilometern. Rømers Berechnungen wurden jedoch zunächst mit sehr großer Skepsis aufgenommen. Andere falsche Erklärungen, die diskutiert wurden, waren, dass die Bahn des Io aus irgendeinem Grund nicht so beschaffen war, wie man es sich vorgestellt hatte. Man meinte sogar, dass vielleicht Keplers Gesetze nicht richtig gälten.

Die Galileischen Monde spielen bis in unsere heutige Zeit eine wichtige Rolle in der Astronomie. Eine ganze Reihe von Raumsonden hat sie schon genauestens studiert. Io, der Mond, der Rømers Messung möglich machte, hat sich als eine schwefeldunstige Welt voller aktiver Vulkane herausgestellt. Europa hingegen hat sich als eisbedeckte Welt gezeigt, die einen Ozean wogenden Wassers birgt. Doch was dort leben könnte, ist eine andere Geschichte, die uns vielleicht in der Zukunft erzählt werden wird.

Aber was ist nun Licht? Thomas Young meinte 1801, die Lösung gefunden zu haben. Er ließ Lichtstrahlen von einer Kerze durch eine Scheibe mit zwei kleinen Löchern fallen, und dann auf einen Schirm treffen. Und was sah Young auf seinem Schirm? Wo sich das Licht von den beiden Löchern überlappte, entdeckte er ein Muster aus abwechselnd dunklen und hellen Bändern. Wenn eines der Löcher zugedeckt wurde, verschwand das Muster und wurde durch einen einzigen hellen Fleck ersetzt. Wenn das Licht dann wieder durch beide Löcher fiel, kehrte das Muster zurück. Ein Teil der Stellen, die hell waren, wenn nur ein Loch offen war, wurde also dunkel, wenn beide Löcher offen waren. Das war ein vollständig unbegreifliches Ergebnis, wenn man sich wie Newton das Licht als Teilchen dachte. Eine naive Erwartung wäre doch gewesen, dass sich die Lichtkegel aus den beiden Löchern gegenseitig verstärken würden.

Dieses seltsame Resultat ist nur dadurch zu erklären, dass das Licht aus Wellen besteht. Suchen Sie sich mal eine ruhige Wasseroberfläche und werfen Sie ein wenig entfernt voneinander Steine hinein. Von den Stellen, an denen die Steine in Wasser geplatscht sind, breiten sich kreisförmige Wellen aus. Wo sie sich treffen, entsteht auf der Wasseroberfläche ein kariertes Muster. Die Wellenkämme, die einander begegnen, verstärken sich zu höheren Wellen, während die Wellentäler, die aufeinander treffen, zu tieferen Wellentälern werden. Ein Wellenkamm und ein Wellental hingegen heben sich auf. Dieses Phänomen nennt man *Interferenz*. Genauso scheint es mit dem Licht zu sein. Die zwei Wasserkreise passen zu dem Licht aus den zwei Löchern in Youngs Experiment.

Youngs Ergebnis wurde nur sehr zögerlich aufgenommen, denn es galt als undenkbar, Newtons Auffassung, dass das Licht aus Teilchen bestehe, in Frage zu stellen. Doch nach mehreren Experimenten, die von anderen Physikern durchgeführt wurden, etablierte sich schließlich die Wellentheorie, und dieses neue Wissen um die Natur des Lichtes sollte der Rosette-Stein werden, der auch die Geheimnisse der Zeit entdecken half. Es war eine große Revolution des Denkens, sich das Licht als Wellen vorzustellen. Ein Paradigmenwechsel. Wie wir in einem späteren Kapitel sehen werden, kam ein neuer Wechsel dann durch unsere Methode, das Licht zu verstehen, durch die Quantenmechanik. Heute vertreten wir die Ansicht, dass Licht sowohl Teilchen als auch Welle ist.

Das Paradigma, das man anwendet, ist ausschlaggebend dafür, welche Arten von Fragen man stellen kann. Zum Beispiel war es im 18. Jahrhundert vollkommen begreiflich und legitim, sich zu fragen, ob es einen Lichtdruck geben kann.

Wenn das Licht ein Strom von Teilchen ist, dann ist es nur verständlich, sich zu denken, dass ein Lichtstrahl Druck ausüben kann. Kometenschweife sind ein gutes Beispiel für ein Phänomen, wo diese Art von Physik wichtig wird. Der Schweif eines Kometen zeigt immer von der Sonne weg, und ein Grund dafür ist ein Strahlungsdruck. Um es noch kniffliger zu machen, hat ein Komet oft zwei Schweife, einen, der aus Staub besteht (oft gelblich gefärbt), und einen, der aus dünnen Gasen besteht (oft mehr bläulich). Der Gasschweif wird hauptsächlich vom Sonnenwind beeinflusst, einem Strom aus geladenen Teilchen, den die Sonne aussendet. Der Staubschweif zeigt jedoch von der Sonne weg, weil das Sonnenlicht Druck ausübt. Schon vor Newton hatte Kepler darüber spekuliert, dass Kometenschweife wegen einer Art Strahlungsdruck von der Sonne wegweisen. Vielleicht schwebte auch Kepler das Bild vom Licht als einem Strom von Teilchen vor, und vielleicht hat er deshalb diesen natürlichen Schluss gezogen.

Doch wenn man stattdessen das Licht als eine Welle ansieht, dann ist es schwieriger, hier die richtigen Schlüsse zu ziehen. Im Laufe des 19. Jahrhunderts ersann man phantasievolle Konstruktionen mit der Sonne als Quelle einer rätselhaften, vielleicht elektrischen Kraft, die für dieses Phänomen verantwortlich war. Obwohl es viel umständlicher ist, so kann man doch auch aus dem Wellenbild auf einen Strahlungsdruck schließen. Der Erste, der das erkannte, war der schwedische Physiker und Chemiker Svante Arrhenius (1859–1927). Doch kurioserweise war man vor den Entdeckungen von Young zu Beginn des 19. Jahrhunderts viel besser ausgerüstet, um zu verstehen, warum die Schweife der Kometen so ausgerichtet sind, wie sie es sind.

Goethes Einwand

Selbst wenn Newton nicht ganz klar war, was Licht eigentlich ist, war er doch derjenige, der zuerst entdeckte, dass das weiße Licht eine Mischung aus allen anderen Farben ist. Mit Hilfe eines Prismas aus Glas konnte er das Sonnenlicht auf dieselbe Weise aufteilen, wie die Wassertropfen des Regens einen Regenbogen erzeugen. Doch es gab Zweifler. Der Dichter Johann Wolfgang von Goethe (1749–1832) hatte für Newtons Beschreibung des Lichts nicht viel übrig. Er entwickelte stattdessen seine erstaunliche Farbenlehre, die auf eine ganz andere Einstellung zur Welt gründet. Die Farbenlehre handelt davon, wie man subjektiv die Farben erlebt, was Goethe als den richtigen Ausgangspunkt für ein erfolgreiches Studium der Natur ansah. Goethe wollte das Erleben beschreiben, nicht nur abstrahierte Eigenschaften einer Welt, die man nicht direkt erfahren konnte. So war er paradoxerweise bis in die Fingerspitzen ein Empiriker. Wenn wir die Welt ansehen, dann sehen wir ja keine Quarks oder elektromagnetischen Wellenbewegungen. Wir erleben sie mit allen unseren Sinnen, von Gefühlen und Erinnerungen gefärbt. Das ist die wirkliche Welt, in der unser Bewusstsein lebt.

Goethes Farbenlehre war ein ungeheuer ehrgeiziges Projekt. Er wollte alles beschreiben. Der Mensch mit seinen Gedanken und seinen Gefühlen, selbst sein Erleben des eigenen Ich war ein Teil der Natur und musste nach Goethe einen Platz darin finden. Aber gerade damit befassten sich die Naturwissenschaften nicht. In gewisser Weise war dies jedoch der Schlüssel zum Fortschritt der Naturwissenschaft, denn indem sie sich nicht an diesen schwierigsten aller Fragen die Zähne ausbiss, konnte sie ungeheure Fortschritte machen, was die anderen, einfacheren Fragen anging.

Physik und Naturwissenschaft konnten aus Goethes Gedankengebäude allerdings wenig Gewinn ziehen, wenngleich Goethe selbst noch meinte, man werde sich an ihn eher wegen seiner Farbenlehre denn wegen seines literarischen Werkes erinnern. Kommt uns das bekannt vor? Auch Newton meinte ja, dass er wegen seiner religiösen Einsichten und nicht wegen seiner Physik im Gedächtnis bleiben würde. Perspektive und gutes Einschätzungsvermögen gehen nicht immer mit Größe auf einem bestimmten Gebiet einher. Goethe selbst schreibt in einem anderen Zusammenhang:

»So gewiss ist es, dass die falschen Tendenzen den Menschen öfters mit größerer Leidenschaft entzünden, als die wahrhaften, und dass er demjenigen weit eifriger nachstrebt, was ihm misslingen muss, als was ihm gelingen könnte.«

Doch Goethes Einwand bleibt bestehen. Was ist eigentlich wirklich?

Mit dem Licht als Welle konnte man auch verstehen, woher die verschiedenen Farben stammten: Es handelte sich ganz einfach um verschiedene Wellenlängen. Lange Wellen für rotes Licht, kürzere für blaues. Inzwischen wissen wir sogar, dass es so kurzwelliges Licht gibt, dass das menschliche Auge es nicht mehr wahrnehmen kann – wichtige Beispiele sind die Röntgenstrahlung und das ultraviolette Licht. Genauso gibt es Licht, bei dem die Wellenlänge zu lang ist, um gesehen zu werden, wie zum Beispiel Radio- und Mikrowellen. Radiowellen, die von der Antenne eines Radioempfängers aufgenommen werden, wenn man Mittelwelle hört, haben eine Länge von etwa drei Metern.

Die Frage ist jedoch: Wellen worin? Wasserwellen brauchen Wasser, während sich Schallwellen sowohl in Wasser wie in Luft fortsetzen können, und legt man das Ohr auf eine Eisenbahnschiene, dann kann man feststellen, dass sie sich auch in anderem Material festsetzen können. Im leeren Raum hingegen kann sich kein Schall ausbreiten – auch wenn man dies nicht glauben mag, wenn man Filme wie *Krieg der Sterne* gesehen hat. Natürlich braucht auch das Licht ein Medium, und dieses hypothetische Etwas hat auch einen Namen bekommen, es ist der *Äther*. Die Jagd nach diesem rätselhaften Äther hat in der zweiten Hälfte des 19. Jahrhunderts viele Physiker beschäftigt.

Ein Bestandteil der Ätherhypothese war, dass die Lichtgeschwindigkeit immer in Abhängigkeit vom Äther berechnet werden müsse. Wenn sich die Erde durch den Äther bewegt, dann wäre die Folge davon, dass die Lichtgeschwindigkeit, die wir auf der Erde messen, in verschiedenen Richtungen unterschiedlich sein müsse. Die Geschwindigkeit müsse außerdem im Jahreslauf variieren, denn auch die Bewegung der Erde verändert sich ja. Ein Lichtstrahl, der in Richtung der Erdbewegung durch den Äther zeigt, müsse langsamer sein als ein Lichtstrahl, der nach rückwärts weist. Man sprach vom *Ätherwind*, der als eine Art Fahrtwind fungieren sollte. Das Verhältnis zwischen Licht und Äther kann mit dem Verhältnis zwischen Schall und Luft verglichen werden: Gegen den Wind ist es ja auch viel schwerer, sich Gehör zu verschaffen, als mit dem Wind.

Albert Michelson (1852–1931) und Edward Morley (1838–1923) führten in den 1880er Jahren Experimente durch, um solche Variationen in der Lichtgeschwindigkeit zu beweisen. Doch erstaunlicherweise fand man nichts. Wie immer man die Messapparatur auch drehte und wendete, es kam doch immer dasselbe Resultat heraus. Hier stimmte irgendetwas grundsätzlich nicht.

Das Ergebnis der Experimente widersprach auf grundlegende Weise dem gesunden Menschenverstand. Aber viel-

leicht gab es einen Ausweg, vielleicht gab es in unseren nai-
ven Erwartungen einen größeren Sinn? Albert Einstein kam
der richtigen Lösung durch theoretische Überlegungen auf
die Spur, die darum kreisten, wie die elektrischen und die
magnetischen Kräfte zusammenhingen, und indem er darüber nachdachte, was passieren würde, wenn man einen
Lichtstrahl einfangen könnte. Und im Jahre 1905 konnte er
eine unglaubliche Behauptung aufstellen:

*Die Geschwindigkeit eines Lichtstrahls ist immer dieselbe,
ganz gleich, wer ihn betrachtet.*

Von dieser Annahme aus sollte er unsere Sichtweise von
Raum und Zeit grundlegend verändern.

Von Raum und Zeit

Einsteins große Erkenntnis war die, dass die Relativität der
Bewegung ein fundamentaler Grundsatz ist. Er argumentierte, dass die Bewegung nur sinnvoll sei, wenn sie eine Bewegung im Vergleich zu etwas sei. Das ist eigentlich eine
ganz selbstverständliche Beobachtung, die wir alle täglich
machen können. Wenn wir in einem Zug sitzen, wissen wir
ja meist nicht, mit welcher Geschwindigkeit wir fahren – es
sei denn, wir schauen aus dem Fenster und nehmen die
Landschaft draußen zum Vergleich. Wenn unser Zug am
Bahnhof stillsteht und ein anderer neben uns anrollt, sitzen
wir leicht dem Irrtum auf, dass in Wirklichkeit unser eigener
Zug zu fahren begonnen hat. Man fühlt ein Ziehen in der
Magengrube, bis sich die Perspektive verändert und man
einsieht, dass der eigene Zug immer noch stillsteht.

Das Wesentliche an dieser Argumentation ist, dass nichts
innerhalb des Zugabteils sich dadurch verändert, dass sich
der Zug bewegt. Alle Naturgesetze gelten nach wie vor und
– das Wichtigste von allem – nicht einmal die Lichtge-

schwindigkeit wird beeinflusst. Dadurch wird die Lichtgeschwindigkeit die einzige Geschwindigkeit, die absolut ist und unabhängig davon, wie sie gemessen wird. Die Konsequenzen daraus für unsere Auffassung von Raum und Zeit sind weitreichend.

Nach Newton waren Zeit und Raum nicht zu beeinflussen und absolut. Es gab eine universelle Zeit für alle gemeinsam, in der der Begriff *jetzt* eindeutig und klar war. Unter den meisten Menschen ist das immer noch die vorherrschende Auffassung von Zeit. Selbst wenn es einem wie Augustinus schwer fällt, richtig zu wissen, was Zeit eigentlich ist, gibt es gewisse selbstverständliche Eigenschaften, die man ihr nicht gern aberkennen will. Eine der am tiefsten verwurzelten ist der Gleichzeitigkeitsbegriff. Wir finden es natürlich, davon zu reden, dass etwas genau *jetzt* passiert, sowohl hier wie auch auf der anderen Seite der Welt oder in einer fernen Galaxie. Gleichzeitig. Und doch hat Einstein vor einem Jahrhundert bewiesen, dass die Wahrheit ganz anders aussieht. Unter der Voraussetzung der Relativität der Zeit und der Annahme, dass die Lichtgeschwindigkeit nicht beeinflusst werden kann, konnte er argumentieren, dass Raum und Zeit keine wesensverschiedenen Größen sind. In der ewigen Raumzeit miteinander verwoben bilden sie vielmehr eine Einheit, in der das Vergangene und die Zukunft gleichzeitig existieren. Was Zeit und was Raum ist, ist nicht ein für alle Mal gegeben, sondern hängt davon ab, wen man fragt. Und das gilt auch für alles, was man mit *jetzt* meint.

Was unser Leben hier auf der Erde betrifft und die Geschwindigkeiten und Abstände, mit denen wir es im Alltag zu tun haben, so gibt es für uns keine Möglichkeit, in irgendwelche Schwierigkeiten mit dem Gleichzeitigkeitsbegriff zu geraten. Doch schon wenn wir nur ein wenig in unterschiedliche Richtungen spazieren, kann das, was wir Jetzt nennen, in einer Galaxie, die ein paar Milliarden Lichtjahre von der Erde entfernt ist, eine Jahrzehnte während Veränderung sein. Stellen wir uns einmal vor, dass in einer solchen entlegenen Galaxie ein Raumwesen existiert, das in eben diesem Augenblick dasitzt und genau wie wir über Zeit und Relativität nachdenkt. Wenn ich jetzt aufstehe und in die Küche gehe (und die Galaxie liegt in der richtigen Richtung), dann ist dieses Wesen im Verhältnis zu mir während meines Spaziergangs schon lange gestorben. Aber wenn ich mich umdrehe und zum Schreibtisch zurückgehe, ist das Wesen noch nicht geboren. Und wenn ich mich schließlich wieder hinsetze, dann sitzt es auch wieder, exakt *jetzt*, und denkt über die seltsame Relativität nach. In Wahrheit ist nämlich die Gleichzeitigkeit relativ!

Einstein konnte auch mit einfachen Denkexperimenten zeigen, dass die Zeit abhängig davon, wie man sich bewegt, unterschiedlich schnell vergehen musste. Das ist die Zeitdilatation. Ich will versuchen, das zu begründen. Um Schlüsse über die Zeit ziehen zu können, braucht man eine Uhr. Wir denken uns mal eine Uhr von ganz spezieller Sorte, eine Lichtuhr, die aus zwei Spiegeln besteht und einem Lichtstrahl, der zwischen ihnen hin und her fährt. »Tick« beziehungsweise »tack« hört man, wenn der Lichtstrahl die Spiegel trifft. Wenn wir wissen, wie weit die Entfernung zwischen den Spiegeln ist, und wissen, wie schnell Licht sich fortbewegt, dann wissen wir auch, wie viel Zeit zwischen »tick« und »tack« liegt. Damit haben wir eine ganz einfache Uhr konstruiert.

Wie wird man aber den Gang der Uhr bemessen, wenn sie in einem Raumschiff steht, das mit hoher Geschwindigkeit an uns vorbeifliegt? Wir stellen uns vor, dass die beiden Spiegel vorn und hinten im Raumschiff platziert sind, und dass das Raumschiff, sagen wir mal, nach rechts unterwegs ist. Nun verfolgen wir den Lichtstrahl auf seinem Weg vom hinteren Spiegel, wo es soeben »Tick« gemacht hat, zu dem vorderen, wo es dann Zeit für ein »Tack« ist. Nun wird der Weg zwischen den Spiegeln jedoch viel länger, denn der Lichtstrahl muss versuchen, den entschwindenden oberen Spiegel zu erreichen. Wenn also der Lichtstrahl sich immer gleich schnell bewegt, selbst wenn die Uhr in Bewegung ist, und das ist ja Einsteins grundlegende Annahme, dann muss der Lichtstrahl längere Zeit benötigen, um den längeren Weg zwischen den Spiegeln zurückzulegen. Mit anderen Worten: längere Zeit zwischen »tick« und »tack« – die Uhr scheint langsamer zu gehen. So einfach ist das, aber lesen Sie diesen Absatz ruhig noch einmal.

Es gibt viele Beispiele aus der Natur, wie die Zeit unterschiedlich schnell vergeht. Eines davon betrifft die kosmische Strahlung, soll heißen die Teilchen, die mit rasender Geschwindigkeit und hoher Energie von größtenteils unbekannten Quellen aus dem Universum stammen. Wenn die kosmische Strahlung in die obere Atmosphäre donnert und mit den Luftmolekülen zusammenkracht, dann entstehen Unmengen von *Myonen*. Myonen sind leichte Teilchen mit einer Lebensdauer von nur einer Millionstel Sekunde, die dann unmittelbar in ein Elektron und zwei Neutrinos verwandelt werden – ein Zeitraum, der viel zu kurz ist, als dass die Myonen es je bis zur Erdoberfläche schaffen würden. Wie das vor sich geht, und was Neutrinos sind, werde ich an anderer Stelle noch näher beleuchten. Das Wundersame jedoch ist, dass wir die Myonen dennoch hier auf der Erde sehen. Mit einem einfachen Geigerzähler, den man benutzt, um Radioaktivität zu messen, kann man nämlich den Myonen zuhören. Das eine oder andere Knacken, was der Zähler von sich gibt, stammt von eben diesen Myonen.

Die Lösung dieses Rätsels ist wieder die Zeitdilatation. Nach Einstein bringt die schnelle Bewegung der Myonen es mit sich, dass die Zeit langsamer geht, und das macht es ihnen möglich, während ihrer kurzen Existenz diese Reise bis zur Erde zu unternehmen. Das ist, als würde ein Mensch während eines achtzigjährigen Lebens eine Reise unternehmen können, die eigentlich 800 Jahre dauern müsste. Ein anderes Beispiel stellt die kosmische Strahlung selbst dar, die vielleicht 100 000 Jahre durch die Milchstraße gesaust ist, was nach der eigenen Zeit der Teilchen nur 5 Minuten sind.

Wie aber stellt sich wohl die Welt für etwas dar, das sich mit einer an Lichtgeschwindigkeit grenzenden Schnelligkeit bewegt? Welche Erklärungen gibt es aus dieser Perspektive für diese schnelle Reise? Ganz einfach die, dass der Abstand kürzer wird. Vom Ausgangspunkt der Myonen aus ist die Atmosphäre zusammengedrückt und wird zehnmal dünner. Und für die kosmische Strahlung ist die Entfernung zweimal quer durch die Milchstraße weniger, als was wir zwischen Erde und Sonne messen. Das nennt man die *Längenkontraktion*. Hohe Geschwindigkeiten verändern also die Perspektive und damit auch das, was wir mit Zeit und Raum bezeichnen. Aber was sieht man eigentlich, wenn etwas schnell vorbeisaust? Sieht das dann wirklich kurz aus?

Mr. Tompkins auf Abenteuerfahrt

Es gibt ein paar wunderbare kleine Bücher von dem russischen Physiker George Gamow (1904–1968): *Mr. Tompkins im Wunderland* und *Mr. Tompkins seltsame Reisen durch Kosmos und Mikrokosmos*. George Gamow wird eine wichtige Rolle spielen, wenn ich später darüber berichten werde, wie das Weltall einmal entstand, aber wir wollen den Ereignissen nicht vorgreifen. Die Bücher handeln von einem Mr. Tompkins, der eine Reihe von populären Vorlesungen in Physik besucht, die von einem alten Professor gehalten werden. Bedauerlicherweise schläft Mr. Tompkins während der

Vorlesungen ein, doch er träumt dann von all dem Wundersamen, was er hören durfte. Im Traum wird er in Welten versetzt, in denen die Naturgesetze ganz anders sind als bei uns, und natürlich darf er eine Menge erstaunlicher Dinge erleben.

Im ersten Kapitel des ersten Buches landet Mr. Tompkins in einer Stadt, in der die Lichtgeschwindigkeit nicht höher ist als 30 km/h. Zunächst fällt ihm nichts Ungewöhnliches auf, die Straßen sind fast leer, an einer Ecke steht ein Polizist, und ein Fahrradfahrer nähert sich langsam auf der Straße. Doch als der Fahrradfahrer herankommt, stellt Mr. Tompkins zu seiner großen Verwunderung fest, dass der junge Mann auf dem Rad platt ist wie eine Pappfigur. Mr. Tompkins beschließt, ihn einzuholen, und da zeigt sich, dass der junge Mann ganz normal ist, aber jetzt hat sich stattdessen die Umwelt verändert und ist ganz platt geworden. Die Erklärung dafür ist die Längenkontraktion.

Tatsache ist jedoch, dass George Gamow das Ganze etwas in den falschen Hals bekommen hat. Die Bücher sind erstmals im Laufe der 40er Jahre publiziert worden, und das Seltsame war, dass zu dieser Zeit eigentlich noch niemand richtig darüber nachgedacht hatte, was man eigentlich sehen würde. Auf der einen Seite stimmt es, dass die Dinge bei schneller Bewegung kürzer werden – da gibt es wirklich eine Längenkontraktion –, doch auf der anderen Seite musste man auch einen anderen Effekt noch berücksichtigen: Wegen der endlichen Lichtgeschwindigkeit sieht man die verschiedenen Teile der Sache nicht zum selben Zeitpunkt! Untersuchen wir Mr. Tompkins Fahrradfahrer etwas näher. Normalerweise ist es natürlich schwer, den abgewandten Teil des Rückens des Radfahrers zu sehen, weil der ganz einfach vom vorderen Teil verdeckt wird. Aber wenn sich der Radfahrer nun schnell bewegt, dann schafft er es, dass das Licht sich vorarbeiten und den hinteren Teil sichtbar machen kann. Das bedeutet also, dass man leichter große Teile des Rückens sehen kann, je schneller, desto mehr. Zusammen mit der Längenkontraktion ergibt sich daraus, dass der Fahrradfahrer eher unförmig verdreht aussieht als abgeflacht.

In unserer Welt beträgt die Lichtgeschwindigkeit jedoch nicht 30 km/s, sondern 300 000, und deshalb können wir im Alltag auch keinen dieser Effekte sehen. Dennoch gibt es sie. Und Mr. Tompkins wäre in seinem Traum mit großer Sicherheit mindestens ebenso erstaunt gewesen, wenn er gesehen hätte, wie der Fahrradfahrer schief und krumm die Straße entlanggefahren wäre.

Zu den Sternen reisen

Ein immer wiederkehrendes Motiv in der Science-Fiction-Literatur ist der Traum von der Reise zu den Sternen. Dahinter verbirgt sich die Hoffnung, dass man in einer mehr oder weniger entfernten Zukunft Raumschiffe wird konstruieren können, die die interstellaren Abgründe in einer für den Menschen akzeptablen Zeit überbrücken. Ist das denn physikalisch möglich? Wird man irgendwann die dazu erforderlichen Technologien entwickeln können? Die Relativitätstheorie macht die Sache ganz schön schwer. Die Lichtgeschwindigkeit ist ja die größtmögliche Geschwindigkeit, doch wegen der enormen Entfernung, um die es hier geht, braucht man, selbst wenn man mit Lichtgeschwindigkeit unterwegs wäre, viele Jahre, um in der Milchstraße herumzureisen. Zum Beispiel braucht man ungefähr vier Jahre bis zum nächstliegenden Stern, und ganze 26 000 Jahre bis ins Zentrum der Milchstraße. Um mit diesen ungeheuren Entfernungen besser umgehen zu können, hat man die Längeneinheit *Lichtjahr* eingeführt, entsprechend der Strecke, die das Licht in einem Jahr zurücklegen kann – ungefähr 10 Billionen Kilometer. Die Entfernung zum nächsten Stern beträgt damit ungefähr vier Lichtjahre, und die zum Zentrum der Milchstraße 16 000 Lichtjahre.

Es sieht also ganz so aus, als ob Reisen zu den Sternen ein Traum bleiben müssten. Wer würde sich schon zu einer Reise aufmachen können, die sich über Tausende von Jahren erstreckt? Doch die Lichtgeschwindigkeit als die höchste Geschwindigkeit ist nur eine Seite der Relativität. Wie wir gesehen haben, bewirkt die Zeitdilatation, dass die Zeit im Raumschiff langsamer vergeht. Vielleicht können wir uns das zu Nutze machen? Es gibt zwei Dinge, die wir uns klar machen müssen, ehe wir weiter darüber räsonieren.

Was meint man eigentlich damit, dass die Zeit langsamer vergeht? Ich habe ja nur gesagt, dass eine sehr spezielle Uhr, die Lichtuhr, bei höherer Geschwindigkeit langsamer geht. Doch nach der Relativität, die bereits Galilei klar erkannt hatte, und die Einstein zu einem der wichtigsten Prinzipien der Physik erhoben hat, müsste dies für alle Arten von Uhren gelten. Wenn unterschiedliche Uhren auf unterschiedliche Weise beeinflusst werden, könnte man das ja ausnutzen, um herauszubekommen, wie schnell man wirklich unterwegs ist. Die Bewegung würde dann nicht mehr nur relativ sein. Der Punkt mit der Relativität war ja, dass man aus dem Zugfenster schauen musste, um zu sehen, dass man sich bewegt – es reicht nicht, einfach die Quarzuhr am Arm mit dem Wecker in der Reisetasche zu vergleichen. Wenn aber alle Uhren langsamer gehen, heißt das wirklich, dass auch die Zeit selbst langsamer geht.

Eine Art, die Zeit zu definieren, könnte sein, dass man sagt, sie sei das, was man mit einer Uhr misst. Damit alle Uhren auf dieselbe Weise beeinflusst werden, müssen alle Gesetze der Physik ebenfalls demselben Einfluss unterworfen sein. Aus der Physik meinen wir, die Chemie entwickeln zu können, aus der Chemie entfaltet sich die Biologie, und daraus wiederum Psychologie und Bewusstsein. Natürlich hat noch niemand ein biologisches Wesen auf eine Hochgeschwindigkeitsreise geschickt, um dann zu untersuchen, ob es weniger gealtert ist. Und noch weniger hat man das Wesen dann gefragt, wie viel Zeit seinem Gefühl nach vergangen sein könnte. Die biologischen und psychologischen Uhren sind viel zu unsicher, als dass man in den Raumschiffen unserer heutigen Zeit überhaupt irgendeinen Unterschied bemerken würde. Die psychologische Uhr ist natürlich besonders ungenau, und eignet sich außerdem ganz wunderbar für Manipulationen. Mein Sohn beschloss vor seinem achten Geburtstag, sich einmal richtig zu langweilen – er meinte, dass der Tag auf diese Weise länger gehen würde. Das hätte auch sicher funktioniert, nur leider vergaß er seinen Vorsatz allzu schnell, und ehe er sich's versah, war schon Schlafenszeit.

Doch selbst wenn man nicht all diese Aspekte ausgeleuchtet hat, gibt es doch keinen Grund zu bezweifeln, was passieren würde, wenn man wirklich eine Reise zu den Sternen unternähme. Der Reisende im All in dem schnellen Raumschiff spürt nicht, dass die Zeit langsam vergeht, weil die Geschwindigkeit von Alterungsprozess und Denken ebenso abgebremst wird wie die der Uhr. Die Relativität verlangt ja, dass alle Zeitbegriffe auf die gleiche Weise beeinflusst werden – sonst gerät man in logische Paradoxa.

Die andere Schwierigkeit, die wir klären müssen, ehe wir weitergehen, ist das, was man das *Zwillingsparadoxon* nennt. Um es uns leichter zu machen, nennen wir die Zwillinge Bill und Bull. Wir stellen uns vor, dass Bill sich zu einer Reise hin und zurück zu einem entlegenen Stern aufmacht, während Bull geduldig zu Hause wartet, dass sein Zwillingsbruder wieder zurückkommt. Getreu unserer Vorstellung von der Zeitdilatation müsste die Zeit in Bills Raumschiff langsamer vergehen als für Bull auf der Erde, und Bill müsste nach seiner Reise dann jünger sein als der Bruder. So weit so gut, doch die Probleme häufen sich, wenn man versucht, noch einen Schritt weiterzudenken. Vom Raumschiff aus wirkt es vielmehr so, als würde sich die Erde wegbegeben, um dann wiederzukommen! Müsste dann nicht Bull auf der Erde der jüngere sein? Natürlich können nicht beide Behauptungen richtig sein. Die Relativität ist zwar schon etwas Seltsames, doch richtige Widersprüche dürfen nicht auftauchen. Das ist das Zwillingsparadoxon.

Ich werde jetzt hier nicht im Detail zu klären versuchen, wie man sich aus dieser Zwickmühle befreit. Doch der Hauptpunkt ist, dass es einen wesentlichen Unterschied zwischen Bill im Raumschiff und Bull zu Hause auf der Erde gibt. Damit die Reise auch wie beschrieben durchgeführt werden kann, müsste das Raumschiff während der Fahrt sowohl beschleunigen als auch bremsen, während die Erde in aller Seelenruhe ihre Bahn verfolgt. Wenn man all das berücksichtigt, und die relativistischen Gleichungen in Ordnung gebracht hat, dann ist die Antwort klar und eindeutig: Bill im Raumschiff ist wirklich der Jüngere! Manchmal macht es also nur unnötig Probleme, wenn man versucht, einen Schritt weiterzudenken.

Nun, da wir uns vergewissert haben, dass die Zeitdilatation wirklich benutzt werden kann, um Reisen zu den Sternen möglich zu machen, ist es an der Zeit, ein paar ausführlichere Experimente zu betrachten. Wenn wir uns die Reiseziele gut aussuchen, dann können wir auch gleich ein wenig Heimatkunde betreiben.

Um bequem reisen zu können, dürfen wir unser Raumschiff keiner allzu großen Beschleunigung aussetzen. Das Beste ist, wenn das Raumschiff nur so stark beschleunigt, dass es sich anfühlt, als würde man noch auf der Erde stehen, also ungefähr 9,8 m/s. Für die Gesundheit ist das sicher auch viel besser als die Schwerelosigkeit, die einem leicht die Beine einschlafen lässt. Wie auch immer, wir stellen uns mal vor, dass unser Raumschiff in der ersten Hälfte der Reise auf diese Weise ständig beschleunigt. Dann benutzen wir die Raketen und bremsen in der zweiten Hälfte der Reise mit der gleichen Kraft ab. Das bedeutet, je länger wir reisen, desto höher ist die Höchstgeschwindigkeit. Natürlich werden wir niemals Lichtgeschwindigkeit erreichen, selbst wenn wir noch so lange beschleunigen. Dennoch sind die letzten Bruchteile vor der Lichtgeschwindigkeit ungeheuer wichtig, denn da ist die Zeitdilatation besonders stark.

Unser erstes Reiseziel ist das nächste Sternensystem: Alpha Centauri, der hellste Stern im Sternbild des Zentaurus, das auf dem südlichen Sternenhimmel liegt. Man nennt ihn auch Rigel Centauri, den Fuß des Zentauren, oder Toliman, den Weinrankenzapfen. Der Stern, den man am Himmel sieht, ist eigentlich ein Tripelsystem, das aus zwei Sonnen, ähnlich unserer Sonne, besteht, die sehr nah beieinander kreisen (der Abstand zwischen ihnen ist zwischen zehn und dreißigmal so groß wie der Abstand zwischen Sonne und Erde), und einem dritten kleinen Stern, einem roten Zwerg, der in bedeutend größerem Abstand um die anderen zwei kreist. Die zwei hellen Sterne sehen in einem kleinen Teleskop sehr schön aus, doch um ihre Bekanntschaft zu machen, muss man natürlich eine lange Reise gen Süden unternehmen. Der kleine rote Stern ist etwas näher an der Sonne als die beiden anderen, und man hat ihm deshalb den Namen Proxima Centauri verehrt. Die Entfernung zu ihm beträgt ungefähr 4,3 Lichtjahre, und nun sind wir also auf dem Weg dorthin. Wie lange werden wir brauchen? Eine kleine Berechnung sagt uns, dass es ungefähr 3,5 Jahre dauern wird. Es geht also etwas schneller als die mindestens 4,3 Jahre, die man eigentlich erwartet hätte.

Jetzt begeben wir uns mal bedeutend weiter weg. Doch um uns nicht zu verirren, müssen wir erst etwas eingehender die lokale Geographie studieren. Die Sonne liegt an der Außenkante unserer Milchstraßengalaxie. Besonders im Winter können wir sehen, wie sich die Milchstraße wie ein nebliges Band gegen den Himmel abzeichnet – vor allem an dunklen, klaren Abenden und weit von der störenden Beleuchtung der Städte. Die Milchstraße ist eine gigantische Spiralgalaxie mit majestätischen Spiralarmen, die sich um ein stabförmiges Zentrum winden. Sie ist damit nicht irgendeine Spiralgalaxie. Normale Spiralgalaxien haben ein rundes Zentrum, nur eine Minderheit hat ein stabförmiges Zentrum, und genaueste Beobachtungen haben tatsächlich bewiesen, dass die Milchstraße zum exklusiven Club der Stabspiralen gehört. Sie besteht aus ein paar hundert Milliarden Sternen, und die Sonne ist ein ganz normales Mitglied dieser Galaxie. Sicherlich sind viele der Sterne im Sonnensystem mit seinen Planeten unterschiedlichster Art solar, und man kann sich fragen, wie viele Welten wie die Erde sich wohl da draußen verbergen.

Der Platz der Sonne in der Milchstraße ist auch nichts Besonderes, wir befinden uns irgendwo an der Außenkante mit einem Abstand zum Zentrum von fast 26 000 Lichtjahren. In unserem Teil der Milchstraße bewegen sich die Sterne mit einer Geschwindigkeit von ungefähr 200 km/s um das Zentrum der Milchstraße, aber trotzdem dauert es mehr als 200 Millionen Jahre, ehe wir eine Runde vollendet haben. Die sich windende Milchstraße führt unsere Sonne und alle Sterne in unserer Nähe in Richtung auf das Sternbild Schwan. In der Zwischenzeit bewegen sich die Sterne auch im Verhältnis zueinander. Unsere Sonne bewegt sich etwas schneller als die anderen Sterne, in Richtung auf einen Punkt, der nicht weit vom Stern Wega in der Leier liegt. Unser ganzes Sonnensystem ist somit eine Art Aniara auf dem Weg durch den Raum. Vielleicht wusste Harry Martinson davon, oder ist es ein glücklicher Zufall, dass sein Raumschiff *Aniara* in dieselbe Richtung reist? Auf jeden Fall wusste man schon lange, bevor er sein Epos schrieb, wie es sich mit der Galaxie verhält.

Die Sterne am Sommerhimmel mit Schwan und Leier markieren also wie Leuchttürme den zukünftigen Weg der Sonne durch die Milchstraße. Während der verschiedenen Zeitalter wird ein Stern nach dem anderen von ihnen der hellste des Himmels sein. Heute in unserer Zeit ist Sirius auf dem Thron, doch in ein paar hunderttausend Jahren wird Wega ihn ablösen. Wir werden auf unserer Reise durch die Galaxie in einer Entfernung von 17 Lichtjahren an Wega vorbeifahren. In fünf Millionen Jahren, wenn wir noch weiter gesaust sind, sind wir dem Kopf des Schwans am nächsten, der vom Sternsystem Albiero markiert ist, der zu jener Zeit dann der hellste Stern des Himmels sein wird. Heute schon kann man mit einem kleinen Teleskop Albiero sehen, einen wunderschönen Doppelstern, mit dem helleren Stern in Goldgelb und dem etwas schwächeren in klarem Blau. Im Laufe der kommenden Jahrmillionen wird Albiero immer noch schöner und schöner werden.

Doch jetzt fliegen wir mit unserem Raumschiff einmal quer über die Sternenarme der Milchstraße in ihr Zentrum – ein spannender Ort, der sicher die eine oder andere Überraschung bereithält. Man hat mit großen Teleskopen verfolgen können, wie die Sterne tief drinnen im Zentrum der Milchstraße sich um etwas ungeheuer Schweres und Kleines drehen, das man nicht sehen kann. Man meint, dass könne nur ein gigantisches Schwarzes Loch sein, das mehr als eine Million mal so viel wiegt wie die Sonne. Mit unserem gemächlich beschleunigenden Raumschiff brauchen wir für diese ungeheure Reise ungefähr 20 Jahre hin und 40 Jahre zurück. Wenn wir auf die Erde zurückkehren, werden mehr als 50 000 Jahre vergangen und wir seit langem vergessen sein.

Doch das Universum ist noch viel größer, und wir nehmen jetzt Kurs auf eine andere Galaxie, die Andromeda-Galaxie. Sie liegt im Sternbild Andromeda und wenn man genau weiß, wohin man schauen muss, kann man sie an klaren Herbstabenden wie einen verwischten kleinen Nebel am Himmel sichten. Schon mit einem einfachen Feldstecher ist sie sehr deutlich zu sehen. Das bemerkte auch schon Harry Martinson, und es inspirierte ihn dazu, *Aniara* zu schreiben:

> Die Galaxie schwingt herum
> Wie ein Rad aus aufgelöstem Rauch
> Und der Rauch, das sind die Sterne.
> Das ist Sonnenrauch.
> Es gebricht uns an Worten, deshalb sagen wir
> Sonnenrauch, verstehst du.
> Ich meine, die Sprache reicht nicht aus
> Für das, was den Sinn beherbergt.

Es ist über das Werk von Harry Martinson viel diskutiert und gelehrt worden. Doch wer hat es schon wie er gemacht und diese entlegene Galaxie mit eigenen Augen betrachtet und die Gegenwart des Unerhörten verspürt?

Die Andromeda-Galaxie ist eine Galaxie, die der Milchstraße sehr ähnlich ist, wenn sie auch etwas größer ist. Zusammen mit der Milchstraße dominiert sie einen kleinen Haufen mit Dutzenden Galaxien, die den etwas phantasielosen Namen *Die Lokale Gruppe* tragen. Die anderen Galaxien sind bedeutend kleiner, und viele von ihnen sind Satellitengalaxien zur Andromeda-Galaxie und zur Milchstraße. Die hervorstechendsten Satelliten zur Milchstraße sind der Große und der Kleine Magellansche Nebel, die am südlichen Sternenhimmel aussehen, als seien sie kleine Wattebäusche, die aus der Milchstraße gezupft wurden.

Die Entfernung zur Andromedagalaxie beträgt fast 3 Millionen Lichtjahre. Wenn man das kleine, schwach leuchtende Fleckchen oben am Herbsthimmel sieht, dann schaut man also 3 Millionen Jahre zurück in die Zeit. Das Licht hat diese entlegene Sternenregion zu einer Zeit verlassen, als es noch keine Menschen auf der Erde gab. Und »gerade jetzt«, mit den erforderlichen Einschränkungen dessen, was die Gleichzeitigkeit eigentlich ist, würden mögliche Einwohner in der Andromedagalaxie – wenn sie richtig starke Teleskope besäßen – unsere Vorväter, den Halbmenschen *Australopithecus*, auf der Erde herumwandern sehen. Wie lange braucht unser Raumschiff, um diese ungeheure Reise zurückzulegen? 29 Jahre. Wir sind schon lange unterwegs, aber die Reise hat gerade erst begonnen.

Die Lokale Gruppe ist nur ein unbedeutender Galaxienhaufen in einem Universum, das vielleicht unendlich ist. 50 Millionen Lichtjahre entfernt, im Sternbild Jungfrau, liegt unser nächstes Ziel, der Virgo-Haufen. Virgo ist das lateinische Wort für Jungfrau. Der Virgo-Haufen ist eine gigantische Ansammlung von Galaxien, ein Super-Haufen. Unsere Lokale Gruppe bewegt sich langsam an den äußeren Gestaden des Virgo-Haufens, man kann sie als einen kleinen unbedeutenden Vorort betrachten, der weit vom Zentrum des Geschehens entfernt ist. In den zentralen Teilen des Virgo-Haufens lauern enorme Galaxien, die im Laufe der Zeit immer größer werden, indem sie alles verschlingen, was ihnen in den Weg kommt. Wie die meisten Galaxien haben sie keine speziellen Namen, sondern tragen stattdessen prosaische Buchstaben- und Zifferbezeichnungen. Die allergrößten sind M84, M86 und M87 – das »M« steht für Messier.

Charles Messier (1730–1817) war ein französischer Astronom, der nicht sehr an Galaxien interessiert war, hingegen fast besessen von Kometen. Er war der Erste gewesen, der in Frankreich den Halleyschen Kometen beobachtete, als dieser wie erwartet im Winter 1758/1759 wiederkehrte, und wurde so zu einer Kometenjagd inspiriert. Um nicht von den Lichtflecken verwirrt zu werden, die keine Kometen waren, erstellte er eine Liste über ungefähr hundert andere lästige Objekte. Und alles nur für seine geliebten Kometen. Aber manchmal ging seine Kometenbesessenheit doch etwas weit. Durch das Begräbnis seiner Ehefrau verlor Messier nämlich zu seinem Bedauern kostbare Zeit bei der Kometensuche. So gelang es einem französischen Apotheker und Amateurastronom, Jacques Montaigne, das an sich zu reißen, was eigentlich Messiers nächster Komet hätte sein sollen. Vor einem Besucher, der ihm sein Beileid, nicht zum verpassten Kometen, sondern zum Tod seiner Ehefrau übermitteln wollte, soll Messier seiner Verärgerung mit den Worten Ausdruck verliehen haben: »Ich hatte zwölf entdeckt, warum musste Montaigne mir den dreizehnten stehlen?« Und er soll dabei Tränen in den Augen gehabt haben. Doch dann ging ihm auf, weshalb der Besucher in Wirklichkeit gekommen war, und er rief bestürzt: »Ach ja, die arme Frau!«

Niemand erinnert sich heute noch an die Kometen, die Charles Messier entdeckte. Sie sind schon lange in die Kälte der entlegenen Teile des Sonnensystems entschwunden. Aber seine Liste gibt es immer noch, und sie verleiht bis heute den großartigsten Sehenswürdigkeiten des Himmelszeltes ihre Namen. Unter Amateurastronomen ist es ein beliebter Zeitvertreib, so viele wie möglich von Messiers Objekten zu finden. Zu diesem Zweck ist natürlich der Virgo-Haufen ein bevorzugtes Jagdrevier, mit M87 im Zentrum des Haufens, der eine der größten Galaxien darstellt, die wir kennen. Tief drinnen in M87 verbirgt sich, wie wir es auch bereits bei der Milchstraße festgestellt haben, ein gigantisches Schwarzes Loch. Eine Reise zum Virgo-Haufen dauert mit unserem Raumschiff 34,5 Jahre.

Aber wir wollen noch weiter, denn kosmologisch gesehen haben wir unseren eigenen Garten kaum verlassen. Wenn wir nun derartig weite Reisen unternehmen, müssen wir eigentlich auch berücksichtigen, dass sich das Universum ausdehnt, und dass die Galaxien, die wir besuchen wollen, sich von der Milchstraße entfernen (darauf werde ich im letzten Kapitel des Buches noch zurückkommen). Das bedeutet natürlich, dass die Reise etwas länger ausfallen wird, doch da unser Raumschiff zugleich der Lichtgeschwindigkeit immer näher kommt, spielt das keine so bedeutende Rolle.

Obwohl M87, wie wir gesehen haben, eine besonders große Galaxie ist, wird sie doch noch von etwas anderem übertroffen, und zwar von den *Quasaren*. Die ersten Quasare wurden in den 60er Jahren entdeckt und weckten großes Erstaunen, denn die Messungen wiesen darauf hin, dass sie ungeheuer weit entfernt liegen mussten. Zu Anfang war es nicht erklärbar, warum sie dann trotzdem so hell sein konnten, wie sie erschienen. Auch Fotografien gaben keine Anhaltspunkte, denn sie sahen doch nicht anders aus als einfache Sterne. Heute weiß man, dass sie zum innersten Kern weit entfernter Galaxien gehören. Vielleicht machen alle Galaxien in ihrer wilden Jugend eine Zeit als Quasare durch. Die Erklärung für ihre enorme Lichtstärke ist bei den gigantischen Schwarzen Löchern zu suchen, die im Innern der Galaxien lauern. Materie, die auf dem Weg in die Schwarzen Löcher ist, wird auf enorme Temperaturen erhitzt und sendet dabei große Mengen Strahlung aus.

Der hellste dieser Art von Sternen ist 3C273, der ebenfalls im Sternbild Jungfrau liegt. Zu diesem Quasar habe ich eine ganz besondere Beziehung, denn ich habe ihn mit eigenen Augen gesehen. Mit genauen Karten, einem klaren Himmel und etwas Geduld habe ich ihn entdecken können. Natürlich sah er in meinem Teleskop nicht nach viel aus. Keine wilden, tanzenden Gaswirbel um Schwarze Löcher, keine rasenden Teilchenstrahlen, nur ein kleiner, schwach leuchtender Stern, kaum zu sehen. Ich musste alle Tricks anwenden, um ihn entdecken zu können: Ein wenig zur Seite schauen, damit das Licht auf den lichtempfindlichsten Teil der Netzhaut fallen kann, den Atem anhalten, entspannen. Aber ich habe ihn gesehen. Und es war ein ungeheures Erlebnis. Das Licht war mehr als 2 Milliarden Jahre unterwegs. Während der halben Geschichte der Erde waren diese Photonen durch den Raum unterwegs, an Welten vorbei, von denen wir nur träumen können – bis sie endlich auf meine Netzhaut trafen, um Mitternacht, am 26. März 1982. Und unser Raumschiff, wie lange benötigt das? 42 Jahre.

Unternehmen wir jetzt den letzten Schritt, lassen Sie uns so weit fahren, wie wir mit dem größten Teleskop, das es gibt, sehen können: ungefähr 10 Milliarden Lichtjahre weit. Wie lange könnte eine solche Reise aller Reisen dauern? Die Antwort lautet: 45 Jahre. Im Laufe eines Lebens können wir kleinen Menschen also auf die andere Seite des Universums reisen. Und wenn wir richtig lange leben, dann können wir es auch wieder zurückschaffen. Das ist natürlich Zufall, aber doch bemerkenswert, nicht wahr?

KAPITEL 4

Hypatias Geschenk

In dem wir mit Hilfe von kreiselnden
Kristallkugeln Zeitmaschinen bauen, Einstein einen
fallenden Dachdecker sieht und Proust über die Zeit
nachdenkt.

Manchmal lese ich meinem Sohn aus den Büchern von C. S. Lewis über das Land Narnia vor. Dort wird von einer Welt jenseits von Zeit und Raum erzählt, in der phantastische Märchen mit sprechenden Tieren, Hexen, Zauberei und Abenteuer geschehen. Nach Narnia kann man nicht auf dem üblichen Weg reisen. Man muss vielmehr einen geheimnisvollen Schrank benutzen, der in einem Zimmer bei einem alten Professor steht. Wenn man sich durch Pelze und Mäntel in das Dunkel des Schrankes vorarbeitet, dann landet man schon bald in einem schneebedeckten Wald in einer Winternacht. Der Schrank dient als Tunnel zwischen unserer Welt und dem Land Narnia.

Geschieht so etwas nur in Märchen, oder gibt es auch in der Wirklichkeit vergleichbare Möglichkeiten? In diesem Kapitel wird die Geschichte von Einstein und seiner Erforschung von Zeit und Raum weitergeführt. Ich werde erzählen, wie Zeit und Raum gekrümmt sein können, warum der Apfel eigentlich fällt, und wie die Zeit am Rand eines Schwarzen Lochs stehen bleibt. Aber ich werde auch von Umwegen über Zeit und Raum hin zu anderen Welten er-

111

zählen, und wie diese aussehen könnten. Auch wenn sie nicht bis zum Land Narnia führen.

Von Planeten, die sich nicht so bewegen, wie sie sollten

Die größte Frage, mit der Einstein kämpfte, nachdem er erfolgreich seine Spezielle Relativitätstheorie geschaffen hatte, war, wie die Gravitation in dieses neue Weltbild passen würde. Wenn man etwas darüber nachdenkt, begegnen einem nämlich einige knifflige Probleme. Zum Beispiel kann man sich fragen, wie man denn die Gravitation dazu bringen soll, die Lichtgeschwindigkeit als die höchste Geschwindigkeit zu respektieren. In Newtons Theorie gibt sich die Gravitationskraft ja sofort zu erkennen. Wenn ein interstellares Monster die Sonne wegnehmen würde, dann würde sich die Erdumlaufbahn nach Newton augenblicklich verändern, ohne die Verzögerung von ungefähr acht Minuten, die das Licht braucht, um von der Sonne zur Erde zu kommen. Die Erde würde sich, statt weiter um die Sonne zu kreisen, sofort auf einer Tangente ihrer alten Umlaufbahn weiterbewegen, auch wenn die Sonne scheinbar noch acht Minuten auf ihrem alten Platz stünde. Das widerspricht der Speziellen Relativitätstheorie, nach der keine Information schneller als das Licht geschickt werden kann, und deshalb kann es nicht stimmen.

Doch abgesehen von diesen theoretischen Paradoxa gab es noch weitere wundersame Beobachtungen. Ich werde hier drei lehrreiche Beispiele beschreiben, die auch etwas darüber sagen, wie leicht es ist, im Nachhinein klüger zu sein. Die drei Beispiele handeln alle davon, wie Newtons Theorie von der Gravitation benutzt wurde, um die Existenz neuer Planeten vorherzusagen.

Seit Urzeiten kannte man fünf Planeten neben der Erde: Merkur, Venus, Mars, Jupiter und Saturn. Doch damals, vor langer Zeit, war ein Planet nichts anderes als ein wandernder Stern, was auch die Bedeutung des griechischen Wortes *planet* ist. Es sollte noch bis zum Jahr 1781 dauern, ehe es Zuwachs gab, nämlich als der englische Astronom William Herschel (1738–1822) unser Bild des Sonnensystems veränderte, indem er den ersten neuen Planeten seit der Urzeit entdeckte. Zunächst wollte Herschel seine sensationelle Entdeckung nach dem damaligen König George III. benennen, demselben König, der dafür gesorgt hatte, dass John Harrison den Preis für seine Uhr bekam. König George war sehr interessiert an Technik und trug mit 4000 Pfund zum größten von Herschels Teleskopen bei. Es wird von einer Führung durch das Gebäude mit dem Teleskop berichtet, an der der König und der Erzbischof von Canterbury teilnahmen. Dem Erzbischof fiel es etwas schwer, sich dort zurechtzufinden, woraufhin König George ihm freundlich die Hand reichte und sagte: »Kommen Sie, mein lieber Bischof, ich werde Ihnen den Weg zum Himmel zeigen!« Aber der neue Planet hieß dann doch nicht König-George-Stern, sondern wurde stattdessen Uranus getauft. Auch gut.

Natürlich verfolgte man genau die Bewegungen des neuen Planeten und konnte schnell feststellen, dass da irgendetwas nicht stimmte. Uranus schien sich nicht an die Newtonschen Gesetze zu halten. Die Lösung des Problems lag auf der Hand: Es musste noch einen weiteren Planeten geben, der Uranus störte! Der französische Astronom Urbain-Jean-Joseph Le Verrier (1811–1877) und der britische Mathematiker John Couch Adams (1819–1892) rechneten unabhängig voneinander aus, wo sich der neue Planet am Himmel zeigen müsste. Und am 23. September 1846 entdeckte der deutsche Astronom Johann Gottfried Galle (1812–1910) den Störenfried mit Hilfe von Le Verriers Vorhersage – sehr zum Ärger einer Reihe britischer Astronomen, die Adams nicht ernst genommen hatten. Das Sonnensystem wurde um ein weiteres Mitglied bereichert, den Riesenplaneten Neptun. Die Entdeckung des Neptun war natürlich ein großer Erfolg für die Theorie von Newton.

Doch Galle war eigentlich nicht der Erste, der Neptun gesehen hatte. Im Winter 1612/1613 wanderte Neptun dicht an Jupiter vorbei, als Galilei gerade dabei war, den Tanz seiner Jupitermonde am Himmel zu verfolgen. Am 18. Januar 1613 notierte er:

»Hinter einem Fixstern folgte ein anderer entlang einer geraden Linie ..., der auch in der vorhergehenden Nacht beobachtet wurde, doch können sie da weiter voneinander entfernt gewesen sein.«

Dieser wandernde Stern war kein anderer als Neptun. Galilei erstellte sogar Zeichnungen, auf denen er abgebildet ist, völlig unwissend, was es eigentlich war, was er da sah. Warum hat Galilei den geheimnisvollen Stern nicht weiterverfolgt? Vielleicht waren es seine gravierenden Gesundheitsprobleme, die ihn daran hinderten. Wer weiß. Stattdessen wurde der Planet vergessen, und es sollte mehr als 200 Jahre dauern, ehe er wieder entdeckt wurde, nicht durch Zufall, sondern weil es ihn einfach dort geben musste. Die Wissenschaftsgeschichte, und damit die Weltgeschichte, hätte sehr wohl einen ganz anderen Verlauf nehmen können, wenn Galilei hier etwas eifriger gewesen wäre.

Mein nächstes Beispiel betrifft Neptun und seine Bewegung, die natürlich genauestens studiert wurde. Und wieder stimmte irgendetwas nicht. Beflügelt vom Erfolg mit Uranus, versuchten die Astronomen, die Position für einen weiteren möglichen Störenfried zu berechnen, und im Jahre 1930 entdeckte Clyde Tombaugh (1906–1997) endlich einen weiteren Planeten, sehr nahe der Position, die der amerikanische Astronom Percival Lowell (1855–1916), der damals schon fast 15 Jahre tot war, errechnet hatte. Das neue Mitglied des Sonnensystems erhielt den Namen Pluto. Es zeigte sich jedoch schnell, dass Pluto überhaupt nichts mit möglichen Störungen in der Bahn des Neptun zu tun hatte. Pluto ist nämlich ein Miniplanet, kleiner als der Mond, und deshalb viel zu klein, um Neptun auf die Weise zu beeinflussen, wie man angenommen hatte. Pluto hat übrigens auch einen Mond, Charon, der so groß ist, dass man die beiden eigentlich als einen Doppelplaneten bezeichnen kann. Die Entdeckung des Pluto war also ein reiner Zufall. Doch die Suche nach dem richtigen Planet X, wie man ihn nannte, ging natürlich weiter. Inzwischen ist man der Ansicht, dass es keine unerklärlichen Störungen in der Bahn des Neptun gibt – das Ganze war einfach auf unvollständige und falsch analysierte Beobachtungen gegründet!

Das dritte Beispiel dreht sich um Merkur, der sich auch nicht getreu den Vorhersagen von Newton bewegte. Sein *Perihel* verschob sich nämlich auf unerklärliche Weise. Perihel ist der Punkt auf der Umlaufbahn, der der Sonne am nächsten liegt. Mit Hilfe der Theorie von Newton konnte man ausrechnen, dass die Merkurbahn sich tatsächlich ein wenig verändern musste. Hierzu galt es aber zu berücksichtigen, dass nicht nur die Sonne, sondern auch die anderen Planeten des Sonnensystems den Merkur beeinflussen. Dennoch wollte es nicht richtig herauskommen, wie man auch rechnete. Analog zum Uranus war es nur natürlich, sich einen Planeten als Verursacher vorzustellen. Dieser erhielt sogar einen Namen, *Vulkanus*, und er sollte nach den Berechnungen noch näher an der Sonne stehen als Merkur. Doch Vulkanus wurde nie gefunden. Und das war nicht der Fehler der Beobachtungen, denn die Erklärung führte viel weiter. Man war an die Grenzen der Newtonschen Gesetze gestoßen, und den Ersatz dafür sollte Albert Einstein finden. Die neue Theorie, die er entwickelte, erhielt den Namen *Allgemeine Relativitätstheorie*.

Wenn wir gerade bei den Planeten des Sonnensystems sind, kann ich mir doch nicht verkneifen zu berichten, dass ich selbst zu den Menschen gehöre, die sie alle gesehen haben. Von Merkur bis Pluto. Nun ist es natürlich keine große Sache, Venus, Mars, Jupiter und Saturn ausfindig zu machen. Sie können alle gut mit den hellsten Sternen des Himmels mithalten, und wenn die Venus am stärksten ist, wird sie nur noch von Sonne und Mond übertroffen. Um hingegen Uranus und Neptun zu finden, benötigt man schon einen Feldstecher, und um Pluto zu entdecken, braucht man ein größeres Instrument. Der letzte in meiner Sammlung war der Merkur – ihn zu sehen ist etwas schwierig, denn er befindet sich immer nahe der Sonne und kann nur in der Morgen- oder Abenddämmerung gesehen werden. Und man sagt tatsächlich, dass nicht einmal Kopernikus je den Merkur gesehen habe.

Warum ich das erwähne? Ich möchte nur daran erinnern, wie wichtig es ist, dass man nie die Verbindung zur Wirklichkeit verliert. Wir werden später noch mehr schwindelerregende Reisen in die Welt der Gedanken unternehmen, und dabei vergisst man leicht, dass hier über Natur und Wirklichkeit diskutiert wird. Ein Kollege von mir, der viel in der Kosmologie gearbeitet hat – seinen Namen werde ich hier jetzt nicht nennen –, konnte auf einer Fotografie Jupiter und Saturn nicht unterscheiden. So weit darf es nie kommen.

Aber nun lassen Sie uns zur Relativitätstheorie zurückkehren und sehen, wie Einstein die Bewegungen des Merkur in ein System brachte.

Alles ist relativ

Die Spezielle Relativitätstheorie hat uns gezeigt, dass Geschwindigkeit ein relativer Begriff ist. Doch wenn es um andere Arten von Bewegung geht, wie Beschleunigung oder Rotation, scheint das Verhältnis ein anderes zu sein. Wenn ein Zug beschleunigt, bremst oder abbiegt, merkt man ja ganz deutlich, was passiert, ohne dass man dazu aus dem Fenster schauen muss. Woran liegt das? Ein anderes Beispiel geht auf Newton zurück, der in seinen *Principia* darüber nachdachte, wie die Wasseroberfläche in einem rotierenden Eimer denn wissen könne, dass sie sich eindellen muss. Bei diesem Experiment lässt man einen Wassereimer rotieren, der an einer Schnur hängt, und beobachtet dann, was mit dem Wasser geschieht. Newton soll selbst einen solchen Versuch durchgeführt haben. Man stellt fest, dass das Wasser zunächst gar nicht beeinträchtigt zu sein scheint, ganz schnell aber dieselbe Geschwindigkeit aufnimmt wie der Eimer, und die Wasseroberfläche sich dann eindellt. Aber warum?

Hier muss man sich fragen, was Rotation eigentlich ist. Der österreichische Physiker und Philosoph Ernst Mach (1838–1916) meinte, dass Rotation immer relativ sei und dass das Wasser im Eimer sich eindellen würde, weil es im Verhältnis zu den entfernten Sternen rotiert. In einem ansonsten leeren Universum wäre somit die Rotation ein sinnloser Begriff und alle Karussells unbrauchbar. Was nach Mach die Rotation nicht nur sinnvoll, sondern auch sichtbar macht, ist die Existenz des Weltalls als Ganzes. Man spricht von »Machs Prinzip«, das Raum und Materie eng miteinander verknüpft.

Doch wenn nun die entfernten Sterne von entscheidender Bedeutung für unseren Rotationsbegriff sind, dann ist klar, dass auch die rotierende Erde unter unseren Füßen ihren Teil dazu beitragen kann, denn sie ist uns ja viel näher. Das ist ein wenig wie der große Malstrom in der Edda, der seinen Ursprung in der gewaltigen Windung der Erdachse hatte, die wie eine Mühle mahlte. Tatsächlich erzeugt auch die Erde einen Wirbel, der sich langsam in der Raumzeit dreht – wenn er auch völlig anderer Natur ist als der in der alten Edda. Wenn wir also im Verhältnis zur Erde alles tun, um nicht zu rotieren, dann werden wir beim Vergleich mit dem Sternenhimmel doch feststellen, dass wir, obwohl unbeweglich, herumgedreht werden, ohne das Geringste davon zu merken. Und wenn wir geduldig genug sind, dann werden wir uns nach sechs Millionen Jahren einmal herumgedreht haben. Vor einigen Jahren gelang es auch, diese Bewegung des wirklichen Malstroms mit Hilfe von Satelliten und Laserstrahlen zu messen.

Machs Gedanken waren für Einstein, als er seine Relativitätstheorie formulierte, sehr wichtig. Er hoffte auch, dass die Allgemeine Relativitätstheorie Machs Prinzip einhalten würde, doch leider war das nicht ganz der Fall. Es bleibt unklar, wie sich die Natur selbst eigentlich zu Machs Prinzip verhält. Gibt es einen absoluten Raum, oder ist im Grunde alles relativ?

Der fallende Dachdecker

Ich habe schon erzählt, wie ein fallender Apfel Newton inspirierte, aber wer weiß schon, dass die vergleichbare Inspirationsquelle für Einstein ein fallender Dachdecker war? Eines Tages im November 1907, als Einstein auf seinem Stuhl im Patentbüro in Bern saß, hatte er nämlich den Gedankenblitz des Jahrhunderts: *Ein fallender Mann spürt sein eigenes Gewicht nicht!*

Es gibt Behauptungen – wahrscheinlich Legenden –, dass

Einstein zu seiner wichtigen Erkenntnis gelangte, als er einen armen Dachdecker von einem Dach fallen sah und dieser Mann Einstein hinterher von dem Gefühl der Schwerelosigkeit berichtete, welches er während des Sekundenbruchteile währenden Falles empfunden habe. Einstein hat dies später seinen glücklichsten Gedanken genannt, wobei der arme Dachdecker das wahrscheinlich etwas anders gesehen haben wird.

Doch folgen wir nun einmal diesem Dachdecker, erfunden oder nicht, bei seinem Fall. Vielleicht ist er nicht allein vom Dach gefallen, sondern hatte seinen Hammer dabei. Der Hammer müsste für den Dachdecker so ausgesehen haben, als ob er in der Luft neben ihm schwebte. Ungefähr so, als ob es keine Schwerkraft gäbe. Ein anderes Beispiel für dasselbe Phänomen ist die Schwerelosigkeit, die Astronauten in einem Raumschiff auf der Umlaufbahn der Erde erleben. Ein solches Raumschiff befindet sich ja in einer ewig fallenden Bewegung, Runde für Runde, in der Raumschiff, Astronauten und Einrichtung zusammen fallen.

Um auf diese Weise die Schwerkraft aufheben zu können, ist es wichtig, dass alle Gegenstände gleich schnell fallen oder, wissenschaftlich korrekt formuliert, beschleunigen. Das ist allerdings keine neue Beobachtung. Schon Galilei war dies klar, und er konnte im Experiment beweisen, dass Gegenstände unterschiedlichen Gewichts in der Tat gleich schnell fallen – anders, als dies noch Aristoteles behauptet hatte. Der Astronaut David Scott führte bei der Apollo-15-Mission auf dem Mond ein solches Experiment mit einem Hammer und einer Feder durch. In der einen Hand hielt er einen Hammer, in der anderen eine Feder. Da es auf dem Mond keine Luft gibt, deren Widerstand die Feder mehr gebremst hätte als den Hammer, schlugen beide, nachdem er sie fallen gelassen hatte, gleichzeitig auf der Mondoberfläche auf.

Doch auch Galilei war nicht der Erste mit dieser Erkenntnis gewesen. Johannes Philoponus (490–570 n. Chr.), ein christlicher Philosoph aus Griechenland, las seinen Aristoteles aufmerksam und kritisierte das eine oder andere an seinem Lehrmeister. Im Gegensatz zu Aristoteles vertrat er die unerhörte Ansicht, dass es keinen grundlegenden Unterschied zwischen der irdischen und der himmlischen Materie gebe. Wie ich bereits erwähnt habe, wurde dies dann letztlich erst durch Newton bestätigt und akzeptiert. Johannes Philoponus behauptete auch, im Gegensatz zu Aristoteles und lange vor Galilei, dass Gegenstände unabhängig von ihrem Gewicht gleich schnell fallen. Doch damit wissen wir immer noch nicht, wem gerechterweise die Ehre gebührt.

In einem Gedankengang über die Existenz des luftleeren Raumes zog auch Aristoteles verwirrenderweise den richtigen Schluss, dass Körper im luftleeren Raum gleich schnell fallen. Er argumentiert richtig, dass es ja das sie umgebende Medium sei, das den Unterschied in der Fallgeschwindigkeit ausmachen würde. Doch dann fügt Aristoteles hinzu, dass die gleiche Fallgeschwindigkeit eine Absurdität sei, und zieht hier einen erstaunlichen Schluss, den zu berichtigen man erst ein paar tausend Jahre später imstande war. Er konstatiert ganz einfach, dass fallende Körper mit einer Geschwindigkeit fallen, die sich proportional zur Masse verhält – alles andere sei unmöglich –, und deshalb könne es die absolute Leere nicht geben. Das ist eine gänzlich rückwärts gewandte Argumentation. Ich werde später im Buch noch mehr über Aristoteles und den luftleeren Raum erzählen.

Eine Konsequenz der Überlegungen um den fallenden Dachdecker ist, dass es eigentlich keine Möglichkeit gibt, Gravitation von Beschleunigung (Akzeleration) zu unterscheiden. Und das ist auch die große Raffinesse in Einsteins Allgemeiner Relativitätstheorie. Um das zu verstehen, müssen wir uns nochmals ein typisch Einsteinsches Gedankenexperiment ansehen. Dazu bedienen wir uns erneut der Hilfe von Bill und Bull. Bill darf in einer Rakete sitzen, die sicher auf der Erde stehen bleibt, während wir Bull in eine Rakete setzen, die weit draußen im All mit einer Beschleunigung von 10 m/s unterwegs ist. Die Frage ist nun, ob ihr jeweiliges Befinden sich auf irgendeine grundsätzliche Weise unterscheidet. Gibt es für sie eine Möglichkeit, mit Hilfe von Messungen innerhalb ihrer Raketen zu bestimmen, wer von ihnen noch auf der Erde und wer auf der Reise ins All ist? Wenn sie keine Fenster haben, aus denen sie schauen können, oder keine Möglichkeit zu kontrollieren, ob die Raketenmotoren laufen, dann erweist es sich als völlig unmöglich, das herauszufinden. Bill und Bull werden genau die gleiche Reise oder Nicht-Reise erleben. Das haben wir übrigens schon in dem bequem beschleunigenden Raumschiff ausgenutzt, mit dem wir im vorigen Kapitel auf die andere Seite des Universums gereist sind. Dass Beschleunigung und Gravitation auf diese Weise zusammenhängen, nennt man das *Äquivalenzprinzip*, und das ist es, worauf Einstein sich konzentrierte, und was er als Ausgangspunkt für seine Theorie über das Universum nahm.

Nun sind wir so weit, dass wir uns einem spektakuläreren Phänomen der Allgemeinen Relativitätstheorie zuwenden können. Es sind nämlich nicht nur hohe Geschwindigkeiten, die den Lauf der Zeit beeinflussen, sondern die Zeit vergeht auch langsamer, wenn man sich neben etwas Schwerem befindet.

Die Zeit vergeht langsam, wenn es schwer ist

Wenn man etwas über die Zeit wissen will, muss man zunächst wieder darüber nachdenken, wie das Licht sich fortbewegt. Dabei stellen wir fest, dass ein Lichtstrahl in einem

Gravitationsfeld gekrümmt wird. Um das zu zeigen, können wir einen Lichtstrahl durch das beschleunigende Raumschiff von Bull lenken. Selbst wenn der Lichtstrahl sich aus unserer Sicht schnurgerade durch den Raum bewegt, sieht Bull, dass er sich zum Raumschiff hin krümmt. Nach dem Äquivalenzprinzip müsste Bill dasselbe beobachten, wenn ein Lichtstrahl durch sein auf der Erde ruhendes Raumschiff fällt. Ein Lichtstrahl wird nämlich von einem Gravitationsfeld abgelenkt, und zwar zur Gravitationskraft hin – getreu den Regeln des Äquivalenzprinzips. Doch wollen wir das Neue an dieser Beobachtung nicht übertreiben, selbst ein Newton in Schwierigkeiten hätte der Ansicht folgen können, dass ein Lichtstrahl beeinflusst werden kann. Wie dem auch sei, ist es klar, dass die Gravitation Lichtstrahlen krümmt, und das wollen wir jetzt ausnutzen und einen solchen Lichtstrahl etwas näher betrachten.

Die innere Kurve eines gekrümmten Lichtstrahls hat logischerweise einen kürzeren Weg zurückzulegen als die äußere Kurve. Wenn aber die Innen- und die Außenseite des Lichtstrahls doch gleichzeitig ankommen wollen, dann muss sich das Licht in der Innenkurve etwas langsamer bewegen. Das kann man gut mit der Fahrt auf einem Schlitten vergleichen, bei dem man mit zwei Handgriffen bremsen kann. Wenn man auf der einen Seite bremst, dann wird man genau in diese Richtung fahren. Nun könnte man meinen, dass ein Lichtstrahl dieselbe Technik anwendet, aber wir haben ja zuvor gelernt, dass die Lichtgeschwindigkeit immer gleich ist. Wenn aber ein Lichtstrahl nicht abbremsen kann, dann dürfte er doch auch keine Kurve beschreiben können. Wie passt das zusammen? Die Lösung ist, dass es die Zeit selbst ist, die in der Nähe eines schweren Körpers langsamer vergeht. Und wenn die Zeit für den einen langsamer vergeht, dann kommt er ja nicht so schnell voran, selbst wenn die Geschwindigkeit unverändert ist. Der Effekt ist, dass es genauso aussieht, als hätte der Lichtstrahl in der Innenkurve ein wenig abgebremst: Er beschreibt eine Kurve.

Das wäre natürlich etwas, was man auch beim Schlittenfahren gut gebrauchen könnte. Man sorgt einfach dafür, dass die Zeit auf der Seite, wohin man abbiegen will, langsamer vergeht. Aber ich habe keine Ahnung, wie man das bewerkstelligen könnte.

Um einen Lichtstrahl zu krümmen, ohne gleichzeitig die Spezielle Relativitätstheorie über den Haufen zu werfen, müssen wir also die Zeit selbst verändern. Und das ist genau das, was auch die Gravitation tun muss. Um diese These zu bestätigen, hat man Messungen mit ungeheuer genauen Atomuhren durchgeführt, die in Flugzeugen kreuz und quer über die Erde geflogen wurden. Es hat sich gezeigt, dass die Uhren abhängig von der Flugroute unterschiedlich schnell gingen. Zum einen wurde ihre Zeitnahme von der Zeitdilatation beeinflusst (die bewirkt, dass die Uhren in dem schnellen Flugzeug langsamer gehen), zum anderen von der Tatsache, dass das Flugzeug sich in großer Höhe befindet (die Zeit vergeht etwas schneller, wenn wir uns etwas weiter von der Schwerkraft der Erde entfernen). Beide Effekte bewirken allerdings bei einer Flugreise nur Veränderungen in Größenordnungen von ein paar Milliardstelsekunden, sind aber dennoch messbar. Auf dieselbe Weise bewirkt ein einstündiger Aufenthalt auf dem Mount Everest, dass man drei Milliardstel einer Sekunde schneller altert als auf Meeresspiegelhöhe. Die immer beliebteren GPS-Empfänger – GPS steht für *Global Positioning System* –, die uns mit Hilfe eines Systems von Satelliten sagen können, wo genau auf der Erde wir uns befinden, müssen diesen Effekt ebenfalls berücksichtigen. An der Erdoberfläche, tief im Kraftfeld der Erdanziehung, vergeht die Zeit ja etwas langsamer als oben bei den Satelliten in 20 000 Kilometern Höhe, und damit das GPS die Position richtig bestimmen kann, muss man die notwendigen Korrekturen vornehmen. Das alles in Abstimmung mit Einsteins Theorie vom gekrümmten Raum.

Die Effekte, von denen ich erzählt habe, mögen hier unbedeutend erscheinen, doch wenn wir die Erde verlassen, können wir Orte finden, an denen sie deutlicher zu Tage treten. An der Oberfläche der Sonne zum Beispiel vergeht die Zeit in jeder Stunde ungefähr eine Hundertstelsekunde langsamer. Doch für die richtig interessanten Beispiele müssen wir nach etwas exotischeren Himmelskörpern suchen. Weiße Zwerge zum Beispiel sind eine Art erloschener Sterne, die vom Umfang her nicht viel größer sind als die Erde, aber dennoch ungefähr so viel wiegen wie die Sonne. Ich werde darüber in einem späteren Kapitel mehr erzählen. Auf der Oberfläche eines solchen Sterns ist die Gravitation natürlich ungeheuer stark, und die Zeit vergeht jede Stunde ungefähr eine Sekunde langsamer. Das ist etwas, was man auch mit einer gewöhnlichen Armbanduhr feststellen könnte. Doch glücklicherweise müssen wir nicht mit einer Uhr versehen bis zu einem Weißen Zwerg reisen, um zu kontrollieren, ob unsere These stimmt. Auf den Sternen gibt es nämlich bereits Uhren, die wir sogar von der Erde aus ablesen können. Ich denke dabei an die Atome und das Licht mit charakteristischen Wellenlängen, das sie aussenden. Wenn die Zeit auf dem Weißen Zwerg etwas langsamer vergeht, dann müsste das Licht daher etwas röter werden, und das ist genau das, was man auch beobachten konnte. Aber vielleicht denken Sie immer noch, dass das doch keine Größenordnung ist, worüber sich zu grübeln lohnt? Etwas später werden wir noch das ultimative Beispiel dafür behandeln, wie man Zeit in einem Gravitationsfeld dazu bringen kann, langsamer zu vergehen: *Schwarze Löcher.* Dort vergeht die Zeit nicht nur langsamer, sie steht still.

Das Krumme grad

Frei zu denken ist groß, aber richtig zu denken ist größer.
Thomas Thorild, Inschrift über dem Eingang zur Aula der Universität Uppsala.

Es ist besser, falsch zu denken, als gar nicht.
Hypatia (379–415 n. Chr.)

Im Jahre 415 n. Chr. wurde Hypatia, nach der Geschichte die erste Frau, die zur Entwicklung der Mathematik beigetragen hatte, von christlichem Pöbel auf einer Straße in Alexandria ermordet. Sie war die Leiterin einer philosophischen Schule und eine bekanntermaßen beredte wie charismatische Lehrerin, und es war eben diese Liebe zum gefährlichen Wissen und zur Philosophie, die die Christen reizte und Hypatias Untergang wurde. Ihr Tod markiert in gewisser Weise das Ende der antiken Zivilisation und ihrer Wissenschaft. Nach ihr senkte sich intellektuelle Dunkelheit herab, und es sollte tausend Jahre dauern, bis die wissenschaftliche Entwicklung wieder in Gang kam.

Es ist viel darüber debattiert worden, wie finster das Mittelalter eigentlich war, doch was die Naturwissenschaften angeht, besteht kaum Zweifel darüber, dass Fortschritte für eine sehr, sehr lange Zeit nahezu völlig ausblieben. Doch wer weiß, vielleicht hält die Geschichte ja für die Zukunft noch weitere dunkle Perioden bereit. Es gibt keine Garantie, dass das freie Denken und Philosophieren bestehen wird. Die Weltordnung ist hart, von Chaos und Zufälligkeiten gesteuert, und möglicherweise wird eines Tages wieder irgendwo auf einer Straße eine sterbende Hypatia liegen.

Man weiß, dass Hypatia Kommentare zu vielen der großen Mathematiker und Philosophen verfasst hat, doch ist von diesen Kommentaren bedauerlicherweise heute nichts mehr erhalten. Das finstere Mittelalter setzte den antiken

Schriften hart zu, wenngleich die Araber oder ein paar heldenhafte Mönche wenigstens einige für die Nachwelt retten konnten. Doch in Hypatias Fall gibt es möglicherweise eine große Ausnahme. Sie soll zusammen mit ihrem Vater Theon eines der wichtigsten antiken mathematischen Werke übersetzt und kommentiert haben – *Elementa*, von dem Griechen Euklid verfasst, der um 300 v. Chr. in Alexandria tätig war. Dieses Werk soll durch die Zeiten das neben der Bibel am meisten gelesene Buch gewesen sein. Und die bis ins 17. Jahrhundert dominierende Fassung soll eben jene gewesen sein, die auf die Version von Theon und Hypatia zurückging.

Man weiß nicht viel mehr über Euklid, als dass er ein freundlicher und entgegenkommender Mann gewesen sein soll. Das auch, obwohl er es gewagt hatte, dem ungeduldigen Ptolemäus I., dem ägyptischen Nachfolger von Alexander dem Großen, der mal eben schnell die Mathematik erlernen wollte, zu erklären, dass es in der Geometrie keinen Königsweg gebe. Man kann sagen, dass Euklids *Elementa* den größten Teil der bekannten antiken Geometrie zusammenfasst. Ein Gutteil dessen, was Euklid feststellt, liegt intuitiv nahe und beschäftigt sich hauptsächlich damit, wie man auf einem glatten Papier geometrische Figuren zeichnen kann. Indem er eine rigorose Mathematik betrieb, konnte Euklid eine Reihe wichtiger Regeln aufstellen und mit ihrer Hilfe viele mathematische Thesen beweisen. Aber obwohl seine Überlegungen scheinbar keinen Einwand zuließen, fanden sich doch auch Annahmen darunter, die eigentlich keine Basis hatten. Natürlich schienen sie auf ihre Weise logisch, doch ein nagendes Misstrauen ließ andere nach ihm noch weiterarbeiten, um völlige Gewissheit zu erlangen.

Im Zentrum der Aufmerksamkeit stand die Behauptung, dass zwei gerade Linien sich nie mehr als einmal treffen können. Eine Selbstverständlichkeit, könnte man meinen, doch konnte man nicht beweisen, dass es sich wirklich so verhalten musste. Und allmählich wurde deutlich, dass es etwas ungeheuer Wichtiges gab, was Euklid und all seine Nachfolger in Tausenden von Jahren übersehen hatten.

Man entdeckte, dass es auch dann möglich war, sinnvolle Geometrien zu konstruieren, wenn die Oberfläche, auf der man zeichnete, gekrümmt war. Ein Beispiel für eine solche gekrümmte Oberfläche kann die Oberfläche einer Kugel oder auch die Oberfläche meiner Stirn sein. Hier ist nun wichtig, dass die gewöhnlichen Euklidischen Regeln nicht gelten, wenn die Oberfläche gekrümmt ist. Auf einem Globus kann man ja gut sehen, wie die Meridiane, die geradesten Linien, die man sich auf einer Kugel denken kann, sich sehr wohl zweimal kreuzen können. Einmal am Nordpol und einmal am Südpol. Eigentlich ist es doch seltsam, dass man das vor dem 17. Jahrhundert nie wirklich erklären konnte, denn so erstaunlich ist das doch wohl nicht mit den gekrümmten Oberflächen. Hingegen ist durchaus begreiflich, dass man vor dem nächsten, absolut entscheidenden Schritt zurückschreckte.

Doch um das zu beschreiben, muss ich erst einmal erzählen, was eine *Dimension* ist. Begriffe wie diese haben vielleicht für manche Ohren etwas fast Spiritistisches, doch in mathematisch-physikalischem Zusammenhang sind sie absolut klar. Wir fangen mal damit an, eine Oberfläche anzuschauen. Eine Oberfläche hat zwei Dimensionen, denn man braucht zwei Zahlen, um sagen zu können, wo auf der Oberfläche man sich befindet. Das kann man mit einem Schachbrett vergleichen, wo man mit einem Buchstaben und einer Ziffer angeben kann, wo eine gewisse Figur steht. So steht zum Beispiel zu Beginn des Spieles der weiße König auf e1, während die schwarze Dame auf d8 steht. Doch der Raum, in dem wir leben, hat nicht zwei, sondern drei

Dimensionen, denn man braucht drei Zahlen, um zu beschreiben, wo man sich befindet. Die Position eines Flugzeugs kann durch die geographische Breite, Länge und Höhe (über Meeresspiegel) genau bezeichnet werden. Man kann das aber auch dadurch erklären, dass es drei verschiedene Arten gibt, sich zu bewegen: auf/nieder, vor/zurück und nach rechts/nach links.

Schwierig wird es, wenn wir uns vorzustellen versuchen, wie ein dreidimensionaler Raum gekrümmt sein könnte. Damit hat man sich zunächst sehr schwer getan. Aber so wenig wie die Euklidische Geometrie mit ihren zwei Dimensionen ist auch die dreidimensionale Sichtweise nicht die letzte Grenze. Selbst wenn unser eigenes Vorstellungsvermögen da enden mag, so gibt es für die Mathematik in diesem Zusammenhang keine Grenzen. Wir können sogar noch einen Schritt weitergehen und die Zeit mit ins Spiel bringen, denn die Zeit ist auch eine Dimension. Um ein Geschehen zu spezifizieren, benötigt man ja vier Zahlen. Drei, die besagen, wo im Raum es stattgefunden hat, und eine, die besagt, *wann* es geschehen ist. Auf diese Weise ist es nur natürlich, Zeit und Raum zu einer *Raumzeit* mit insgesamt vier Dimensionen zusammenzufügen. Es kann vielleicht etwas künstlich wirken, das so zu tun, denn die Zeit unterscheidet sich schließlich doch sehr von den anderen Dimensionen. Aber das ist ja genau die Auffassung, aus der uns Einstein herausführen wollte. Welche Richtung als Zeit bezeichnet wird, hängt nach der Speziellen Relativitätstheorie davon ab, wen man fragt. Wenn wir uns schnell im Verhältnis zueinander bewegen, dann ist das, was für mich Zeit ist, für Sie vielleicht eine Mischung aus Zeit und Raum.

Wie ist es dann, wenn man in einem gekrümmten Raum oder einer gekrümmten Raumzeit lebt? Fangen wir mal damit an, indem wir zu der zweidimensionalen Oberfläche zurückkehren, wo wir ja trotz allem die Situation einigermaßen beherrschen. Nehmen wir an, wir treffen da ein gänzlich zweidimensionales, flaches Schattenwesen, das für immer und ewig in seiner Welt gefangen ist, die aus einem großen Papierstapel besteht. Das Wesen wäre völlig unfähig, sich mehr als zwei Dimensionen vorzustellen (abgesehen von der Zeit), soll heißen, es kennt nur die beiden Richtungen zwischen zwei Blättern, kann sich aber keine Richtung durch die Blätter hindurch zur Oberfläche des Papierstapels vorstellen – genauso schaffen wir es nicht, uns mehr als drei Raumdimensionen vorzustellen. Jetzt zeichnen wir ein paar gerade Linien in dieser zweidimensionalen Welt. Das Schattenwesen sollte nun keine Probleme damit haben, dass ein Paar solcher Linien sich nie mehr als einmal überkreuzen kann, vor allem, wenn es mit dem alten Euklid vertraut ist. Doch nun setzen wir unser Schattenwesen auf die gekrümmte Oberfläche einer Kugel. Da ist die Situation eine völlig andere – die beiden geraden Linien können sich in diesem Fall ja, wie wir bereits gesehen haben, durchaus zweimal kreuzen. Zwei Linien, die vom Nordpol ausgehen und den Meridianen folgen, kreuzen sich schließlich zum zweiten Mal am Südpol. Das wird das Schattenwesen natürlich sehr seltsam finden.

Was für Oberflächen gilt, gilt aber ebenso für dreidimensionale Räume, selbst wenn jetzt wir damit dran sind, uns wie das Schattenwesen erstaunt am Kopf zu kratzen. Und noch schlimmer wird es, wenn wir den Raum nicht nur krümmen, sondern auch die Zeit dazutun und die ganze Sache, die Raumzeit, dann gekrümmt sein lassen. Unser intuitives Vorstellungsvermögen und unsere gesunde Vernunft reichen nicht weit, aber die Mathematik führt uns mit sicherer Hand weiter. Leider ist es aber so, dass die Mathematik für eine gekrümmte Raumzeit verdammt kompliziert ist. Ein vierdimensionaler Raum kann sich auf mehr Arten krümmen als eine zweidimensionale Oberfläche. Einstein war deshalb gezwungen, sich der Hilfe eines mehr mathematisch veranlagten Freundes, Marcel Grossmann, zu bedienen, um Ordnung in die Gleichungen zu bringen.

Der nächste Schritt besteht nun darin, zu verstehen, wie wir Menschen und auch die Dinge sich in der Raumzeit verhalten. Selbst wenn ich stillsitze, wie ich es jetzt auf meinem Stuhl tue, da ich dies schreibe, zeichne ich eine Linie, eine *Weltlinie* in der Raumzeit, weil ja die Zeit vergeht. Wenn ich mich im Raum bewege, vielleicht aufstehe und meinen Sohn ins Bett bringe, erhält die Linie eine andere Form. In der Raumzeit ist also für jeden Menschen eine Weltlinie gezeichnet, und da unser Leben endlich ist, hat diese Linie einen Anfang und ein Ende. Das Vergangene und das Zukünftige liegen auf diese Weise Seite an Seite mit dem Jetzt in einer zeitlosen Existenz – ein ausgebreitetes Lebensnetz, in dem wir alle unsere eigene Spur zeichnen, von der Geburt bis zum Tod. Eine bessere Beschreibung als die, die ich hier gegeben habe, kann man in den letzten Zeilen von *Auf der Suche nach der verlorenen Zeit* von Marcel Proust finden:

»Wenigstens würde ich, wenn mir noch Kraft genug bliebe, um mein Werk zu vollenden, in ihm die Menschen (und wenn sie daraufhin auch wahren Monstren glichen) als Wesen beschreiben, die neben dem so beschränkten Anteil an Raum, der für sie ausgespart ist, einen im Gegensatz dazu unermesslich ausgedehnten Platz – da sie ja gleichzeitig wie Riesen, die, in die Tiefe der Jahre getaucht, ganz weit auseinander liegende Epochen streifen, zwischen die unendlich viele Tage geschoben sind – einnehmen in der *Zeit*.«

In der ewigen Raumzeit wird das Entfliehen der Zeit eine vorbestimmte Reise auf ein bereits existierendes Morgen hin. Einstein schrieb der Witwe seines guten Freundes Michele Besso kurz nach dessen Tod:

»Michele hat diese wundersame Welt ein wenig vor mir verlassen. Das ist ohne Bedeutung. Für uns überzeugte Physiker ist der Unterschied zwischen dem Vergangenen, dem Gegenwärtigen und der Zukunft nur eine Illusion, wenn auch eine hartnäckige.«

Schon Galilei wusste, dass Dinge, die nicht von irgendeiner Kraft beeinflusst werden, sich entlang einer geraden Linie durch Raum und Zeit bewegen. Als Beispiel hierfür eignet sich der Puck auf einem Eishockeyfeld. Er bewegt sich geradewegs über das Eis, bis jemand ihn wieder schlägt oder eine Bande ihn stoppt. Einstein erkannte, dass *die Schwerkraft keine Kraft ist*! Deshalb bewegen sich Dinge selbst in der Nähe einer Gravitation entlang einer geraden Linie durch die Raumzeit. Aber wie ist das mit unseren alltäglichen Erfahrungen vereinbar? Wenn ich einen Apfel nehme und ihn gerade in die Luft werfe, dann kehrt er ja kurze Zeit später in meine Hand zurück. Es liegt nahe, das damit zu erklären, dass auf den Apfel eine Kraft einwirkt, die ihn zur Erde zurückzieht. Wenn ich mir nun aber Einsteins Ansicht zu Eigen gemacht habe, dass der Apfel sich entlang einer geraden Linie bewegen muss, dann bin ich natürlich einigermaßen erstaunt, wenn er wieder herunterkommt. Entscheidend ist, dass mein Erstaunen von derselben Art ist, wie das des Schattenwesens auf der gekrümmten Kugel. Die Erklärung dafür, dass der Apfel zurückkehrt, ist, dass die Raumzeit gekrümmt ist. Der Apfel tut sein Bestes, um einer geraden Linie zu folgen, aber das hilft alles nichts. Und die Ursache für die Krümmung der Raumzeit ist ganz einfach die Masse der Erdkugel.

Mit Hilfe seiner neuen Theorie für die Gravitation konnte sich Einstein auch an die seltsame Bewegung des Planeten

Merkur heranwagen. Die Allgemeine Relativitätstheorie leistet in den meisten Fällen nur kleine Korrekturen der alten Newtonschen Theorie, aber manchmal, und der Merkur ist ein Beispiel dafür, treten die Effekte doch deutlich hervor. Einstein konnte zu seiner Freude feststellen, dass seine Gleichungen genau die richtige Antwort ergaben. Man brauchte keinen neuen Planeten – Merkur bewegte sich ganz genau so, wie er sollte, durch die gekrümmte Raumzeit.

Es gibt noch andere Methoden, wie man den Effekt der gekrümmten Raumzeit sichtbar machen kann. Besonders eindringliche Beispiele sind die Fotografien, die unter anderem mit Raumteleskopen von einigen weit entfernten Galaxienhaufen gemacht wurden. Mein persönlicher Favorit ist ein Foto von einem 0024+1654 bezeichneten Galaxienhaufen im Sternbild Fische. Auf der Fotografie sieht man deutlich eine große Menge runder, heller Wolken, die alle gigantische Galaxien in diesem fünf Milliarden Lichtjahre entfernten Galaxienhaufen sind. Das Licht ist also lange, bevor unser Sonnensystem entstand, ausgesendet worden. Doch das ist nicht das Wichtigste, stattdessen muss man sich auf ein paar unregelmäßig geformte Galaxien konzentrieren, die hier und da auf der Fotografie zu sehen sind. Das Erstaunliche an diesen Galaxien ist, dass sie in Wirklichkeit nicht mehrere verschiedene Galaxien sind, sondern verschiedene Bilder von ein und derselben Galaxie! Diese Galaxie liegt bedeutend weiter entfernt als 0024+1654, und das von ihr ausgesandte Licht hat viele Wege durch die gekrümmte Raumzeit des Galaxienhaufens gefunden, um bis zu uns zu kommen und so diese verschiedenen Bilder entstehen zu lassen. Einige der Bilder sind sogar Spiegelbilder voneinander, und das Ganze ist sehr beeindruckend, wenn man erst einmal zu deuten gelernt hat, was man dort sehen kann. In gewisser Hinsicht fungiert also der Galaxienhaufen wie ein riesenhaftes Teleskop, das uns dabei hilft, die noch weiter entfernten Galaxien zu beobachten. Für dieses Phänomen gibt es sehr viele Beispiele, und in vielen Fällen erhält man dadurch die Möglichkeit, Galaxien zu betrachten, die eigentlich nicht sichtbar wären.

Bei der ersten Bestätigung für Einsteins Theorie über die Gravitation – wenn wir einmal von der Bewegung des Merkur absehen – ging es auch darum, wie das Licht sich in der Nähe von etwas Schwerem krümmt. Doch diesmal war die Rede von der Sonne. Wie ich schon erzählt habe, hätte sogar Newton zugestimmt, dass das Licht sich auf diese Weise verhält. Eine schlampige Anwendung des Äquivalenzprinzips (alles fällt!) macht das ja möglich. Doch ohne Einstein und die Relativität ist die Krümmung nur halb so stark, und eben das wollte man während einer Sonnenfinsternis im Mai des Jahres 1919 überprüfen. Der britische Physiker und Astronom Sir Arthur Eddington (1882–1944) machte sich zu einer Expedition zu der vor Westafrika gelegenen Insel Príncipe auf, um die Positionen der Sterne im Verlauf der Sonnenfinsternis zu messen. Die Sterne müssten in diesem Fall ja ein wenig ihre Position verschieben, wenn ihr Licht dadurch gekrümmt wurde, dass es nahe an der Sonne vorbeigekommen war. Der Tag begann schlecht mit viel Regen, doch kurz vor der Sonnenfinsternis klarte es so weit auf, dass Eddington die notwendigen Beobachtungen durchführen konnte. Und zu seiner großen Freude stellte er fest, dass sie alle genau mit Einsteins Voraussagen übereinstimmten! Das Ergebnis wurde am 6. November 1919 auf einem Treffen der Royal Astronomical Society vorgestellt, und damit war Einstein ein gemachter Mann. Die Planungen zu der geglückten Expedition waren begonnen worden, als der Erste Weltkrieg am schlimmsten wütete, und das Ergebnis wurde nun als ein besonderes Beispiel für Internationalismus der besten Sorte gefeiert, als britische Wissenschaftler auf diese Weise eine deutsche Theorie bestätigen wollten.

Zu dieser Geschichte gehört auch, dass Einstein bei einer ersten Rechnung im Jahre 1911 dasselbe Ergebnis herausbekam, das auch Newton bekommen hätte, also das falsche. Er hatte berücksichtigt, dass die Zeit in der Nähe der Sonne langsamer vergeht (ungefähr, wie ich es vorher schon beschrieben habe), hatte aber nicht erkannt, dass es noch einen anderen Faktor zu bedenken gab. Der Raum ist nämlich so gekrümmt, dass der Weg um die Sonne herum etwas länger wird, als man es sich ganz naiv vorstellt. Auch das trägt zur Ablenkung des Lichtes bei. Die beiden Effekte zusammen ergeben das richtige Resultat. Bei einer Expedition auf die Krim, wo man die Sonnenfinsternis vom 21. August 1914 beobachten wollte, sollten die notwendigen Messungen hierfür durchgeführt werden. Doch in der Zwischenzeit brach der Erste Weltkrieg aus, die deutschen Wissenschaftler wurden von den Russen gefangen genommen und erst einen Monat später gegen russische Gefangene getauscht. Nun kann man darüber spekulieren, wie wohl die Wissenschaftsgeschichte verlaufen wäre, wenn diese Messungen durchgeführt und die ersten Voraussagen von Einstein widerlegt worden wären. Es hätte ja vielleicht etwas unsauber gewirkt, wenn man im Nachhinein die Theorie hätte korrigieren müssen, damit sie mit den Beobachtungen am Himmel übereinstimmte.

Später hat man herausgefunden, dass Eddingtons Messungen im Grunde von sehr schlechter Qualität waren, und dass man mit ihnen als Grundlage gar nicht sicher zwischen den Voraussagen von Newton und denen von Einstein unterscheiden konnte. Ehrlicherweise muss man also sagen, dass erst mit späteren und besseren Messverfahren Einsteins Theorie als die korrekte bestätigt werden konnte. Doch wir wollen mal großzügig sein und Eddington die Ehre belassen – schließlich gehörte er zu den Ersten, die die Bedeutung von Einsteins Entdeckung begriffen.

Es wird von einem Interview mit Eddington erzählt, in dem ihn ein Journalist fragt: »Stimmt es, dass es nur drei Menschen auf der Welt gibt, die die Allgemeine Relativitätstheorie verstehen?« Eddington schien mit der Antwort zu zögern. Da fragte der Journalist noch einmal nach: »Warum zögern Sie, Professor?« Dann Eddingtons Antwort: »Ich versuche gerade, mich zu besinnen, wer der Dritte sein könnte.« Gewiss ist die Relativitätstheorie, und vor allem die Allgemeine, immer noch ein sehr kniffliges Stück mathematischer Physik, doch inzwischen kann man die Menschen, die sie verstehen, gar nicht mehr zählen. Unter anderem steht sie an der Universität im Grundstudium auf dem Lehrplan.

Abkürzungen in der Raumzeit

Einsteins Begriff von der Raumzeit macht es möglich, von einem Ort im Universum zum anderen nach Abkürzungen zu suchen. Abkürzungen manifestieren sich in Form einer Art Tunnel, die man *Wurmlöcher* nennt. In dem Film »Contact«, nach dem gleichnamigen Buch von Carl Sagan, wurden Wurmlöcher benutzt, um zwischen weit entfernten Welten hin und her zu reisen. Ein echtes Wurmloch muss sehr seltsam aussehen, ein wenig wie eine Kristallkugel, durch die man in eine abgelegene Welt schauen kann. Stellen Sie sich vor, eine solche Kugel würde vor Ihnen im Raum schweben. Je nachdem, wie Sie in die Kugel hineinschauen, können Sie in unterschiedliche Richtungen in der anderen Welt schauen. Doch damit nicht genug, Sie können auch die Hand in die Kugel stecken, und wenn sie groß genug ist, hineinklettern und irgendwo weit entfernt auf der anderen Seite des Wurmlochs, das auch eine Kristallkugel hat, wieder herauskommen. Genauso kann auch jemand in der anderen Welt in seine Kristallkugel klettern und bei Ihnen herauskommen. Mathematisch gesehen kann man Lösungen für Einsteins Gleichungen finden, die wirklich Wurmlöcher mit schwebenden Kristallkugeln belegen, wie ich sie jetzt beschrieben habe. Doch es ist nicht einfach, sie in der Praxis zu konstruieren, wenn es denn überhaupt möglich ist. Man kann nämlich beweisen, dass dafür Materie mit negativer Energie und anderen seltsamen Eigenschaften erforderlich wäre, damit die Tunnel nicht zusammenbrechen. Die moderne Physik möchte von solchen seltsamen Dingen lieber nichts wissen, und man stellt sich vor, dass es schon tiefsinnige Naturgesetze geben wird, die den Wurmlöchern Einhalt gebieten. Die Ursache für das zögerliche Verhalten liegt darin, dass Wurmlöcher, abgesehen davon, dass man damit phantastische Reisen durch das Weltall unternehmen könnte, zu etwas noch Bedeutenderem benutzt werden könnten. Eine Abkürzung durch den Raum kann nämlich auch zu einer Abkürzung durch die Zeit benutzt werden. Das Einzige, was man tun muss, ist, die Kristallkugel fest zu packen und schnell herumzuschwingen. Auf diese Weise könnte man eine Abkürzung schaffen, die Reisen vor und zurück in der Zeit erlauben würde. Das nennt man *geschlossene Zeitkreisläufe*, in denen man immer von heute zu gestern und wieder heute herumreisen kann. Wenn Sie darüber nachdenken, wie eine Zeitmaschine funktionieren könnte, dann müssen Sie sich also ein paar herumwirbelnde Kristallkugeln vorstellen. Aber Sie müssen sich bewusst machen, dass sehr wahrscheinlich nicht einmal die höchstentwickelte Zivilisation der Zukunft diese durch Wurmlöcher verbundenen Kristallkugeln wird konstruieren können. Und das wäre ja auch wohl das Sicherste, wenn die Natur nicht Gefahr laufen will, von verantwortungslosen Zeitreisenden vor unlösbare Paradoxa gestellt zu werden.

Als ein Beispiel dafür, was einem bei Zeitreisen alles so passieren könnte, ist es beliebt, sich vorzustellen, man würde in der Zeit zurückreisen und sich selbst töten. Derartige Überlegungen haben viele Physiker und Philosophen davon überzeugt, dass Zeitmaschinen ein Ding der Unmöglichkeit sind, und man meint, dass es Naturgesetze geben muss, die dies verbieten. Doch es gibt noch eine andere Möglichkeit. Wir sind es gewohnt, dass die Bedingungen der Vergangenheit die Zukunft beeinflussen, während die Zukunft hingegen keinen Einfluss auf die Gegenwart hat. Das ist eines der wichtigsten Grundwerkzeuge der Physik. Erst durch diese Erkenntnis konnte man den Weg für die Fortschritte der vergangenen Jahrhunderte bahnen und reinen Tisch mit dem teleologischen Weltbild des Aristoteles machen. Mit den geschlossenen Zeitkreisläufen liegt die Sache etwas anders, denn in diesem Fall würde die Gegenwart ja sowohl von der Vergangenheit als auch von der Zukunft beeinflusst. Aber es ist dennoch unwahrscheinlich, dass uns solche Paradoxa tatsächlich begegnen werden. Wenn man sich einen mit einer Zeitmaschine ausgerüsteten Billardtisch denkt, dann kann man zwar zeigen, wie die Sache vonstatten gehen könnte, und raffinierte Beispiele konstruieren, in denen die Billardkugeln in der Zeit vor und zurück hüpfen und einander ohne Paradoxa hin und her stoßen. Kniffliger wird es allerdings schon, wenn wir anstelle von Billardkugeln Menschen nehmen. Da macht uns unser freier Wille einen Strich durch die Rechnung. Die seelenlosen Billardkugeln folgen zwar ganz freundlich dem vorgefassten Plan, doch man kann sich denken, dass die Menschen sich dem widersetzen werden, ohne die Paradoxa, vor die die Natur sie gestellt hat, zu beachten. Aber nichtsdestoweniger erfordern Natur und Logik, dass etwas uns in der letzten Sekunde daran hindert, eine Tat zu begehen, die eventuell ein Paradoxon erzeugen könnte. Die Gesetze der Physik müssen Einhalt gebieten. Ich stelle mir immer vor, wie ich selbst in der Zeit zurückreise und meinen Ururgroßvater zu einem Zeitpunkt, wo er meine Ururgroßmutter noch nicht getroffen hatte, an einer Klippe stehen sehe (was nicht unmöglich wäre, da ich zufällig weiß, dass er viel Zeit in Wald und Bergen verbracht hat). Was passiert jetzt, wenn ich beschließe, mich hinter ihn zu schleichen und ihm einen Stoß zu geben, sodass er über die Kante fällt? Vielleicht stolpere ich ja und es gelingt mir nicht, vielleicht verhindert mein missglücktes Eingreifen stattdessen, dass etwas anderes Schlimmeres passiert, und ich mache somit meine eigene Geburt mehr als ein Jahrhundert später erst möglich. Oder mein schlechtes Gewissen würde mich zu sehr drücken, vielleicht verlässt mich der Mut, und ich wende mich um und schleiche verschämt davon, ohne mich zu erkennen zu geben. Es ist ja nicht ungewöhnlich, dass unser freier Wille eingeschränkt wird. Selbst wenn ich aus eigener Kraft fliegen wollte, kann ich es ja doch nicht tun. Also gibt es vielleicht gar kein Paradoxon, möglicherweise haben wir zumindest in diesem Zusammenhang unseren freien Willen überschätzt.

In der Novelle *Der Andere* findet der argentinische Autor Jorge Luis Borges einen anderen listigen Ausweg. Auf einer Parkbank trifft er sein eigenes Ich aus der Vergangenheit und die beiden kommen ins Gespräch. Es ist klar, worüber sie sprechen, und Borges nutzt die Gelegenheit, dem anderen zu sagen, welche Zukunft ihm bevorsteht. Der andere hingegen erzählt von sich und seinen Erwartungen für das kommende Leben. Da lauert schon das Paradoxon, doch alles löst sich zum Besten auf. Denn selbst wenn das Treffen zwischen den beiden wirklich ist, geschieht es für einen von ihnen in einem Traum. In einem Traum, den er vergessen hat, als er erwacht, und so kann er sich frei bewegen und viele Jahre später sich selbst ohne irgendwelche beschwerlichen Widersprüche wieder begegnen.

Die ihr eingeht

Jetzt möchte ich von der vielleicht dramatischsten Konstruktion der Allgemeinen Relativitätstheorie erzählen, die aber mit Sicherheit existiert, nämlich die *Schwarzen Löcher*. Schon im Jahr 1783 wurde in dem britischen Naturforscher John Mitchell (1724–1793) der Gedanke geboren, dass es Sterne geben könnte, deren Schwerkraft so stark ist, dass nicht einmal das Licht ihr entkommen kann. Der wichtige Begriff in diesem Zusammenhang ist die Fluchtgeschwindigkeit. An der Erdoberfläche haben wir eine *Fluchtgeschwindigkeit* von ungefähr 11 km/s. Das bedeutet, dass eine Weltraumrakete mindestens so schnell sein muss, um das Gravitationsfeld der Erde verlassen zu können. An der Sonnenoberfläche beträgt die Fluchtgeschwindigkeit ungefähr 600 km/s, während sie an der Oberfläche eines kleineren Asteroiden, der vielleicht so groß ist wie ein Berg, nur ein paar Meter pro Sekunde beträgt. Im letzteren Fall bedeutet das, dass man von dort einfach so losspringen könnte! Einmal kräftig abgestoßen, und man segelt ins All hinaus, um nie zurückzukehren. Unter Schwarzen Löchern hingegen muss man sich etwas so Schweres oder Dichtes vorstellen, dass die Fluchtgeschwindigkeit die Lichtgeschwindigkeit übersteigt. In dem Fall würde ja nicht einmal das Licht herauskommen können, und das Objekt würde deshalb unsichtbar bleiben. So hat man jedenfalls argumentiert. Allerdings bekam man erst durch Einsteins Gravitationstheorie ausreichende mathematische Hilfsmittel an die Hand, um solche Objekte sinnvoll zu beobachten. Da sich nichts schneller als das Licht bewegen kann, bleibt der Schluss bestehen, dass nichts aus dem Loch herauskommen kann. Eine sehr seltsame Situation.

Der Begriff des Schwarzen Lochs wurde in den 1960er Jahren von dem amerikanischen Physiker John Wheeler geprägt. Wie wir bald herausfinden werden, wenn wir mit einem Raumschiff eine Reise ins Innere eines Schwarzen Lochs unternehmen, ist das ein sehr passender Name. Ich kann mich selbst noch aus der Zeit, in der ich an der Princeton University in den USA studierte, an John Wheeler erinnern. Ich sah ihn oft auf der Treppe, denn trotz seiner achtzig Jahre stieg er lieber mit raschem Schritt die Stockwerke hinauf, als den Fahrstuhl zu benutzen. Einmal gab Wheeler ein Kolloquium über seine Teilnahme am Manhattan-Projekt im Zweiten Weltkrieg, wo er dabei gewesen war, als man die ersten Kernwaffen entwickelte. Das war doch ein surrealistisches Erlebnis, den alten Mann dort stehen zu sehen, wie er seine Geschichte erzählte. Irgendwann im Laufe des Vortrags, als Wheeler gerade erzählte, dass er direkt nach Kriegsende das zerstörte Europa besucht hatte, wurde eine Frage gestellt, die das ganze Auditorium erstarren ließ. Jemand fragte, ob Wheeler auch Hiroshima besucht habe. Die Stille in dem großen Saal war mit Händen zu greifen – alle sahen auf den alten Mann da vorn. Doch er hatte die Frage nicht gehört, oder vielleicht tat er auch nur so. Es entstand eine gewisse Unruhe, der Vortrag wurde fortgesetzt. Aber vielen gab das zu denken.

Schwarze Löcher kann man sich als Abgründe in der Raumzeit vorstellen, die mit toten, kollabierenden Sternen gefüllt sind. Die Astronomen haben dank des Einflusses, den die Schwarzen Löcher auf die sie umgebenden Sterne und Gaswolken haben, sowohl in als auch außerhalb unserer eigenen Galaxie, der Milchstraße, mehrere Exemplare davon entdeckt. Hier sind vor allem die Raumteleskope von großer Hilfe gewesen. Einige dieser Schwarzen Löcher sind kollabierte Sterne – das Ergebnis von Supernova-Explosionen –, während andere gigantische Monster mit vielen Milliarden Sonnenmassen sind, die im Zentrum mancher Galaxien lauern.

Ein Schwarzes Loch verschluckt gierig alles, was ihm in den Weg kommt, und der unvorsichtige Sternreisende, der zufällig hineinfällt, wird, wie ich bereits erwähnt habe, nie wieder herauskommen. Ein Schwarzes Loch ist von einem *Ereignishorizont* umgeben, der ein Gebiet abgrenzt, aus dem es keine Rückkehr gibt. Hier würde auch der an Dantes Höllentor angebrachte Warnhinweis sehr gut passen: »Lasst die ihr eingeht, jede Hoffnung fahren.« Ganz übel wird es, wenn wir uns den Warnungen widersetzen und doch einen Blick hineinwerfen. Im Innersten des Schwarzen Lochs verbirgt sich nämlich die bedrohliche *Singularität*, wo die Raumzeit und die bekannten Naturgesetze keine Gültigkeit mehr haben. Um die Verwirrung komplett zu machen, tauschen überdies Zeit und Raum auf der anderen Seite des Ereignishorizonts ihre Identität miteinander, sodass die Zeit zu einer Richtung in das Loch hinein wird. Deshalb ist es genauso unmöglich, der Singularität und einer sicheren Zerstörung zu entfliehen, wie es unmöglich ist, die Flucht der Zeit aufzuhalten. Und es ist genauso unmöglich, wieder herauszukommen, wie es unmöglich ist, in der Zeit zurückzureisen.

Doch schon am Rande des Schwarzen Lochs geschehen seltsame Dinge: Die Zeit bleibt stehen. Je näher man ihm kommt, desto langsamer geht die Zeit, und von außen gesehen wird der Reisende nie dabei gesehen werden, wie er den Ereignishorizont überschreitet. Der letzte Augenblick, in dem er sich dem Loch nähert, wird zu einer Ewigkeit verlängert, und das eingefrorene Bild wird für immer am Horizont hängen. Ein Bild, das bald immer schwerer auszumachen sein wird, da das Licht sich immer mehr in den roten Bereich verschiebt, und immer weniger Photonen durchdringen. Am Ende ist alles wie vorher, und man kann nichts mehr sehen als das schwärzeste Schwarz. Der Reisende selbst weiß jedoch von all dem nichts und erlebt nichts Seltsames, während er unbehindert und unbewegt in die schwarze Tiefe hinuntersegelt.

Eine Reise in ein Schwarzes Loch

Im Sternbild Schwan gibt es einen geheimnisvollen Stern. Der Schwan ist am besten im Sommer oder im Herbst zu sehen, wenn er entlang der Milchstraße über den Horizont fliegt. Sein hellster Stern, Deneb, markiert den Schwanz. Der Stern, den wir jetzt näher betrachten wollen, liegt im Hals des Schwans, und sieht für uns auf der Erde eigentlich nicht nach viel aus – er ist zu schwach, als dass man ihn mit bloßem Auge sehen könnte. Ich habe ihn selbst mit einem einfachen Feldstecher als einen Stern unter Millionen anderen gesehen. Inzwischen hat man entdeckt, dass eben dieser Stern eine große Menge Röntgenstrahlung aussendet. Als die Röntgenquelle entdeckt wurde, gab man ihm den Namen Cygnus XI. Cygnus ist der lateinische Name für das Sternbild Schwan, und XI bezeichnet die erste entdeckte Röntgenquelle im Sternbild. Röntgenstrahlung wird auf Englisch ja *X-rays* genannt. Aber welche Erklärung gibt es für diese Strahlung? Andere Messungen geben eine Antwort. Der Stern kreist um etwas anderes sehr Schweres, das nicht wie ein gewöhnlicher Stern leuchtet. Man meint, dass das nur ein Schwarzes Loch sein kann. Das Schwarze Loch liegt so nah an dem Stern, dass es sich einen Teil der Atmosphäre des Sterns heranziehen kann. Die Gase wirbeln im Kreis um das Schwarze Loch, doch die Reibung zwischen den verschiedenen Gaswolken macht, dass sie an Geschwindigkeit verlieren und von dem Schwarzen Loch verschluckt werden. Die Reibung heizt die Gase so sehr auf, dass daraus die Röntgenstrahlung entsteht, die man beobachtet hat.

Mit einem Feldstecher sieht man nicht viel, es wäre natürlich viel interessanter, dorthin zu reisen. Die Fahrt geht über 8000 Lichtjahre, doch mit dem phantastischen Raumschiff, das wir bereits kennen, dauert die Reise nur 17,5 Jahre. Was erwartet uns bei unserer Ankunft? Das Schwarze Loch verbirgt sich in einem Inferno von wirbelnden Gasen und gefährlicher Strahlung, und wir brauchen eine richtig gute Schutzausrüstung. Das Schwarze Loch selbst ist nicht besonders groß – es sieht aus wie eine mattschwarze Kugel mit einem Radius von ein paar Meilen. Wir legen uns in sicherem Abstand auf eine Umlaufbahn, um in Ruhe überlegen zu können, was wir tun werden.

Um auf der sicheren Seite zu sein und nichts Unüberlegtes zu tun, schicken wir eine Raumsonde auf das Schwarze Loch zu. Die Sonde sendet uns mit Hilfe eines Radiosenders regelmäßig Informationen über das, was sie sieht. Wie erwartet wird die Kommunikation immer langwieriger, je näher die Sonde dem Ereignishorizont des Schwarzen Lochs kommt. Die Zeit vergeht dort ja langsamer. Die Radiowellen werden auch auf immer längere Wellen verschoben, und wir müssen unseren Empfänger andauernd umstellen, um noch etwas zu hören. All das sollte uns nach dem, was wir bereits wissen, nicht erstaunen, aber die Sonde hat noch andere beunruhigende Neuigkeiten parat. Sie registriert nämlich ungeheure *Gezeitenkräfte*.

Um das verständlich zu machen, muss ich kurz erklären, woher die Gezeiten eigentlich kommen. In der Physik passiert einem oft so etwas – ein Effekt in einem bestimmten Bereich hat eine Entsprechung in einem völlig anderen, und tatsächlich macht das die Physik wirklich viel einfacher. Die Gezeiten auf der Erde entstehen dadurch, dass mit zunehmendem Abstand beispielsweise von der Sonne die von ihr ausgehende Gravitationskraft abnimmt. Die Erde befindet sich aber im freien Fall um die Sonne, und der Mittelpunkt der Erde bewegt sich mit einer gewissen Geschwindigkeit, die vom Abstand zur Sonne abhängt, auf seiner Bahn. Wäre die Erde der Sonne etwas näher, dann würde sie sich schneller bewegen, und wäre sie weiter weg, dann würde sie langsamer sein. Die Krux dabei ist nun, dass die Oberfläche der Erde auf der Seite, die der Sonne zugewandt ist, näher an der Sonne ist als der Mittelpunkt und die Nachtseite, die weiter weg liegen. Das bedeutet, dass die Tagseite Richtung Sonne etwas nach innen fällt, während die Nachtseite durch die Zentrifugalkraft sich von der Sonne wegbewegen will. Der Stein des Erdkörpers ist zu hart, um sich davon beeinflussen zu lassen, doch mit dem Wasser der Ozeane verhält es sich anders, und so kommt es, dass die Ozeane sich krümmen. Ebenso verhält es sich mit dem Einfluss des Mondes auf die Gezeiten. Galilei hatte übrigens eine völlig falsche Auffassung vom Ursprung der Gezeiten. Er meinte, dass es sich um eine schwappende Bewegung handeln würde, die von der Bewegung der Erde durch das All erzeugt würde, und nahm dies als Beweis dafür, dass die Erde nicht stillsteht. Natürlich sind die Bewegungen der Erde auch für die Gezeiten bedeutend, doch nicht in dem Ausmaß, wie es sich Galilei dachte. Dass der Mond noch sein Übriges dazu tat, das hielt man außerdem für einen astrologischen Aberglauben.

Was hat das jetzt mit den Schwarzen Löchern zu tun? Schwarze Löcher sind die Ursache für enorme Gezeitenkräfte. Die Gravitation wird schnell stärker, je näher man dem Loch kommt. Die arme Sonde merkt also schon, wie die Gravitation in dem Teil, der dem Loch am nächsten ist, bedeutend stärker zieht, sodass sie Gefahr läuft, in Stücke gerissen zu werden. Nach einer einfachen Überschlagsrechnung ziehen wir den Schluss, dass es ziemlich dummdreist wäre, wenn wir uns selbst noch näher an dieses Schwarze Loch begeben würden. Wir würden, noch ehe wir den Ereignishorizont überquert hätten, zu langen Fäden auseinander gezogen werden. Am sichersten ist es also wohl, sich mit dem, was unsere Raumsonde uns berichtet, zufrieden zu geben.

Wenn wir uns aber dennoch vorgenommen haben, einmal in ein Schwarzes Loch zu reisen, dann müssen wir eines finden, das nicht diese enormen Gezeitenkräfte hat. Das Lustige ist, je größer und massiver ein Schwarzes Loch ist, desto kleiner sind die Gezeitenkräfte. Im Zentrum vieler Galaxien gibt es Schwarze Löcher von mittlerer Größe. Um ganz sicher zu gehen, geben wir Gas und reisen zum M87 im Virgo-Haufen, genau wie im vorangegangenen Kapitel. Was werden wir dort sehen? Als wir ankommen, entdecken wir etwas, das uns an einen Cygnus XI in Riesenformat erinnert, mit einer Masse, die ein paar Milliarden Mal so groß ist wie die der Sonne. Doch der Unterschied ist, dass die Gezeitenkräfte eher unbedeutend sind, und wir uns deshalb ohne Sorgen in das Schwarze Loch begeben können.

Der Ereignishorizont bei diesem Schwarzen Loch hat einen Radius von mehr als sechs Milliarden Kilometern, also ungefähr so viel wie die Umlaufbahn des Pluto, doch aufgrund des Effekts, den die Gravitationskraft auf das Licht hat, türmt er sich vor uns wie eine mehr als doppelt so große, riesige schwarze Kugel auf. Wenn wir es uns zur Gewohnheit machen, regelmäßig die Raketenmotoren einzuschalten, um den Fall aufzuhalten und uns umzusehen, dann werden wir etwas sehr Seltsames erleben, wenn wir an die Oberfläche des großen Schwarz kommen: Es ist, als würden wir auf einem großen schwarzen Fußboden stehen. Wenn wir genauer hinsehen, dann müssten wir im Prinzip uns selbst in mehreren Kopien auf diesem ausgedehnten Fußboden stehen sehen. Und wenn wir eine Taschenlampe dabei haben, dann können wir uns selbst auf den Rücken leuchten. Das liegt daran, dass das Licht auf diese Entfernung in Umlaufbahnen herumlaufen kann. Doch um dieses Phänomen wirklich beobachten zu können, braucht man ein viel kleineres Schwarzes Loch als dieses, in das wir uns gestürzt haben, aber da hat man es dann wieder mit den unbehaglichen Gezeitenkräften zu tun.

Wenn wir uns weiterhin vorsichtig absinken lassen, Stück für Stück, dann wird uns das Schwarz immer mehr umschließen. Es ist, als würde man sich in einen tiefen Brunnen oder eben ein schwarzes Loch sinken lassen. Wenn wir uns dem Ereignishorizont nähern, der also im Schwarzen verborgen liegt, ist fast alles schwarz – nur eine kleine Öffnung über uns bleibt, in der ein Rest des Universums sichtbar ist. Nun wird es immer schwieriger, die Reise auf diese vorsichtige und zögerliche Weise fortzusetzen. Die Motoren der Rakete müssen bis zum Äußersten gebracht werden, damit wir der Gravitation des Schwarzen Lochs widerstehen können. Doch wenn man nun richtig neugierig darauf ist, wie es in dem Schwarzen Loch aussieht, ist die Versuchung natürlich groß, einfach nachzugeben und sich in den schwarzen Abgrund fallen zu lassen.

Wenn wir im freien Fall in das Schwarze Loch rauschen, ohne uns die Mühe zu machen zu bremsen, dann wird das Schwarze einen kleineren Teil des Himmels ausfüllen. Wie ein Schwarzes Loch genau in der Praxis aussieht, hat also viel damit zu tun, wie man sich bewegt. Das Schwarze wächst natürlich auch in diesem Fall immer mehr, doch das meiste vom Himmel wird immer noch sichtbar sein, selbst wenn wir den Ereignishorizont überqueren. Diesen magischen Augenblick bemerkt man übrigens überhaupt nicht, denn da gibt es nicht viel, was einem Bauchkribbeln verursachen könnte! Wenn wir so weit gekommen sind, dann können wir anfangen, uns darüber Gedanken zu machen, wo sich wohl all die Materie befindet, die das Schwarze Loch gebildet hat. Obwohl wir uns jetzt im Innern des

Schwarzen Lochs befinden, gibt es noch keine Spur davon, und Tatsache ist, dass die Materie gar nicht existiert. Noch nicht. Wie ich bereits erklärt habe, ist ja die Zeit zu der in das Loch gewandten Richtung geworden, das bedeutet, dass die Mitte des Lochs ein Zeitpunkt in der Zukunft geworden ist, der unaufhaltsam näher rückt. Und plötzlich sind wir da, wir werden in der Singularität zerstört und die Zeit hat ein Ende. Zwar existiert die Singularität nur einen Augenblick, doch dafür ist sie überall.

Wie das Innere eines Schwarzen Lochs aussieht, hängt aber auch davon ab, ob es rotiert oder nicht. In einem rotierenden Schwarzen Loch hat die Singularität eine Ausbreitung auch in der Zeit, es gibt sie dort also nicht nur einen Augenblick lang. Sie sieht aus wie ein Ring und muss dem waghalsigen Reisenden einen phantastischen Anblick bieten. Die Singularität markiert schließlich ein Gebiet, in dem die bekannten Naturgesetze zusammenbrechen, und man darf annehmen, dass das mit großartigen Feuerwerken aus bekannten und unbekannten Teilchen verbunden ist. Der Singularitätsring wird zu einem Ring aus Feuer, der tief drinnen in dem Schwarzen Loch schwebt. Das bietet dem Reisenden auch die Chance, ein gewalttätiges Ende zu vermeiden, wenn er sich vorsichtig mitten in den Ring hinabsinken lassen kann und ihn durchquert wie ein Zirkuslöwe, der durch einen Feuerreif springt. Vielleicht kommt der Reisende dann durch ein *Weißes Loch* in einer anderen Welt, in einem anderen Universum heraus. Ein Weißes Loch ist wie ein Schwarzes Loch, nur umgekehrt, in dem man, anstatt nicht herauskommen zu können, nicht bleiben kann. Allerdings hat noch niemand ein Weißes Loch gesehen, und man weiß nicht, ob sie in Wirklichkeit existieren können.

Jedoch ist es natürlich keine gute Idee, sich auf all diese Berechnungen zu verlassen und sich in das erstbeste rotierende Schwarze Loch zu stürzen. Ein rotierendes Schwarzes Loch, das am Beginn der Zeiten entstand, wird vielleicht in seinem Innern so aussehen, doch eines, das von einem kollabierenden Stern geschaffen wurde, ist natürlich viel gefährlicher. Es ist sehr unwahrscheinlich, dass es überhaupt so etwas wie eine rettende Öffnung im Feuerring geben wird, durch die man entschwinden kann, und das Ende der Reise wird wahrscheinlich zum Ärger des Reisenden so aussehen, wie wenn das Schwarze Loch überhaupt nicht rotiert hätte: Er wird in einer unausweichlichen Singularität vernichtet werden.

Wenn ich hier sage, dass die bekannten Naturgesetze in der Singularität zusammenbrechen, dann heißt das natürlich, dass es neue Gesetze geben muss, die hier einsetzen. Die Allgemeine Relativitätstheorie gibt uns durch die Singularitäten nur einen Wink, dass da etwas fehlt, sagt aber nicht, was. Damit das Scheitern der Allgemeinen Relativitätstheorie auf diesem Gebiet nicht allzu offensichtlich ist, scheint die Natur außerdem noch dafür gesorgt zu haben, dass die Singularitäten immer in eben solchen Schwarzen Löchern verborgen sind. Nackte Singularitäten, die nicht von Ereignishorizonten geschützt sind und in denen das Wissen um das Neue offen zutage liegt, scheinen nicht möglich zu sein. Dennoch muss es eine neue Physik geben, die die Unendlichkeiten, die hier entstehen, ausgleicht und erklärt. Und natürlich ist es unsere Aufgabe, die neuen Gesetze zu finden. Um mit dieser Arbeit weiterzukommen, brauchen wir neue Leitfäden, die nicht in dem Riesigen da draußen verborgen sind, sondern in etwas anderem, was mindestens genauso wunderbar ist, sich aber stattdessen im Allerkleinsten verbirgt.

Nach dem langen Ausflug in diese Physik des Allerkleinsten, den wir im nächsten Kapitel beginnen werden, werden wir Gelegenheit haben, noch einmal zu den Schwarzen Löchern zurückzukehren. Und ich werde zeigen, dass wir bereits den Geheimnissen auf die Spur gekommen sind, die enthüllen werden, was sich hinter dem schonungslosen Feuer der Singularitäten verbirgt.

KAPITEL 5

Boltzmanns Portrait

In dem wir feststellen, dass früher alles besser war,
in dem ein Frosch zum Mond schaut und Professor Planck sich
fragt, warum die Sonne gelb ist.

Mein Sohn hatte einige Tage gebraucht, um den schwindelnd hohen Legoturm zu bauen. Stein für Stein hatte er zusammengefügt, und der Turm wuchs immer höher. Doch eines Abends kam unsere viel zu fröhliche Labradorhündin Gaia in das Zimmer meines Sohnes, und eine unbeabsichtigte Schwanzbewegung ließ alles in einem Augenblick auseinander fliegen. Der Turm fiel um, und die Legosteine wurden in alle Ecken des Zimmers geschleudert – die Katastrophe war da. Ich erinnere mich nicht mehr, ob ich einen Versuch unternommen habe, ihn zu trösten, indem ich darauf hinwies, dass das Ereignis eine Folge des tiefsinnigsten und ewigen Naturgesetzes war, das man sich denken kann. Wahrscheinlich hatte ich nicht sonderlich viel Erfolg damit. Aber man kann es ja immerhin versuchen.

Der Verfall der Welten

Irgendwann im Laufe der letzten Jahrhunderte vor Christus schrieb der römische Philosoph Lukrez in seinem *De rerum natura (Von der Natur der Dinge)*:

»Du siehst wohl auch, dass Steine von der Zeit besiegt werden, dass hohe Türme zusammenfallen und Klippen verwittern, dass die Heiligtümer und Statuen der Götter verfallen, dass ihre heilige Macht nicht die Grenzen des Schicksals verschieben oder wider die Gesetze der Natur antreten kann.«

Und vor nicht ganz so langer Zeit hat Dan Andersson ähnlich finstre Gedanken formuliert:

»Hast du einmal daran gedacht, wie die Zeiten unter Himmeln und Sternen und Sonne fortschreiten?
Während geschlagene Millionen ihren Richttag vor dem Stuhl des Richters erwarten.
Hast du bemerkt, wie die ganze Welt in das stinkende Grab ihrer Auflösung fällt,
Wie vom Dunkel umfangen unsere erschrockene Seele ihren Körper der Verwesung anheim gab?«

Kann der Verfall der Welten ein Naturgesetz sein, eine Notwendigkeit, gegen die wir vergebens ankämpfen? Vor ungefähr einem Jahrhundert gelang es, diesen deprimierenden Gedanken in Form des Zweiten Hauptsatzes der Thermodynamik zu formulieren. Mit diesem ist der Verfall in ein mathematisches Gerüst gekleidet und zu einem kraftvollen Naturgesetz geworden. Das Gesetz besagt, dass die *Entropie* ständig zunimmt. Entropie ist ein anderes Wort für Unordnung, soll heißen das Gegenteil von Ordnung. Alles das kann mit Hilfe einer teilweise recht kniffligen Mathematik einen exakten und anwendbaren Sinn bekommen. Wir können uns in diesem Zusammenhang jedoch mit einer viel weniger feierlichen Formulierung behelfen, die doch nicht weniger genau sagt, worum es geht: »Früher war alles besser!«
Im Laufe des 19. Jahrhunderts wollten viele den Zweiten

Hauptsatz der Thermodynamik als ein grundlegendes Naturgesetz ansehen, das keiner weiteren Erklärung bedurfte – ein Punkt, von dem aus die übrige Physik ihren Anfang nahm. Wenn wir vor einem neuen Naturphänomen stehen und die Frage stellen »Warum?«, dann führt ja die Antwort oft zu einem neuen »Warum?«, was alle Menschen bestätigen werden, die ein fünfjähriges Kind haben. Am Ende kommen wir vielleicht an einen Punkt, an dem die Fragen nicht länger beantwortet werden können. Vielleicht fehlt es uns an Wissen für die nötigen Erklärungen, oder vielleicht sind die Fragen sinnlos geworden, und man kann einfach nicht weiterkommen. Aber was den Zweiten Hauptsatz der Thermodynamik angeht, gibt es wirklich noch eine tiefere Ebene, wir wissen nämlich jetzt, warum früher alles besser war! Das Geheimnis ist, dass alles Große aus Kleinem besteht.

Wichtig ist hier die Existenz all der Atome und Moleküle, die die Welt ausmachen. Als ein erstes Beispiel können wir die Luft in dem Raum nehmen, in dem ich sitze und schreibe. Die Luft in diesem Raum besteht aus vielen, vielen Molekülen, ungefähr 1027 oder so, die alle zufällig im Raum herumtanzen – je wärmer der Raum, desto wilder der Tanz. Nun stellen wir uns vor, dass wir das Pech haben, dass sich alle Moleküle in einer Ecke des Zimmers sammeln. Was nun? Das hätte für mich schlimme Folgen, und auch Ihnen könnte es jeden Augenblick passieren. Tatsache ist, dass das keinesfalls unmöglich ist, aber doch sehr, sehr unwahrscheinlich. Es gibt nämlich so unendlich viel mehr Arten, wie die Moleküle im ganzen Raum verteilt sein können, als es Möglichkeiten gibt, dass sie sich alle in einer Ecke sammeln. Deshalb ist es bedeutend wahrscheinlicher, dass die Moleküle überall verteilt sind, wenn es nun so ist, dass sie in ihrem zufälligen Tanz alle Stellen ausprobieren, an denen sie sich aufhalten können. Man müsste also sehr, sehr lange warten, ehe sie sich zufälligerweise in einer kleinen Ecke zusammendrängeln würden, und in der Praxis kann man diese bedrohliche Möglichkeit deshalb außer Acht lassen.

Aber diese Sache mit dem Verfall der Welten? Warum gehen Dinge kaputt? Die Begründung ähnelt dem, was ich oben gezeigt habe. Es gibt einfach für alles unglaublich viel mehr Arten, wie es kaputt, als wie es heil sein kann. Eine zufällige Veränderung geschieht fast immer zum Schlechteren. Wenn ich eine Porzellanvase nehme und sie auf den Fußboden schleudere, dann werde ich nicht erstaunt sein, wenn der Rest der Familie mich dazu verdonnert, die Scherben aufzufegen. Aber wenn ich nun diese Scherben nehmen und sie auf den Fußboden schleudern würde und es würde daraus wieder eine heile Vase, dann wäre ich doch einigermaßen erstaunt. Der Zweite Hauptsatz der Thermodynamik ist tief in unserer Vorstellungswelt verwurzelt. Denn wenn ich den einige Jahre alten Computer nehme, an dem ich jetzt sitze und schreibe, und ihn aus dem Fenster werfe, dann wird das Ergebnis kein neuer Apparat modernsten Modells sein, sondern ein Haufen Schrott. Genauso, wie der Legoturm meines Sohnes zu einem Haufen Legosteine wurde, nachdem Gaia mit dem Schwanz gewedelt hatte. Auch der Zufall hat seine Gesetze.

Die Richtung der Zeit

Eines Tages, als ich gerade nichts Besseres zu tun hatte, machte ich mir einen Spaß daraus, mich an einem Portrait von Boltzmann zu vergreifen. Es war der österreichische Physiker Ludwig Boltzmann (1844–1906), der als Erster entdeckte, warum früher alles besser war. Sein Leben nahm ein tragisches Ende, als er mit seiner Familie die Adria in der Nähe von Triest besuchte. Boltzmann war nämlich so verzweifelt darüber, dass niemand wirklich verstehen wollte, welche wichtigen Entdeckungen er gemacht hatte, dass er sich das Leben nahm. Die mathematische Formel, die dem Gesetz über die Vergänglichkeit aller Dinge zugrunde liegt, für die Boltzmann also sozusagen in den Tod gegangen ist, durfte dann passenderweise seinen Grabstein zieren.

Das Portrait, über das ich mich hermachte, zeigte Ludwig Boltzmann in reifem Alter mit üppigem Bart. Ich jagte das Bild jetzt mehrere Male durch einen Kopierer. Die Qualität des Portraits wurde immer schlechter, je häufiger es durch das Gerät laufen musste. Jedes Mal, wenn man kopiert, geht ja rein nach Zufallsprinzip ein wenig Information verloren, die nie wieder neu geschaffen werden kann. Am Ende hatte ich einen ganzen Haufen Bilder, wobei man auf einigen kaum mehr erkennen konnte, dass das Boltzmann war. Doch es war überhaupt nicht schwer, die Bilder hinterher in die richtige Reihenfolge zu sortieren. Das Undeutlichste musste ja das sein, das ich als Letztes kopiert hatte. Jetzt stellen Sie sich einmal vor, wie erstaunlich es wäre, wenn nach ausreichend vielen Kopiergängen ein neues Portrait von jemand völlig anderem, vielleicht von Ihnen selbst, erscheinen würde!

Der Verfall der Welten ist vielleicht eines der besten Zeichen dafür, dass es eine Schöpfung gegeben haben muss – einen Zustand optimaler Ordnung. Danach ist alles nur schlechter geworden. Das definiert auch eine Richtung in der Zeit, nämlich vorwärts in die Zeit, weg von der Schöpfung, und zurück in der Zeit, hin zur Schöpfung. Genauso, wie aufwärts weg vom Zentrum der Erde bedeutet und abwärts auf das Zentrum hin. Der Physiker Arthur Eddington, den wir ja bereits kennen gelernt haben, sprach vom *Zeitpfeil*. Die Zeit müsste also sehr richtig bei der Schöpfung des Universums begonnen haben, und es liegt natürlich nahe, sich zu fragen, was es vorher gab, also vor dem Urknall. Doch damit werden wir uns in einem späteren Kapitel beschäftigen.

Es gibt auch einen psychologischen Zeitpfeil. Wir erinnern uns an das Vergangene, aber es fällt uns sehr schwer, etwas von der Zukunft zu sehen. In Lewis Carrolls *Alice im Wunderland* zeigt die weiße Königin Alice, dass eine Erinnerung, die nur rückwärts funktioniert, eine schlechte Erinnerung ist. Der psychologische und der thermodynamische Zeitpfeil sind eng verbunden. Wenn Sie sich an dieses Kapitel erinnern, dann haben Sie ungefähr 100 Kilobyte an Information vertilgt, und um es lesen zu können, müssen Sie vielleicht noch ein Glas Milch oder so trinken. Die relativ geordnete Energie in der Milch wird in ungeordnete Wärmeenergie verwandelt, und auf diese Weise haben Sie dazu beigetragen, die Unordnung in der Welt zu vergrößern.

So weit, so gut, doch wie verhält es sich mit dem Lebendigen? Besteht da nicht ein offenkundiger Gegensatz? Natürlich kämpft der erwachsene Mensch einen sinnlosen Kampf gegen den Verfall, was den eigenen vergänglichen Körper angeht oder die Sorge um irdische Dinge, doch wie ist es mit dem wachsenden Kind, das doch aus einem Nichts entsteht? Aus Staub bist du gekommen und Staub sollst du wieder werden. Die Unordnung ist wiederhergestellt, doch scheinbar können wir doch für eine kurze Zeit etwas Ordnung hinbekommen. Wenn wir das Leben als Ganzes auf der Erde betrachten, dann gibt es sogar Anlass zur Hoffnung. Das Leben hat sich im Laufe von Jahrmillionen festgeklammert und sich teilweise auch zu immer avancierteren Formen entwickelt. Doch widerspricht das nicht dem Zweiten Hauptsatz der Thermodynamik? Um zu verstehen, wie das alles zusammenhängt, müssen wir uns zunächst noch einmal Kelvins dunklen Wolken widmen.

Die zweite dunkle Wolke des Lord Kelvin

Lord Kelvin hatte in seiner berühmten Vorlesung in Paris 1900 verkündet, dass es nur noch zwei Probleme in der Physik zu lösen gebe, zwei »dunkle Wolken«. Die erste hatte mit dem Weg des Lichts zu tun und gab, wie ich bereits erzählt habe, den Anstoß zur Relativitätstheorie. Die andere hatte mit einem erstaunlichen Zusammenhang zwischen Farbe und Temperatur zu tun, dessen Erklärung auch zu etwas völlig Neuem führen sollte.

Ein alltägliches Beispiel dafür, wie Farbe und Temperatur zusammenhängen, ist eine gewöhnliche Herdplatte, die sich, wenn sie angeschaltet ist, zunächst nicht verändert, dann aber, wenn sie einmal heiß genug geworden ist, mit rotem Schein glüht. Bei noch höheren Temperaturen, wie zum Beispiel dem glühenden Eisen in einer Schmiede, kann das Licht ins Gelb übergehen. Farbe und Temperatur hängen also auf eine ganz bestimmte Weise zusammen. Ein anderes gutes Beispiel ist die Farbe der Sterne. Wenn Sie das nächste Mal an einem sternklaren Winterabend unterwegs sind, dann suchen Sie mal den Orion. Der Gürtel des Orion mit den drei Sternen Alnitak, Alnilam und Mintaka, die man die drei Weisen nennt, ist leicht zu erkennen. Sie haben auch in der nordischen Mythologie schon eine Rolle gespielt, und zwar als die Spindel der Göttin Frigga. Von der Spindel aus wird das fertige Garn auf die Spule gerollt, die das Sinnbild für die sich ständig drehende Himmelsachse ist. Doch konzentrieren Sie Ihre Aufmerksamkeit besser auf die anderen Sterne im Orion – die linke Schulter des Orion, Beteigeuze, und den rechten Fuß des Orion, Rigel. Diese beiden Sterne ergeben einen schönen Farbkontrast. Beteigeuze ist ein klarer roter Riesenstern mit einer Außentemperatur von 3000 Grad, während Rigel ein blauer Riesenstern mit einer 12 000 Grad heißen Oberfläche ist. Unsere eigene Sonne liegt da mit ihren 5500 Grad und ihrer gelben Farbe genau in der Mitte.

Die Astronomen haben ein System eingeführt, wie man Sterne nach der Farbe bestimmen kann. Demnach ist Beteigeuze ein Stern vom Typ M, Rigel ein Stern vom Typ B und die Sonne gehört zum Typ G. Die Buchstabenfolge lautet: O B A F G K M. O bezeichnet die heißesten und M die kältesten Sterne. Manchmal fügt man noch drei weitere Buchstaben hinzu: R, N und S. Es hat historische Gründe, dass man gerade diese Reihenfolge für die Buchstaben gewählt hat, aber zum Glück gibt es eine einfache Eselsbrücke für die Astronomen: Oh, Be A Fine Girl, Kiss Me Right Now, Sweetheart.

Ein warmer Körper strahlt allerdings Licht nicht nur in einer Farbe aus – ein Regenbogen zeigt schließlich, dass das Sonnenlicht aus allen möglichen Farben besteht, wenn auch Gelb dominiert. Zeichnet man eine Kurve, die zeigt, wie viel von jeder Farbe es im Sonnenlicht gibt, hat sie ihren Höhepunkt im gelben Bereich. Man kann auch für andere Objekte Kurven zeichnen, die die in ihnen enthaltenen Farben aufzeigen. Aber wie erklärt man das Aussehen der Kurven? Kann man irgendwie ausrechnen, wie sie aussehen müssen? Das war natürlich etwas, worauf sich die Physiker des 19. Jahrhunderts mit großem Vergnügen stürzten, überzeugt davon, dass das Licht aus Wellen bestehe. Aber es wollte einfach nicht funktionieren. Die eine, die rote Hälfte der Kurve kriegte man hin, doch schon im blauen Teil erhielt man ein unmögliches Ergebnis, das überhaupt nicht mit der Wirklichkeit übereinstimmte: Die Theorie sagte voraus, dass der warme Körper viel zu viel Licht in Kurzwellen aussenden würde. Und je kürzer die Wellenlänge, desto mehr Fehler entstanden.

Die Lösung kam aus unerwarteter Richtung. Dem deutschen Physiker Max Planck (1858–1947) gelang es im

Herbst 1900, einen mathematischen Ausdruck zusammen-zubasteln, der das, was man in der Natur sah, beschrieb, auch wenn Planck selbst zunächst überhaupt nicht begriff, was er da entdeckt hatte. Doch das Verständnis kam, und eines Nachts hatte er die Lösung. Am Morgen danach soll er einen Spaziergang mit seinem kleinen Sohn, dem siebenjäh-rigen Erwin, durch einen Berliner Park unternommen ha-ben, und er erzählte ihm, er habe eine Entdeckung gemacht, die ebenso umwälzend sei wie die von Newton. Max Planck war ein bescheidener Mann, der sich keinen selbstverherrli-chenden Übertreibungen hingab. Und natürlich hatte er Recht – es sollte nichts mehr so sein wie vorher. Seine Ent-deckung legte den Grundstein für die enorme technische Entwicklung des 20. Jahrhunderts. Planck war nichts Gerin-gerem auf die Spur gekommen als der Quantenmechanik.

Max Planck wurde sehr alt, doch sein Leben war auch von vielen persönlichen Tragödien überschattet, und er überlebte vier seiner fünf Kinder. Der Sohn Erwin, der Ers-te, der damals von der Quantenmechanik zu hören bekam, wurde von den Nazis hingerichtet, nachdem er als Mitwis-ser des missglückten Mordversuchs auf Hitler im Sommer 1944 festgenommen worden war.

Um verstehen zu können, was Planck entdeckt hatte, nehmen wir die Hilfe eines kleinen Froschs in Anspruch. Es ist Nacht, und der kleine Frosch sitzt und quakt in einem Teich. Am Himmel über ihm leuchtet ein Halbmond, und man kann die dunkle Hälfte des Mondes, die vom Erdschein schwach angeleuchtet wird, nur ahnen. Was der Frosch nun nicht weiß, ist, dass soeben ein Mondfahrer auf dem dunk-len Teil gelandet ist und seine Taschenlampe auf die Erde richtet. Vielleicht schaut der eine oder andere Nachtwande-rer zerstreut zum Mond hinauf, sieht aber natürlich nichts Besonderes. Doch für den Frosch verhält es sich anders, er sieht nämlich irgendwann in jeder Stunde einmal einen zusätzlichen kleinen Lichtblitz. Was kann das sein? Das Geheimnis ist, dass Licht aus kleinen Lichtpaketen besteht, den Quanten oder Photonen. Wenn eine Taschenlampe weit genug von einem menschlichen Augen entfernt eingeschaltet wird, dann wird das Licht so sehr zerstreut, dass nur noch viel zu wenige Photonen ankommen, um die Nervenzellen der Netzhaut zu reizen. Man sieht nichts. Doch Frösche sind besser ausgerüstet. Die Fähigkeit, im Dunkeln zu sehen, ist nämlich bei Fröschen so gut entwickelt, dass sie einzelne Photonen erkennen können, und deshalb kann der Frosch die Taschenlampe sehen, ganz gleich, wie weit entfernt sie ist. Er muss einfach nur geduldig sein, und wenn die Taschenlampe nun einem Mondfahrer gehört, dann muss der Frosch zwischen jedem Photon eine Stunde warten.

Indem nun Planck davon ausging, dass das Licht aus Photonen bestehe, gelang es ihm, alle Mosaiksteinchen zusammenzufügen, und auch die geheimnisvollen mathematischen Formeln, die er zunächst nur geraten hatte, bestätigten sich wie von selbst. Witzigerweise gehörte Max Planck zur alten Schule und lehnte deshalb die Atomtheorie ab, denn seiner Ansicht nach sollte nicht etwas so Banales wie Atome herangezogen werden, um die schöne Thermodynamik zu erklären! Sich dann auch noch vorzustellen, dass das Licht selbst aus kleineren Teilchen bestehen könnte, war noch schlimmer, und er hatte sich deshalb nur widerwillig von Ludwig Boltzmann und seiner verhassten Statistischen Mechanik inspirieren lassen.

Im Alltagsleben merkt man natürlich kaum etwas von der Teilchennatur des Lichtes. Der Grund ist, dass Sinneseindrücke im Allgemeinen aus so gewaltig großen Photonenmengen bestehen, dass ein einzelnes Photon keine Rolle spielt. Es sei denn, man ist ein Frosch, versteht sich, dann kann man die Quantenmechanik mit eigenen Augen sehen.

Das Sonnenlicht zerlegen

Aber wie war das jetzt mit dem Leben auf der Erde und dem Gesetz vom Verfall aller Dinge? Man darf nicht vergessen, dass der Zweite Hauptsatz der Thermodynamik von der totalen Unordnung spricht. Größere Ordnung an einer Stelle kann deshalb mit größerer Unordnung an einer anderen Stelle bezahlt werden. Das ist genau, was das Leben ausgenutzt hat, um hier auf der Erde eine Oase der Ordnung zu schaffen. Das Hilfsmittel, um das Wunder zu vollbringen, ist das Sonnenlicht.

Dabei ist nicht die Energie des Sonnenlichts das Wichtige, sondern die Ordnung, die es in sich trägt. Die Erde strahlt ja genauso viel Energie in Form von Wärmestrahlung aus, wie sie in Form von Sonnenlicht aufnimmt. Aber es gibt einen anderen wichtigen Unterschied zwischen dem, was die Erde aufnimmt und dem, was sie ausstrahlt. Das Sonnenlicht besteht nämlich aus einer sehr wohl geordneten Strahlung, weil sie verhältnismäßig wenige Photonen enthält, die aber dafür eine sehr hohe Energie haben. Die Wärmestrahlung hingegen besteht aus vielen Photonen, die stattdessen nur leichte Energie haben. Man kann also sagen, dass die Erde geordnetes Sonnenlicht aufnimmt, es auseinander schlägt und die Fetzen in Form von Wärmestrahlung wieder aussendet. Die Ordnung auf der Erde wächst dadurch, doch im Universum als Ganzem wächst stattdessen die Unordnung.

Was würde dann passieren, wenn die Sonne verlöschen würde? Was könnten wir tun, um zu überleben? Man kann sich vorstellen, dass es eine gute Idee wäre, in einem solchen Fall die Erde in eine perfekt isolierende Schale einzubauen, die die Wärme speichert. Ich habe ja schon erzählt, dass die Erde so viel Energie abstrahlt, wie sie von der Sonne aufnimmt. Wenn wir keine Energie abgäben, dann müssten wir auch keine aufnehmen, und die Sonne wäre mit anderen Worten nicht mehr nötig! Doch nach dem, was ich zuvor dargelegt habe, könnte das gar nicht funktionieren. Der Zweite Hauptsatz der Thermodynamik würde unerbittlich zuschlagen, und die Photosynthese käme zum Erliegen. Grüne Pflanzen brauchen für ihre Existenz nicht nur Wärme, sondern auch geordnetes Sonnenlicht. Das Chlorophyll der Pflanzen zerschlägt das Sonnenlicht und fängt die Ordnung ein, die darin ist. Ohne grüne Pflanzen kann es kein anderes Leben geben. Alles, was uns wichtig ist, Zivilisation, Leben, Kultur und Kreativität, hat seinen Ursprung in der Ordnung, die wirksam wird, wenn ein Sonnenstrahl gespalten wird.

So seltsam es uns vorkommen mag, es scheint doch so, als wären Newtons Photonen wieder da. Wir haben ja schon gesehen, wie das Interferenzexperiment unzweideutig beweist, dass Licht aus Wellen bestehen muss, und jetzt plötzlich scheint nur das Partikelbild zu funktionieren. Ich werde später versuchen, etwas Ordnung in die Sache zu bringen, aber zunächst müssen wir feststellen, dass alles noch viel schwieriger ist als gedacht. Nicht nur das Licht besitzt paradoxe Eigenschaften, sondern auch die Materie, aus der wir gemacht sind.

Woraus bestehen die Sterne?

Kann man herausbekommen, woraus die Sonne und die Sterne bestehen? Der französische Philosoph Auguste Comte (1798–1857) war der Ansicht, dass das unmöglich sei – es gebe klare Grenzen für die Fähigkeiten der Wissenschaften. Im Jahre 1844 erklärte Comte, dass das Einzige, was wir über die Sterne wissen könnten, das sei, was wir mit eigenen Augen sehen können. Das war ein scheinbar logischer Standpunkt. Nach Comte bedeutete diese unvermeidliche Einschränkung, dass es sinnlos sei, zu spekulieren, woraus die Sterne vielleicht bestehen. Wie Kelvin ist Comte natürlich ein leichtes Opfer, wenn man Beispiele für scheinbar sichere und doch fehlerhafte Aussagen sucht. Denn natürlich hat es sich als möglich erwiesen, herauszubekommen, woraus die Sonne gemacht ist. Aber genau wie in Kelvins Fall ist ein solcher Angriff doch höchst unfair. Was Comte nämlich eigentlich sagen wollte war, dass man Fakten und Beobachtungen braucht, um sichere Aussagen über die Welt machen zu können. Die Sonne und die Sterne nahm er als Beispiel für Gebiete, auf denen Spekulationen sinnlos wären. Das war damals wahr, heute nicht mehr. Doch seine eigentliche Botschaft ist immer noch genauso relevant wie damals.

Der Schlüssel zur Lösung der Frage, wie die Sonne aufgebaut ist, verbarg sich im Regenbogen. Mit Hilfe einer ausgeklügelten Apparatur erzeugte der deutsche Optiker Joseph von Fraunhofer (1787–1826), genau wie Newton, 1818 ein Spektrum aus Sonnenlicht und konnte dabei in allen Farben eine Menge schmaler dunkler Linien beobachten. Das musste bedeuten, dass im Spektrum des Sonnenlichts ganz bestimmtes Licht in fest umgrenzten Wellenlängen nicht vorkam. Aber warum? Ein anderer Deutscher, Robert Bunsen (1811–1899), entdeckte ein paar Jahrzehnte später, dass verschiedene chemische Elemente unterschiedlich und in verschiedenen Farben entflammten, wenn man sie in eine Flamme warf. Dazu benutzte er seinen selbst zusammengebastelten Brenner, den wir heute noch Bunsenbrenner nennen. Sein Kollege Gustav Kirchhoff (1824–1887) schlug vor, dass man ein Prisma benutzen solle, um das Licht zu beobachten, und so entdeckten sie alle zusammen, dass jedes chemische Element seine ganz eigene Signatur hatte, einen eigenen Fingerabdruck in Form von präzisen Wellenlängen, die das ausgesandte Licht aufweist. Ein modernes Beispiel für dieses Phänomen sind die Leuchtstoffröhren, die charakteristische Farben haben, je nachdem, welche Gase in der Röhre benutzt werden. Und das genau war das Geheimnis! Eines Abends im Herbst 1859 konnten Kirchhoff und Bunsen aus dem Fenster ihres Laboratoriums in Heidelberg am Rande des Odenwaldes sehen, wie Mannheim ein paar Meilen entfernt in Flammen stand. Mit ihrem Spektroskop konnten sie im Feuer die Elemente Barium und Strontium ausmachen. Bunsen fragte sich nun, ob sie, wenn sie diese weit entfernte Feuersbrunst analysieren konnten, dasselbe nicht auch mit der Sonne tun könnten. Doch er fürchtete, die Leute würden sie für verrückt halten, wenn sie von so etwas träumten. So dachten vielleicht viele zunächst wie Auguste Comte, doch heute können wir genau auf diese Weise weit entfernte Sterne und Galaxien auf der anderen Seite des Universums erforschen.

Aber wie kann das möglich sein? Wie können wir uns unserer Ergebnisse eigentlich sicher sein? Immanuel Kant (1724–1804) fragte sich, wie es angehen kann, dass wir in diesem Raum hier Bestimmungen unternehmen können, von denen wir mit Sicherheit wissen, dass sie auch in einem anderen Raum gültig sein werden.«

Mit anderen Worten, wie die Naturwissenschaft überhaupt möglich sei. Kant meinte, das sei selbstverständlich. Die grundlegenden Naturgesetze, die nicht nur Raum und Zeit lenken, sind eng mit unserem Bewusstsein verwoben. Wir wissen, wie die Dinge liegen, weil wir selbst ein Teil des Universums sind, das wir untersuchen. Wenn wir die Naturgesetze entdecken, dann entdecken wir uns selbst und es ist »was wir äußere Gegenstände nennen, nichts anderes als bloße Vorstellungen unserer Sinnlichkeit …«

Ein moderner Naturwissenschaftler würde zum Teil anders argumentieren. Er würde ins Feld führen, dass es ein naturwissenschaftliches Prinzip ist, dass man nach gegebenen Paradigmen arbeitet. Wir glauben an die Naturgesetze, die wir kennen, bis das Gegenteil bewiesen ist. Wir glauben, dass sie auch in entlegenen Welten gelten. Newtons Gesetze funktionieren für den Apfel auf der Erde, für die Planeten draußen im Sonnensystem, und sie scheinen auch für weit entfernt tanzende Doppelsterne zu gelten. Wenn man allerdings ganz genau hinschaut, dann wird man natürlich merken, dass man Einsteins Raumkrümmung braucht, um zum richtigen Ergebnis zu kommen. Und so ist es auch nur logisch anzunehmen, dass die spektralen Fingerabdrücke dasselbe über die Verhältnisse in den Sternen erzählen, wie sie es über die Verhältnisse auf der Erde tun. Jedenfalls, bis jemand das Gegenteil beweisen kann.

Doch was kann nun die Ursache für diese Spektrallinien sein? Warum verhalten sie sich bei verschiedenen Anlässen so unterschiedlich? Offenbar können die Atome nur Licht mit bestimmten Wellenlängen aussenden (helle Linien) oder Licht mit denselben Wellenlängen aufnehmen (dunkle Linien). Diese seltsame Eigenschaft bei den Atomen soll unser erster Ausgangspunkt auf dem Weg ins Innerste der Materie sein.

Im Innern des Atoms

Ein Problem, wenn man sich mit Atomen beschäftigen will, ist, dass sie so schrecklich klein sind. Ein typisches Atom ist nur ein Zehnmillionstelmillimeter groß. Genau wie man lieber Lichtjahre als Meter benutzt, wenn man vom Abstand zu den Sternen spricht, kann es praktisch sein, eine Einheit auch für ganz kleine Längen zu haben. Bei Atomen benutzt man *Ångström*. Ein Ångström sind 10^{-10} m, was genau die typische Größe eines Atoms ist. Diese Einheit ist nach Anders Jonas Ångström (1814–1874) benannt, der von 1858 bis zu seinem Tod Professor in Uppsala war.

Doch nicht genug damit, dass Atome klein sein, sie bestehen auch noch zum größten Teil aus Leere. Wenn wir ein Atom so weit vergrößern würden, dass es ebenso groß wäre wie der Dom in Ångströms Uppsala, was eine wirklich große Kirche ist, dann würden die einzigen festen Teile beim Atom einen mickrigen kleinen Atomkern in Erbsengröße ausmachen und eine Hand voll Elektronen, die wie Staubkörner unter dem gewölbten Dach des Domes herumschweben. Mehr nicht. Es war der Engländer Ernest Rutherford (1871–1937), der, indem er Alphapartikel (Heliumkerne) auf eine Goldfolie schoss, den ersten Anhaltspunkt für die Leere der Welt fand. Die meisten von Rutherfords Alphapartikeln sausten nämlich direkt durch die Goldfolie, als wäre sie gar nicht da. Doch die, die aufprallten, taten dies dann umso heftiger, und das ist genau das, was man auch bei dem Beispiel mit dem Dom erwarten würde, wo fast alles Material in einem kleinen Atomkern gesammelt ist und ansonsten nur Leere besteht. Die Alphapartikel müssen ja ganz schön Pech haben, wenn sie zufällig einen der verschwindend kleinen Atomkerne treffen. Und wenn der größte Teil der Materie in eben diesen Atomkernen gesammelt ist, dann ergeht es den Alphapartikeln natürlich besonders übel, wenn sie tatsächlich mit einem zusammenstoßen.

Noch weitere Experimente haben gezeigt, dass der Atomkern positiv geladen ist, und dass die bedeutend kleineren Elektronen negativ geladen sind. So ist ein Bild vom Atom wie von einem Miniatur-Sonnensystem entstanden, mit der elektrischen Kraft zwischen Atomkern und Elektronen als zusammenhaltendem Faktor. Doch schon ging wieder alles schief. Nach der alten Physik konnte das auf keinen Fall stimmen. Der Grund dafür ist, dass diese Sonnensystematome wie kleine Radioantennen funktionieren.

In der Antenne eines Radiosenders sausen ständig Elektronen hin und her. Durch sie werden die Radiowellen ausgesandt. Licht ist nämlich eine elektromagnetische Welle, die von variierenden elektrischen oder magnetischen Feldern geschaffen wird. Genau so, wie man eine Welle im Wasser erzeugen kann, indem man mit der Hand darauf klatscht, so kann man eine elektromagnetische Welle erzeugen, indem man mit einer elektrischen Ladung winkt. So muss es sich auch mit einem Elektron verhalten, das in einem Atom herumwirbelt, und besorgte Physiker konnten ausrechnen, dass die Elektronen über die Strahlung Energie verlieren und innerhalb von Sekundenbruchteilen in den Atomkern stürzen müssten. Damit würde es keine Materie mehr geben! Die Frage war also, warum die kreisenden Elektronen nicht in den Atomkern fallen. Das soll der Ausgangspunkt für unsere zweite große Frage sein.

Es war der dänische Physiker Niels Bohr (1885–1962), der das Problem lösen sollte. Bohr akzeptierte einfach, dass die gewöhnlichen Naturgesetze nicht genügten, um das Innere des Atoms zu beschreiben. Die alte klassische Physik mag funktionieren, wenn es um Ereignisse in menschlichen Größenordnungen geht, doch bei den richtig kleinen Dingen kann es sich durchaus völlig anders verhalten. Die Aufgabe war aber nun herauszufinden, welches diese neuen Naturgesetze waren.

Um zu verstehen, wie ein Spektrum mit allen diesen dunklen und hellen Linien entstehen konnte, war Bohr gezwungen, den Schluss zu ziehen, dass die Elektronen sich nur auf bestimmten Typen von Umlaufbahnen befinden. Dabei durfte er sich nicht darum scheren, dass das vielleicht dem gesunden Menschenverstand widersprach. Nach Bohr entstehen die Spektrallinien, wenn ein Elektron zwischen zwei dieser möglichen Bahnen springt. Man erhält eine dunkle Linie, wo ein Elektron Licht von genau der richtigen Wellenlänge und Energie aufsaugt, um auf eine höhere Bahn springen zu können, und man erhält eine helle Linie, wenn ein Elektron auf eine tiefere Bahn hinunterspringt und dabei Licht aussendet. Man sagt, dass das Energieniveau der Elektronen *quantisiert* ist. Bohr meinte auch, dass es in jedem Atom eine Bahn geben müsse, die nicht mehr verkleinert werden könne – das würde erklären, warum die Elektronen nicht in den Atomkern stürzen.

Eine andere wichtige Eigenschaft, die nur in der kleinen Welt der Atome gilt, ist, dass auf jeder der Umlaufbahnen in einem Atom nur eine begrenzte Anzahl von Elektronen Platz findet. Das ist entscheidend, wenn man die chemischen Eigenschaften der verschiedenen Grundelemente verstehen will. Der österreichische Physiker Wolfgang Pauli (1900–1958) formulierte dieses neue Naturgesetz in Form des *Ausschlussprinzips*. Er zeigte, dass Elektronen, Protonen und viele andere Teilchen im Grunde ungesellig sind und nicht allzu viel miteinander zu tun haben wollen.

Es ranken sich viele Geschichten um diesen Pauli, der trotz oder vielleicht gerade wegen seiner Begabung eine äußerst komplizierte Person gewesen sein muss. Außerdem war er nicht gerade ein Frühaufsteher. Er konnte sich aber durchaus vorstellen, um 9 Uhr eine Vorlesung zu halten – er musste dann am Abend vorher nur lange genug aufbleiben. Pauli wurde für seine Fähigkeit berühmt, den Schwachpunkt in einem wackligen Beweis zu finden und dann unbarmherzig zuzuschlagen. Nach einem Seminar, in dem Pauli die Ideen des armen Vortragenden offenbar missfielen, war sein bissiger Kommentar: »Das ist nicht einmal falsch ...« Und als junger Student soll er aus der hintersten Reihe in einem voll besetzten Vorlesungssaal einen Vortrag von Einstein damit kommentiert haben, dass das tatsächlich gar nicht so dumm sei. Böse Zungen behaupten, dass vieles in der modernen Physik aus Angst vor einem höhnisch grinsenden Pauli geschaffen worden sei.

Doch es wäre natürlich zutiefst unbefriedigend, wenn wir mit unserem Verständnis nicht weiter kämen als bis hierher. Zwar haben wir eine spannende Beschreibung gefunden, wie es sich im Allerkleinsten verhält, wo scheinbar ganz andere Naturgesetze am Werk sind. Doch die Frage ist immer noch, warum das so ist. Gibt es ein grundlegendes Prinzip? Was verbirgt sich hinter diesen unerwarteten neuen Gesetzen? Der französische Fürst Louis de Broglie (1892–1987) entwarf eine phantastische Idee. Wenn Licht, bei dem man von Wellenform ausgegangen war, manchmal in Form von Teilchen auftreten konnte, dann konnten vielleicht Elektronen und andere Teilchen auch als Wellen auftreten.

Es gibt ein spannendes Experiment, das zeigt, dass Broglies Behauptung richtig ist. Ich habe bereits erzählt, wie Thomas Young entdeckte, dass Licht, das durch zwei Löcher fällt, ein Interferenzmuster schafft, wenn es dahinter auf einen Schirm fällt. Das ist ein sicheres Zeichen dafür, dass man es mit Wellen zu tun hat. Wenn man nun die Lichtquelle durch eine Elektronenkanone austauscht, dann kann man dasselbe Experiment mit Elektronen statt mit Licht machen. Eine Elektronenkanone ist eine Anordnung, die mit Hilfe von starken elektrischen Feldern Elektronen in hoher Geschwindigkeit herausschleudert. Man hat Experimente mit verschiedenen Kristallen durchgeführt, aber auch einfach mit Scheiben mit zwei kleinen Löchern. Es ist ein wenig kompliziert, sich vorzustellen, wie die Elektronen durch die zwei Löcher oder den Kristall gehen. Aber wenn sie den Schirm treffen, ist das Ergebnis offensichtlich. Es zeigt sich nämlich, dass die Elektronen Treffer für Treffer ein

Muster aufbauen – und zwar ein Interferenzmuster. Der Schluss ist unausweichlich: Elektronen sind Wellen.

Die Betrachtung der Elektronen als Welle ist auch genau das, was noch fehlt, um Bohrs Atommodell zu vollenden und zu erklären, warum nur gewisse Elektronenbahnen erlaubt sind. Betrachten wir einmal eine Gitarrensaite, um zu verstehen, wie das funktioniert. Wenn man die Saite anschlägt, dann beginnt sie zu schwingen und gibt einen Ton von sich. Nun stimmen wir die Gitarre so, dass beim Anschlagen der Saite ein C ertönt. Wenn die Saite um die Hälfte verkürzt wird, wird wieder ein C erklingen, aber diesmal eine Oktave höher. Wenn sie um ein Drittel ihrer ursprünglichen Länge gekürzt wird, wird ein G über diesem zweiten C daraus. Kürzen wir die Saite um ein Viertel, dann kommt das nächste C, und kürzen wir sie um ein Fünftel, dann kommt ein E. Wenn wir weiterhin die Saite bis zu einem Achtzehntel kürzen, dann erhalten wir ein noch helleres C, und wenn wir sie um ein Neuntel verkürzen, erhalten wir ein D. Das kann man immer weiter treiben. Schöne und ansprechende Harmonien, die die Musik für das Ohr angenehm machen, haben offenbar ihre Ursache in einfachen mathematischen Verhältnissen.

Doch es ist raffinierter. Die in C gestimmte Gitarrensaite schwingt nicht nur so, dass sie ihr ursprüngliches C abgibt, sondern sie gibt mehr oder weniger auch alle anderen Töne ab, die ich gerade oben aufgezählt habe. Das ist es, was dem Ton seinen charakteristischen Klang verleiht – derselbe Ton klingt ja sehr unterschiedlich, je nachdem, von welchem Instrument er gespielt wird. Und jeder Ton entsteht aus unterschiedlichen Schwingungsmustern der Saite. Natürlich ist die Saite an den Enden festgemacht, dazwischen kann sie aber auf vielfältige Weise auf und nieder schwingen. Das erste C entspricht einem einzigen Schwingungsbauch in der Saite, während das eine Oktave höhere C schon aus zwei einander entgegengesetzten Schwingungen entsteht, und so weiter. Man muss nur aufpassen, dass man nicht so viele Wellenlängen hinzufügt, dass die Saite reißt!

Lustigerweise funktioniert es ganz genauso im Atom. Doch hier sind es die Elektronenwellen, die so zusammenpassen, dass es stimmt. Grob gesehen brauchen wir eine ganze Reihe Wellen, wenn wir einmal auf der Elektronenbahn eine Runde drehen, und das ist die Ursache für die Quantisierung. Und genau wie für die Gitarrensaite gibt es auch für die Elektronenwellen mehrere verschiedene Möglichkeiten zu schwingen. Wenn ein Atom Licht der richtigen Wellenlänge aufnimmt, sodass ein Elektron auf eine höhere Umlaufbahn springen kann, dann ist das die Antwort darauf, dass die Elektronenwelle einen helleren Ton anspielt. Und wenn das Atom Licht abgibt, wechselt die Elektronenwelle zu einem dunkleren Ton. Der Erste, der diese Idee von den Wellen auf systematische Weise erklären konnte, war Erwin Schrödinger (1887–1961). Schrödinger konstruierte eine mathematische Gleichung, die *Schrödinger-Gleichung*, die beschreiben konnte, wie Wellen auftraten.

Doch was sagt das über die Natur und ihre Gesetze im Ganzen? Wir haben gesehen, wie man eine Welt des Sowohl-als-auch entlarvt hat, in der nichts mehr so schön sicher und beschützt ist, wie die alte klassische Physik es uns weiszumachen versuchte. Aber wie ist so etwas möglich? Wie kann man daraus eine logische Weltanschauung formen? Schrödinger beschäftigte sich nicht nur mit Mathematik, sondern dachte auch darüber nach, welches Weltbild die theoretische Physik eigentlich nahe legte. Er war sehr bekümmert über den Abgrund, der sich immer dann auftat, wenn Forscher sich in ihre eigene Arbeit verschlossen und sich keine Mühe mehr machten, ihre Überlegungen der Umwelt begreiflich zu machen.

Schrödinger begriff, wie wichtig es war, den Blick auch

einmal über den Tellerrand zu heben und den Zusammenhang zwischen den verschiedenen Teilen des menschlichen Wissens zu sehen. Getreu dieser Einstellung verfasste er in den 40er Jahren eines der erstaunlichsten Bücher, die je geschrieben wurden: *Was ist Leben?* Hier verbindet er seine tiefen philosophischen Gedanken und sein Wissen um die physische Welt, um sich der Frage stellen, was das Leben eigentlich sei. Und lange vor der Entdeckung der DNA kann man in seinem Buch lesen, dass es eine Sprache des Lebens irgendwo drinnen zwischen den Molekülen verborgen geben muss.

Die meisten Menschen zögern, sich auf derartige Ausflüge jenseits der eigenen Profession einzulassen, schließlich möchte man sich nicht lächerlich machen. Doch dann wird es auch schwer fallen, einen Boden für genuin neue Gedanken zu bereiten. Wie Schrödinger in seinem Vorwort zu *Was ist Leben?* betont, kann ja niemand alles wissen. Aber als eine Art Entschuldigung dafür, dass er das Buch geschrieben hat, fährt er im Vorwort damit fort, die selbstverständliche Lösung für das Dilemma aufzuzeigen. Das sind tröstliche Worte für alle, die sich trotzdem nicht enthalten können, außerhalb des eigenen Umkreises zu denken:

»Wenn wir unser wahres Ziel nicht für immer aufgeben wollen, dann dürfte es nur den einen Ausweg aus dem Dilemma geben: dass einige von uns sich an die Zusammenschau von Tatsachen und Theorien wagen, auch wenn ihr Wissen teilweise aus zweiter Hand stammt und unvollständig ist – und sie Gefahr laufen, sich lächerlich zu machen. So viel zu meiner Entschuldigung.«

Vielleicht sollten noch mehr Leute das Risiko eingehen, sich zu blamieren.

KAPITEL 6

Wigners Freund

In welchem Mr. Tompkins auf die Jagd geht,
Bischof Berkeley sich fragt, ob es die Wirklichkeit gibt und wir
Schrödingers Katze streicheln.

Manchmal passieren einem schon recht seltsame Dinge. So wie mir damals, als ich den Kalender meiner Frau mitsamt Telefonregister verschlampt hatte. Es geschah, als wir in Frankreich wohnten, und ich hatte ihn in einer Telefonzelle im CERN liegen lassen. Ich habe wirklich alles unternommen, um ihn wiederzubekommen, habe die Putzfrauen und anderes Personal gefragt, aber es half nichts. Doch eines Tages, ungefähr ein Jahr später, lag er plötzlich in Schweden auf einem Tisch in unserem neuen Zuhause. Meine Frau meinte, er sei sicher dorthin getunnelt worden und habe die erstaunliche Quantenmechanik ausgenutzt, von der ich ihr manchmal erzähle. Vielleicht hatte er einen nicht unmöglichen, sondern nur unwahrscheinlichen Sprung durch Raum und Zeit gemacht, um von der Telefonzelle im CERN ein Jahr später auf einem Küchentisch in Schweden aufzutauchen. Vielleicht hatte er ein Wurmloch entdeckt, das sich hilfreich zu uns zurückschlängelte. Sicherlich gibt es eine bessere Erklärung dafür, selbst wenn ich nicht die geringste Ahnung habe, wie die Sache vonstatten gegangen sein könnte. Aber im Innern der Materie passieren ständig Dinge, die mindestens ebenso bedenklich sind.

Von einer Zukunft, die es nicht gibt

Eines frühen Morgens fiel es Mr. Tompkins schwer, aus dem Bett zu kommen. Am Tag zuvor hatte er noch eine Vorlesung des alten Professors angehört, diesmal ging es um die Quantenmechanik. Als er gerade besonders schön schlief, führte ihn der Traum in eine Welt, wo die quantenmechanischen Kräfte unglaublich viel stärker waren als in der gewöhnlichen Welt. Im Traum durfte er dem Professor und dem berühmten Großwildjäger Sir Richard auf die Jagd in den Dschungel folgen, wo er Elefanten, Tiger und andere Tiere sah und viele erstaunliche Dinge erlebte. Als die Jagd schon eine Weile im Gange war, entdeckten sie eine Herde Gazellen, die aus einem Bambusdickicht kam. Mr. Tompkins wunderte sich darüber, wie wohl geordnet die Gazellen sprangen, während Sir Richard sogleich seine Büchse erhob und sie aufs Korn nahm. Doch der Professor riet ihm, keine Munition zu verschwenden, denn die Chance zu treffen sei minimal. Was sie sahen, war nämlich in Wirklichkeit eine einzige Gazelle, die in das Dickicht gesprungen und dann zwischen den Baumstämmen interferiert war. Kurze Zeit später wurde der erstaunte Mr. Tompkins vom Wecker geweckt – in einer halben Stunde musste er an seinem Arbeitsplatz in der Bank sein.

Nicht nur Mr. Tompkins wunderte sich über das bemerkenswerte Verhältnis zwischen Wellen und Teilchen. Die Teilchen-Wellen-Dualität, wie man sie nennt, gehört zum Eigentümlichsten, was man in der Physik je entdeckt hat. Wie kann denn etwas, zum Beispiel ein Elektron, sowohl eine Welle als auch ein Teilchen sein? Der Physiker Max Born (1882–1970) konnte das Problem Ende der 20er Jahre wenigstens ein wenig ordnen. Die Faustregel, die Born entdeckt hat, lautet wie folgt: Wenn man nicht hinschaut, tritt das Elektron als Welle auf, und wenn man hinschaut, tritt es als Partikel auf! Das ist natürlich erstaunlich, aber es gibt einem wenigstens eine klare Regel an die Hand, wie man mit dem Begriff umgehen muss, damit alles seine Richtigkeit hat. Die Aufgabe der Welle ist es, zu zeigen, mit welcher Wahrscheinlichkeit man das Elektron an einer gewissen Stelle finden kann. Dort, wo die Welle besonders stark ist, ist es wahrscheinlicher, dass man das Elektron findet, wo sie völlig fehlt, wird man das Elektron niemals finden.

Mit Max Borns Faustregel wird das Experiment mit den Elektronen, die durch eine Scheibe mit zwei Löchern fallen und beim Aufprall auf einen Schirm ein Interferenzmuster erzeugen, etwas verständlicher. Wenn ein Elektron in Richtung auf die Scheibe losgeschossen wird, verhält es sich wie eine Welle, die durch beide Löcher fallen (wenn man nicht hinschaut) und auf dem Schirm ein Interferenzmuster erzeugen kann (wenn man hinschaut). Natürlich wird das Elektron auf den Schirm treffen, wahrscheinlich dort, wo die Welle besonders stark ist. Wenn man mehr Elektronen aussendet, dann wird man am Ende ein Muster von Treffern auf dem Schirm haben, das zeigt, wo die Elektronenwellen am stärksten sind.

Das hat natürlich wichtige Konsequenzen für unsere Sicht der Welt. Kann man sagen, dass etwas existiert, auch wenn niemand es ansieht? Schon zu Beginn des 18. Jahrhunderts dachte der Bischof George Berkeley (1685–1753) über solche Fragen nach. Natürlich, so sagte der Bischof, kann man über einen Baum in einem Park oder Bücher in einem Schrank nachdenken, ohne dass jemand da ist, der sie ansieht. Doch das beweist zunächst nur, dass man in seinem Bewusstsein Bilder von Bäumen und Büchern formen kann. Es beweist aber noch nicht, dass diese Objekte wirklich existieren, ob jemand nun hinschaut oder nicht. Die Frage wird eigentlich sinnlos. Wie kontrolliert man, ob der Baum da ist, wenn man nicht nachschauen darf?

Ich werde etwas später noch darauf zurückkommen, wie es sich mit Bäumen und Büchern und vor allem mit Katzen verhält, doch was Elektronen angeht, gibt es gar keinen Zweifel. Ein Elektron befindet sich einfach so lange nicht an einer bestimmten Stelle, ehe eine Messung es an dieser Stelle sieht. Bedenken Sie Borns Faustregel! Ehe man hinschaut, gibt es ja nur Wahrscheinlichkeitswellen. In diesen Wellen sind alle verschiedenen alternativen Möglichkeiten überlagert und gleichzeitig existierend. Erst wenn jemand nachschaut, wird eine dieser Möglichkeiten ausgewählt und manifestiert. Die Wahrscheinlichkeitswellen werden natürlich von deterministischen Gesetzen gesteuert, aber was sich das einzelne Elektron genau ausdenkt, kann niemand wissen. Nur das Muster, das nach vielen Treffern entsteht, kann man vorhersagen, während die einzelnen Elektronen vom Zufall regiert werden. Das wird inzwischen nicht mehr als ein Mangel der Theorie angesehen, sondern als eine grundlegende Eigenschaft in der Natur. Man meint, dass die Natur weder im Prinzip noch in der Praxis deterministisch ist.

Ich habe ja schon erzählt, wie das Chaos eine praktische Einschränkung des Wissens um die Zukunft ist. Selbst wenn die Zukunft im Prinzip vorherbestimmt ist, ist sie in der Praxis zu verwickelt, um Vorhersagen zu erlauben. Doch die Quantenmechanik geht einen Schritt weiter und weist außerdem auf eine prinzipielle Einschränkung hin. Die quantenmechanische Begrenzung des Determinismus hat also nichts mit unserem Unvermögen oder Unwissen zu tun. Es ist vielmehr so, dass nicht einmal die Natur weiß, was geschehen wird. Die Zukunft existiert ganz einfach noch nicht. Einstein mochte das gar nicht: »Gott würfelt nicht!«, rief er aus. Doch nach der modernen Physik ist Gott eher ein ganz fleißiger Würfelspieler, mit dem Zufall als einem ganz wichtigen Teil der Weltordnung. Und das soll etwas sein, dem man sich als einfacher Mensch hingeben soll? In einer Welt des Determinismus und der Vorbestimmtheit findet man nur schwer einen Platz für Begriffe wie den freien Willen. Natürlich klingt das etwas dürftig, wenn alles, was wir wollen, bis ins kleinste Detail in mechanischen Gesetzen festgehalten ist. In einer solchen Welt scheint doch viel vom Sinn des Daseins verloren zu gehen. Wo bleibt da noch das Ich und die persönliche Verantwortung? Ein freier Wille setzt ja voraus, dass mehrere Möglichkeiten des Handelns zur Verfügung stehen, dass die Naturgesetze nicht stur bestimmen, was geschehen soll, sondern dass es auch Raum für eine Wahl gibt. Hier wird der Zufall die Rettung aus einer Welt, in der alles, was geschehen soll, schon festgeschrieben steht. Aber das ist natürlich nur eine persönliche Betrachtungsweise.

Über Unsicherheiten

Es ist ganz klar, dass Messungen und Beobachtungen nichts sind, was in der Quantenmechanik einfach weggewischt werden kann. Im klassischen Weltbild kann die Welt als etwas angesehen werden, das völlig unabhängig vom Betrachter existiert. Wir können von einem erhöhten Platz aus zusehen, ohne selbst ins Spiel einzugreifen. Nach der Quantenmechanik ist das unmöglich, denn es gibt keine Möglichkeit, die Welt zu betrachten, ohne auch teilzunehmen und Einfluss zu nehmen.

Klassisch kann man mit unbegrenzter Genauigkeit so viele Dinge wie möglich messen, es kommt nur darauf an, gründlich und geduldig zu sein. Doch wenn man die Quantenmechanik berücksichtigt, dann stellt man fest, dass die Präzision, mit der man Wissen über die Verhältnisse in der Natur erwerben kann, ihre Grenzen hat. Hier streut die *Unschärferelation* oder das *Unsicherheitsprinzip* von Heisenberg Sand ins Getriebe. Es ist nach dem deutschen Physiker Werner Heisenberg (1901–1976) benannt, einer der führenden Persönlichkeiten bei der Entwicklung der Quantenmechanik. Heisenberg war einer der wenigen Physiker, die während des Zweiten Weltkriegs unter den Nazis in Deutschland blieben. Einstein, der ja Jude war, floh rechtzeitig in die USA. Es ist viel darüber debattiert worden, welche Rolle Heisenberg während des Krieges spielte, unter anderem in dem deutschen Programm zur Entwicklung von Kernwaffen. War er mit ganzem Herzen Nazi, oder versuchte er vielmehr, wie er selbst später behauptet hat, die deutschen Versuche zu bremsen? In einem Stück des englischen Dramatikers und Schriftstellers Michael Frayn wird ein Treffen zwischen Bohr und Heisenberg beschrieben, das im besetzen Kopenhagen im Herbst 1941 stattgefunden haben soll. Die beiden führen darin ein vertrauliches Gespräch, in dem es unter anderem darum ging, wie es denn um mögliche deutsche Kernwaffen stünde. Doch was wurde wirklich gesprochen? Darüber ist viel spekuliert worden, die Wahrheit findet sich aber in einem Brief von Bohr an Heisenberg, mehr als zehn Jahre nach Kriegsende, den Bohr nie abschickte. Dieser Brief wurde 2002 veröffentlicht und zeigt, dass Heisenberg wollte, dass Deutschland den Krieg gewinnen möge, und dass er überzeugt war, die jüngst entdeckte Kernphysik würde dabei eine entscheidende Rolle spielen. Bei dem Treffen in Kopenhagen versuchte er unter anderem, Bohr und andere dänische Physiker dazu zu überreden, den Nazis zu ihrem unvermeidlichen Sieg zu verhelfen.

Aus einem anderen späteren Briefentwurf von Bohrs Hand geht hervor, dass den Alliierten schon Ende 1943 klar war, dass die deutschen Versuche keine Bedeutung für den Ausgang des Krieges haben würden. Schon zu jener Zeit ging es im Manhattan-Projekt also nicht so sehr darum, die

Deutschen zu besiegen, sondern vielmehr um die Welt nach dem Krieg. Doch wenden wir uns wieder der Physik zu.

Das Unsicherheitsprinzip besagt unter anderem, dass man nicht mit unendlicher Genauigkeit feststellen kann, wann es wo ein Teilchen gibt und wie es sich bewegt. Denn je besser man die Position kennt, desto weniger kennt man die Bewegung und umgekehrt. Wenn man also genau weiß, wo ein Teilchen sich befindet, dann hat man dagegen keine Ahnung, wie es sich bewegt. Und umgekehrt. Das ist eigentlich nicht sonderlich erstaunlich. Wenn man die Position eines Teilchens wissen will, dann muss man ja hinschauen. Doch Licht besteht aus Photonen, die dem Teilchen einen Schubs geben und es stören können, und deshalb ist es nur logisch, etwas in der Art des Unsicherheitsprinzips zu erwarten.

Es gibt eine berühmte Diskussion zwischen Bohr und Einstein, in der Einstein versucht, Wege zu finden, die quantenmechanischen Schlüsse zu umgehen, während es Bohr die ganze Zeit gelingt zu zeigen, wie die Quantenmechanik doch immer wieder davonkommt. Eine der Argumentationen dreht sich darum, inwieweit man heimlich den Elektronen zuschauen kann, wenn sie durch zwei Löcher fallen, um herauszubekommen, welchen Weg die einzelnen Elektronen nehmen. Wenn einem das wirklich gelänge, dann würde das ja ein Problem mit der gängigen Erklärung des entstehenden Interferenzmusters mit sich bringen. Das Erscheinen des Interferenzmusters setzt schließlich voraus, dass jedes der Elektronen durch beide Löcher geht. Und zwar gleichzeitig. Der Punkt ist nun, sowie man die Elektronen anschaut, beeinflusst man sie auf unkontrollierte Weise. Das Wissen darum, wo sie sich befinden, wird in ein Unwissen darüber umgesetzt, wohin sie unterwegs sind. Die Unsicherheit wird so groß, dass das Interferenzmuster verwischt wird und die Elektronen überall ein wenig auftreffen. Man kann also nicht gleichzeitig ein Interferenzmuster haben und den Weg der Teilchen kennen, und somit gibt es auch keinen Widerspruch.

Nun könnte man sagen, dass es doch nur unsere umständlichen Messungen sind, die hier eine Begrenzung ausmachen. Doch es ist die gängige Meinung, dass es sich ganz und gar nicht so verhält, sondern dass nicht einmal die Natur selbst genau Ordnung darüber hält, wo die Elektronen sich befinden oder wie sie sich bewegen. Das ist ganz einfach eine sinnlose Frage (schwierige Fragen auf diese Weise abzuweisen, ist ein Lieblingskniff unter Physikern). In diesem Zusammenhang darf man nicht vergessen, dass unserer Auffassung nach die Wirklichkeit in der Praxis durch Messungen entsteht. Was es gibt, wenn man nicht hinschaut, ist *per definitionem* nicht messbar und man muss sich deshalb nicht darum kümmern. Alles in Einklang mit Bischof Berkeley! Die Quantenmechanik setzt weiterhin voraus, dass das nicht Gemessene unbestimmt ist und nur in Wellen beschrieben werden kann. Warum aber sollte man einer derart seltsamen Erklärung Glauben schenken? Die Antwort ist einfach: Sie funktioniert.

Im Alltag ist das Unsicherheitsprinzip glücklicherweise etwas, auf das man normalerweise überhaupt keine Rücksicht zu nehmen braucht, es sei denn, man versucht, einen Stift zu balancieren. Nehmen Sie sich mal einen scharf gespitzten Bleistift und versuchen Sie, ihn auf seiner Spitze stehend für kurze Zeit auszubalancieren. Keine leichte Aufgabe. Manchmal scheint er ein wenig zu zögern, ehe er umfällt, doch er bleibt niemals längere Zeit stehen. Die Aufgabe besteht darin, einerseits den Stift lotrecht stehen zu lassen und andererseits vollkommen still zu sein. Aber dies verbietet das Unsicherheitsprinzip. Selbst wenn wir die allergünstigsten Bedingungen arrangieren – ein garantiert fest stehender Tisch und wir sitzen mit dem Stift in einem Vakuumbehälter –, würde es doch niemals möglich sein, ihn mehr als ungefähr drei Sekunden stehen zu lassen. In der Praxis kommen wir sogar nicht einmal in die Nähe dieser obersten von der Quantenmechanik erprobten Grenze, sondern müssen uns mit bedeutend kürzeren Zeiten zufrieden geben.

Ein anderes Beispiel, das die Quantenmechanik bereithält, ist das erstaunliche *Tunnelphänomen*. Wie ich später noch näher erklären werde, erhält die Sonne ihre Energie aus Kernreaktionen, in denen Wasserstoffkerne gespalten werden, um Helium und etwas Energie zu bilden. Trotz der hohen Temperatur im Innern der Sonne, um die 15 Millionen Grad, sind die Wasserstoffkerne eigentlich zu langsam, um erfolgversprechend gespalten zu werden. Ihre elektrische Ladung stößt sie voneinander ab, und die Sonne dürfte deshalb eigentlich gar nicht scheinen! Doch mit Hilfe der Quantenmechanik leihen sich die Wasserstoffkerne während eines verschwindend kurzen Augenblicks Energie. So können sie einander ausreichend nahe kommen, damit die anderen Kräfte in den Atomkernen wirksam werden und die Kernreaktion geschehen kann. Man spricht davon, dass die Wasserstoffkerne *tunneln*, und dank dieser Eigenschaft kann also die Sonne scheinen.

Das zeigt, dass Vorgänge, die in der klassischen Physik unmöglich sind, in der Quantenmechanik oft lediglich unwahrscheinlich sind. Zum Beispiel wäre es für mich völlig unmöglich, in unsere Küche zu tunneln, ohne die Tür zu öffnen, oder anders gesagt ist die Chance, dass es geht, so ungeheuer klein, dass ich normalerweise lieber die Tür öffne, anstatt mich den Gefahren eines missglückten Tunnelversuchs auszusetzen. Und um ehrlich zu sein, nicht einmal meine Frau glaubt wirklich, dass ihr Kalender vom CERN nach Hause getunnelt ist.

Das EPR-Paradoxon

Einstein gefiel das quantenmechanische Weltbild und der Gedanke an einen Gott, der Bleistifte balanciert, überhaupt nicht. Das ging so weit, dass er sich 1935 zusammen mit den Physikern Boris Podolsky (1896–1966) und Nathan Rosen (1909–1995) aufmachte, um einen Beweis dafür zu finden, dass die Quantenmechanik keine vollständige Naturtheorie sei. Sie meinten auch, dass ihnen das gelungen sei, und das Ergebnis nennt man das Einstein-Podolsky-Rosen-Paradoxon, abgekürzt *EPR-Paradoxon*. Einstein und seine Kollegen zeigten, dass es in der quantenmechanischen Welt möglich zu sein schien, über Zeit und Raum hinweg in einer Weise zu kommunizieren, die allem widerspricht, was man erwarten würde. Die Quantenmechanik schien Signale zu erfordern, die mit Geschwindigkeiten über der Lichtgeschwindigkeit ausgesandt wurden, und das, so meinten Einstein, Podolsky und Rosen, konnte nur bedeuten, dass mit der quantenmechanischen Wirklichkeitsbeschreibung irgendwas nicht stimmte.

Man hat dann später Experimente unternommen, um die Voraussetzungen für das EPR-Paradox zu testen. Das erste Mal wurden diese 1982 von Alain Aspect in Paris durchgeführt. Für gewöhnlich nutzt man Photonenpaare, die zusammen in einer Lichtquelle erzeugt werden, um sie dann in unterschiedliche Richtungen auszusenden und in zwei verschiedenen Messapparaten registrieren zu lassen. Die Messapparate können verschiedene Arten von Messungen an Photonen vornehmen – man sagt, man misst die Polarisation der Photonen. Man stellt dabei fest, dass der Zusammenhang zwischen den Messresultaten vollkommen mit der Quantenmechanik übereinstimmt. Die geheimnisvollen Zusammenhänge sind da, selbst wenn die Messungen an den beiden unterschiedlichen Orten exakt gleichzeitig gemacht werden, und kein Signal langsamer als mit Lichtgeschwindigkeit ausgesandt wird. Die Welt ist mithin mindestens so seltsam, wie die Quantenmechanik behauptet hat, und das widerspricht auch keinen relativistischen Geschwindigkeitsbegrenzungen. Es ist in der Tat etwas schwierig, genau zu erklären, wie man auf dieses Ergebnis kommen kann, doch ich möchte versuchen, Ihnen mit einem Vergleich eine Vorstellung davon zu vermitteln, was da vor sich geht.

Nehmen wir einmal an, Bull würde sich auf eine Reise nach sonstwo begeben, während Bill zu Hause bleibt. Jeder von ihnen hat einen Würfel bekommen. Die Würfel passen hier gut, weil man bei ihnen ja nie vorhersagen kann, was sie anzeigen werden; sie sind völlig dem Zufall unterworfen. Nun würfelt Bull an seinem fernen Ort, und gleichzeitig würfelt Bill in seinem Zuhause. Sie halten beide sorgfältig ihre Ergebnisse fest, die ja vollkommen zufällig zustande gekommen sind. Als sie nun ihre Ergebnislisten vergleichen, stellen sie zu ihrem allergrößten Erstaunen fest, dass die gewürfelten Zahlen absolut identisch sind! Des Rätsels Lösung: Es handelt sich um EPR-Würfel, die immer übereinstimmende Resultate ergeben, selbst wenn sich einer von ihnen auf dem Pluto oder irgendeinem anderen entlegenen Stern befindet. Offensichtlich können also die Würfel auf irgendeine Weise über Zeit und Raum hinweg miteinander kommunizieren, um sich abzustimmen, was sie anzeigen werden. Mit einer die Lichtgeschwindigkeit übersteigenden Schnelligkeit werden irgendwelche geheimnisvollen Signale übermittelt.

Nun wissen wir, dass es solche Würfel in Wirklichkeit nicht gibt. Aber das, was Photonen- und Elektronenpaare in den Versuchen zeigen, ist erstaunlicherweise genau das, was diese Würfel in meinem Vergleich getan haben.

Wie kann das sein? Man kann natürlich einwenden, dass

die Würfel, schon bevor Bull wegfährt, sich geeinigt haben, welche Zahlen denn herauskommen sollen. Doch so leicht kommt man nicht davon. Wenn wir uns wieder den Photonen zuwenden, dann stellt sich nämlich heraus, dass man keine korrekten Voraussagen darüber treffen kann, was passieren wird, wenn man sagt, dass die Photonen sich schon vorher entschieden haben. Genauso wenig wie man vorhersagen kann, dass sich ein Elektron beim Interferenzexperiment in einer bestimmten Bahn durch zwei Löcher bewegen wird. Wir kommen nicht darum herum: Die Photonen (oder die geheimnisvollen Würfel) entscheiden sich erst im letzten Moment. Aber wie können wir dann die störenden Signale aus der Welt kriegen, die eine höhere Geschwindigkeit besitzen als das Licht?

Das Besondere an den Würfeln ist, dass sie völlig dem Zufall unterworfen sind. Deshalb können weder Bill noch Bull das Werfen der Würfel auf irgendeine Weise beeinflussen. Sie können nicht entscheiden, ob es eine Eins oder eine Sechs werden wird, und deshalb können sie natürlich auch keine Mitteilungen versenden. Damit liegt hier kein Paradoxon vor.

Oder denken wir uns einen Morsetelegrafen, der Signale aussenden kann, die augenblicklich überall im Universum sind. Der einzige Defekt, den der Apparat hat, ist, dass die Signale vollkommen zufällig erfolgen. Es gibt keine Möglichkeit, sie dergestalt zu beeinflussen, dass die Signale eine sinnvolle Struktur ergeben. Deshalb ist es nur ein schwacher Trost zu wissen, dass der Empfänger immerhin dieselben Signale empfängt, die wir hören. Der Apparat ist also wertlos für die Kommunikation, und damit kann auch hier das Paradoxon nicht auftreten.

Der Ausweg aus dem EPR-Paradox ist also der absolute, quantenmechanische Zufall, der die Welt lenkt. Unheimliche Signale mag es trotzdem noch geben, sie werden jedoch mit Hilfe eines zufälligen, nicht herausfilterbaren Rauschens unkenntlich gemacht, sodass sie für uns nicht mehr nutzbar sind.

In der Quantenmechanik gibt es damit auch keinen absoluten Determinismus, sondern stattdessen einen echten Zufall. Wenn der Zufall nicht absolut wäre, sondern das Messergebnis von einem irgendwie in der Welt verborgenen Aspekt bestimmt würde – in diesem Zusammenhang spricht man von *versteckten Variablen* –, dann müsste die dahinter stehende Physik tatsächlich und unweigerlich zu einem Bruch des Gesetzes über Ursache und Wirkung führen.

Einstein, Podolsky und Rosen hatten im Grunde gegen die Voraussetzungen der Quantenmechanik nichts einzuwenden. Doch die Sache mit dem absoluten Zufall und der relativen Wirklichkeitsauffassung, die die Quantenmechanik vorauszusetzen schien, gefielen ihnen gar nicht. Sie hofften, dass eine etwas handzahmere Theorie an die Stelle dieser Ideen treten würde. Doch etwas Derartiges ist bisher nicht gefunden worden, und die meisten haben seit langer Zeit aufgehört zu suchen.

Stattdessen hat man akzeptiert, dass es in der Natur eine Einheit gibt, die über Zeit und Raum hinwegreicht. Zwei Photonen können sich auf unterschiedlichen Seiten der Galaxie befinden und dennoch ein derart verflochtenes Schicksal haben, dass man das Photon nicht als unabhängig von dem anderen existierend betrachten kann. Und damit das nicht zu Zeitparadoxa führt, ist es erforderlich, dass das Ganze von einem absoluten und unbestechlichen Zufall geschützt wird. Die Quantenmechanik, so seltsam das auch scheinen mag, respektiert pflichtschuldigst die Gesetze von Ursache und Wirkung, selbst wenn sie sie bis an die Grenzen des Möglichen herausfordert.

Beam mich hoch, Scotty!

Geordi: »Plötzlich ist es, als hätten sich die Gesetze der Physik
in Luft aufgelöst.«
Q: »Warum auch nicht? Sie sind so unbequem!«
Star Trek – *The Next Generation, Eine echte »Q«*

In der Science-Fiction-Serie Star Trek kann man auf erstaunliche Weise von einem Ort zum anderen reisen. Eine
wunderbare Maschine verwandelt die Person, die sich auf
eine Reise begeben will, in eine Art Strahlung, die dann an
den Zielort versandt wird, wo sich die Person wieder mate-
rialisiert. Dieses Phänomen nennt man *Teleportation*. Abgesehen von den rein technischen Fragen, die eine solche Idee
aufwirft, gibt es auch eine ganze Reihe philosophischer Fragen, die man sich dazu stellen kann. Sagen wir mal, Sie bekommen diese Prozedur ein paar Mal demonstriert. Jedes
Mal scheint alles gut zu verlaufen. Die transportierten Personen, vielleicht Ihnen nahe stehende Menschen, beteuern,
dass es auf keine Weise irgendwie unangenehm sei, so zu reisen. Es geht ihnen gut, und sie fühlen sich ganz genauso wie
vorher. Die Frage ist jetzt, ob auch Sie selbst die Sache ausprobieren würden. Gehen wir mal davon aus, dass wir irgendwelche Risiken ausschließen können, schließlich ist ja
alles so gründlich getestet! Also, ich für meinen Teil würde
mir das noch einmal gut überlegen. Wie könnte ich denn sicher sein, dass mein eigenes Bewusstsein wirklich kopiert
und übertragen wird? Vielleicht gehen mein eigenes Ich,
meine Identität selbst verloren, und nach der Reise materia-
lisiert sich, wenn auch mit meinem Aussehen und meinen
Erinnerungen, ein ganz neues Individuum. Für die Menschen in meiner Umgebung wäre es natürlich unmöglich,
einen Unterschied festzustellen, doch aus meinem eigenen
Blickwinkel scheint mit der Unterschied sehr wesentlich.

185

Um das Problem auf die Spitze zu treiben, können wir uns vorstellen, dass irgendetwas trotz allem schief geht. Zwar ist eine Kopie von mir zum Zielort gebracht worden, doch das Original ist nicht aufgelöst worden und verschwindet nicht. Plötzlich gibt es zwei Versionen von mir, aber welche ist nun die richtige? Sollte ich zustimmen, mich zerstören zu lassen, wenn der Fehler berichtigt wurde, in der Gewissheit, dass die gebeamte Kopie von mir das Leben weiterleben wird, das einmal das meinige war?

Vielleicht haben diese Schwierigkeiten auch etwas mit der Quantenmechanik zu tun. Spielen wir doch einmal mit diesem Gedanken. Es gibt ein seltsames Phänomen in der Quantenmechanik, das Teletransport genannt wird. Es ist leider unnötig viel mystifiziert worden, denn im Grunde genommen ist es nicht erstaunlicher als das EPR-Paradoxon, von dem ich schon erzählt habe. Und es sind ja auch genau die gespenstischen Übereinstimmungen, die man beim EPR so gern ausnutzt.

Mit Hilfe des EPR kann man nämlich eine Teletransportation unternehmen, bei der man nicht nur sicher sein kann, dass das, was herauskommt, eine exakte Kopie ist, sondern dass es wirklich mit dem Objekt, das man losgeschickt hat, *identisch* ist. Damit diese Prozedur funktioniert, braucht man Zugang zu einer Menge von mit dem EPR verknüpften Teilchen. Das eine Teilchen eines Teilchenpaares ist beim Absender, das andere beim Empfänger. Der Absender führt genaue Messungen durch über das, was geschickt werden soll, und bearbeitet gleichzeitig auf dem Hintergrund dieser Messungen die ihm zugänglichen EPR-Teilchen. Dann werden die Informationen von diesen Messungen an den Empfänger geschickt, unter Umständen sogar auf dem gewöhnlichen Postweg, und der Empfänger kann mit Hilfe dieser Information aus seinen EPR-Teilchen das konstruieren, was der Absender schicken wollte. Und das, was man dann bekommt, ist nicht nur ähnlich, sondern wirklich *identisch* mit dem, was geschickt wurde. Die Information darüber, wie das, was man schicken wollte, aussah, wurde per Post übermittelt, doch die Identität wurde mit Hilfe der EPR-Korrelationen gesandt. Man hat es geschafft, einen solchen Teletransport von Elektronen und sogar von einzelnen Atomen zu bewerkstelligen. So weit ist es also nicht mehr zur Science-Fiction. Man kann sich sogar vorstellen, dass man solche Unternehmungen auch mit mehreren Teilchen gleichzeitig arrangieren könnte. Oder vielleicht auch mit Menschen wie Ihnen und mir?

Aber was hat all das mit den existentiellen Fragen zu tun, die ich anfangs berührt habe? In der Quantenmechanik herrscht Kopierverbot. Man kann keine perfekte Kopie schaffen, ohne das Original zu zerstören. Und so gibt es auch keine Möglichkeit, eine Teletransportation zu bewerkstelligen, ohne das zu zerstören, was man schicken will. Wenn ich also irgendwohin teletransportiert werden soll, dann muss mein Körper bis ins kleinste Detail analysiert und in alle Einzelteile zerlegt werden, bis nichts mehr übrig ist. Sonst habe ich keine Chance, am Zielort wieder aufzustehen. Und genau deshalb kann überhaupt keine der kniffligen Fragen, die ich anfänglich gestellt habe, auftauchen. Sollte das ein Argument sein, trotz allem einen Teletransport zu wagen? Also, ich persönlich würde ja vorziehen, zu Fuß zu gehen, wenn die Möglichkeit bestünde.

Schrödingers Katze und Wigners Freund

*Das Erste, was man sich wirklich klar machen muss, wenn es um
parallele Universen geht, hob der Führer hervor, ist, dass sie alles
andere als parallel sind. Es ist auch wichtig zu begreifen, dass sie
streng genommen nicht einmal Universen sind, doch wird es leichter,
wenn man das erst etwas später begreift, wenn man nämlich begriffen
hat, dass alles, was man bisher begriffen hat, nicht wahr ist.«*
Douglas Adams, Im Großen und Ganzen sinnlos,
Per Anhalter durch die Galaxis, Teil 5.

Man kann vielleicht noch akzeptieren, dass kleine Elektronen und andere mikroskopisch kleine seltsame Teilchen den verwirrenden Gesetzen der Quantenmechanik gehorchen, doch wie ist es um größere Dinge bestellt? Alles Große ist schließlich aus Kleinem zusammengesetzt, und deshalb ist die Frage berechtigt, inwieweit die Quantenmechanik auch für den Alltag gilt. Wie ist es zum Beispiel mit Katzen?

Einer der Entdecker der Quantenmechanik, Erwin Schrödinger, konstruierte ein scheußliches Gedankenexperiment mit einer armen Katze, die zusammen mit einer Flasche Blausäure in eine Kiste gesperrt wird. Eine raffinierte Versuchsanordnung sorgt dafür, dass die Giftflasche, wenn ein bestimmter Atomkern zerfällt, zerschlagen wird und ihr Gift freisetzt. Wenn die Katze sich in der Kiste befindet, gibt es ein Risiko von 50 Prozent, dass der Atomkern zerfallen und die Katze sterben wird. Damit gibt es natürlich auch eine Chance von 50 Prozent, dass nichts passiert und die Katze überlebt. Welche von diesen beiden Möglichkeiten eingetreten ist, weiß man nicht, ehe die Kiste geöffnet wird und man nachschauen kann.

Genauso, wie ein Elektron sich an mehreren Stellen gleichzeitig befinden kann, kann ein Atomkern gleichzeitig zerfallen sein und auch nicht. Die Quantenmechanik zwingt

188

uns, dieses seltsame Naturphänomen zu akzeptieren! Schrödingers Apparatur verknüpft nun das Schicksal der Katze mit dem Atomkern, und wir ziehen den Schluss, dass, wenn der Atomkern beides gleichzeitig sein kann, das auch für die Katze gelten muss. Die Katze ist also gleichzeitig tot und lebendig, und erst wenn man wirklich nachschaut, wird die eine oder die andere Alternative zur Realität.

Dieser höchst bizarre Zustand eines Sowohl-als-auch wird von den quantenmechanischen Wellen oder den *Wellenfunktionen* und deren Wahrscheinlichkeitsberechnungen beschrieben. Erst wenn man nachschaut, entscheidet sich das System für das eine oder das andere. Die Wellenfunktion kumuliert dann plötzlich, was wirklich geschehen ist, und gibt im Nachhinein ganz schlau an, dass die Wahrscheinlichkeit für das Eingetretene 100 Prozent beträgt. In diesem Fall sagt man, die Wellenfunktion bricht zusammen. Die Frage aber, die man sich mehrere Jahrzehnte lang gestellt hat, ist: *Wann bricht die Wellenfunktion zusammen?* Geschieht es, wenn wir zur Katze schauen? Genügt es, dass ein EKG, an das die Katze angeschlossen ist, keinen Herzschlag mehr registriert? Müssen wir in dem Fall nicht zuerst den Apparat ablesen? Genügt es, wenn das Bild auf unserer Netzhaut registriert wird? Oder muss das Signal unser Gehirn erreichen, und wenn ja, welchen Teil des Gehirns? Wir können auch die Hilfe von »Wigners Freund« in Anspruch nehmen, einem anstelligen Typen, der sich mit einer Gasmaske zusammen mit der Katze einschließen lässt, um die Wellenfunktionen zum Zusammenbrechen zu bringen. Wie würde das den Ausgang des Experimentes beeinflussen? Der Schöpfer von »Wigners Freund« war Eugene Wigner (1902–1995), ein aus Ungarn stammender Physiker aus dem Gebiet der theoretischen Physik, der an der Princeton University lehrte. Er bekam 1963 den Nobelpreis für seine Arbeit in der Quantenmechanik. Seine Schwester war mit

Paul Dirac, einem der ganz großen Physiker des 20. Jahrhunderts, verheiratet. Ich selbst durfte auch einmal Wigners Freund spielen, als ich ihm nach einer Vorlesung in Princeton den Weg zur Herrentoilette zeigte.

Es haben sich drei mögliche Antworten auf diese tiefsinnigen Fragen herauskristallisiert, und eine Variante der dritten scheint mit großer Wahrscheinlichkeit die richtige zu sein. Gehen wir mal alle Alternativen durch!

Die erste Interpretation, die *Rückbezüglichkeit*, kann man John Wheeler zuschreiben. Nach Wheeler ist es der menschliche Gedanke, der die Wellenfunktion zum Zusammenbrechen bringt und damit die Wirklichkeit erschafft. Die Folgen dieser Sichtweise sind ungeheuerlich. Man ist in Versuchung, den Schluss zu ziehen, dass das Universum selbst nicht verwirklicht war, ehe nicht das erste bewusste Wesen die Augen öffnete und die Welt sah. Erst in diesem Moment wurde die ganze Geschichte bis zurück zur Schöpfung mit dem Urknall aufgerollt und erhielt einen Sinn. Ohne Bewusstsein wird das Universum nicht nur sinnlos – es kann nicht einmal existieren. Die Frage ist nur, wer als bewusster Betrachter gerechnet werden kann. Ist das eine Eigenschaft, die dem Menschen vorbehalten ist, oder gilt sie auch für andere Wesen? Wie steht es mit Katzen? Wer hat die Fähigkeit, eine Wellenfunktion kollabieren zu lassen? Es ist interessant zu spekulieren, wie es wäre, wenn man diese Fähigkeit verlieren würde. Die Welt würde dann mit der Zeit immer vieldeutiger und schwerer zu begreifen sein. Lediglich im Blickfeld von anderen etwas glücklicher ausgestatteten Wesen erhält sie dann noch ihre frühere Klarheit zurück. Wie könnte man diesen Defekt nennen? Mein Vorschlag ist: *Von-Neumann-Syndrom.* John von Neumann (1903–1957) war ein deutsch-amerikanischer Physiker, der das Messproblem und die Bedeutung des Zusammenbruchs der Wellenfunktionen gründlich studiert hat.

Eine Krankheit, bei der wir die Welt nicht mehr bewusst sehen, wäre natürlich ein ungeheures Handicap, und wahrscheinlich würde man den Verstand verlieren. Doch wenn Hunde die Fähigkeit besitzen, Wellenfunktionen zum Kollabieren zu bringen, dann gäbe es dennoch Hoffnung auf ein erträgliches Leben. Wahrscheinlich müsste man Patienten mit dem Von-Neumann-Syndrom Führhunde an die Hand geben, die mit einem Blick eine ansonsten unbestimmt bleibende Welt zusammenfassen und fokussieren könnten.

Die nächste Interpretation ist noch seltsamer. Sie wird die *Viele-Welten-Theorie* genannt und kann Hugh Everett, einem Studenten von Wheeler, zugeschrieben werden. Getreu dieser Interpretation kollabiert die Wellenfunktion nicht einfach. Stattdessen werden alle überlagerten Wirklichkeiten realisiert. In jedem Augenblick wird das Universum in Kopien aufgespalten, wo unterschiedliche Dinge passieren. Das soll auch für unser Bewusstsein mit allen Folgen für den Begriff des freien Willens gelten. Das Trostreiche an dieser Sicht des Daseins ist, dass, wenn man etwas getan hat, das man bereut, es immer auch eine Welt gibt, in der man das Richtige getan hat. Unglücklicherweise gilt allerdings auch das Gegenteil.

Das ist schon immer ein beliebtes Thema im Film, selbst wenn es sicher ohne Gedanken an die Physik geschieht. In der britischen Komödie *Sie liebt ihn, sie liebt ihn nicht* von 1998, mit John Hannah und Gwyneth Paltrow, erhält man zwei mögliche Verläufe der Handlung präsentiert. In der einen Welt verpasst die weibliche Hauptperson einen Zug, weil sie von einem kleinen Mädchen auf der Treppe aufgehalten wird. In einer anderen Welt greift die Mutter ein und nimmt das Mädchen weg. Die Frau kriegt den Zug noch und ihr Leben verläuft vollkommen anders. Beide Handlungsverläufe werden ausgespielt, und sie sind beide gleich real.

Doch richtig sinnvoll wird die Viele-Welten-Theorie erst,

wenn man sie zu einer Voraussage benutzen kann. Gibt es eine Methode, die Existenz der parallelen Welten zu beweisen? In einem früheren Kapitel habe ich schon über Zeitreisen gesprochen und über die möglichen Paradoxa, denen man dabei begegnen kann. Ich habe auch einen ziemlich raffinierten Trick gezeigt, wie man sich aus der Zwickmühle befreien und Zeitmaschinen zulassen kann. Die Quantenmechanik bietet durch die Viele-Welten-Theorie noch eine weitere Möglichkeit. Wenn ich in die Vergangenheit zurückreise und meinen Ururgroßvater von der Klippe stoße, ehe er seine Zukünftige treffen kann, dann steht mir das natürlich frei. Doch damit beginne ich eine neue Weltgeschichte, in der ich niemals geboren sein werde. Diese Geschichte wird parallel zu der existieren, aus der ich ursprünglich stamme. Selbst wenn das Ganze einem etwas seltsam vorkommt, gibt es doch in dieser Argumentation nichts Paradoxes oder Widersprüchliches. Wenn man bereit ist, den Preis der alternativen Weltgeschichten zu bezahlen, dann werden Zeitreisen möglich.

Mit Hilfe der vielen Welten kann man auch einen Einblick in das erhalten, was die Technik in der Zukunft bereithalten könnte. Die Quantenmechanik kann nämlich benutzt werden, um Computer zu konstruieren, die dem stärksten Computer, den man mit traditioneller Technik herstellen kann, noch weit überlegen sind. So hofft man jedenfalls. Die Idee bei einem Quantencomputer ist die, dass er auf dieselbe Weise, wie ein Elektron an mehreren Orten gleichzeitig sein kann, mehrere verschiedene Berechnungen gleichzeitig durchführen könnte. Computer in parallelen Welten führen gemeinsam Berechnungen durch, die bei einem einzelnen Computer unglaublich lange Zeit beanspruchen würden. Das Ergebnis wird dann anschließend durch Interferenz zusammengestellt. Eine problematische Frage ist allerdings, wie man den Computer während der Berechnungen vor dem Einfluss der Umwelt schützen kann. Bei den Elektronen, die durch die zwei Löcher sausen, ist es ja wichtig, dass niemand heimlich schaut, denn sonst wird die Interferenz zerstört. Man weiß deshalb nicht, wo und wann Quantencomputer jemals Wirklichkeit werden können.

Die dritte Interpretation ist die *Wen-schert-es-Interpretation*, für gewöhnlich nach Bohr und anderen Physikern, die sich in Kopenhagen trafen, die *Kopenhagener Deutung* genannt. Nach dieser Deutung sollten wir schon froh sein, wenn wir das Resultat der Messungen voraussagen oder wenigstens im Vorhinein ungefähr eingrenzen können. Das ist ja das einzig Konkrete, was wir besitzen. Warum sollte man also glauben, dass wir noch mehr mit Sinn füllen können? Das Geheimnis liegt darin, dass man nicht die Karte mit der Wirklichkeit verwechseln darf. Die Wellenfunktionen und andere mathematische Objekte, auf die wir zurückgreifen müssen, um die Quantenmechanik anwenden zu können, sollten als praktische Hilfsmittel und nicht mehr angesehen werden. Es wäre ebenso sinnlos, während einer Wanderung durch den Wald das Papier der Wanderkarte untersuchen zu wollen, um mehr über die Geographie des Waldes zu erfahren, wie wenn man den Kollaps der Wellenfunktion studierte, um etwas über die Natur zu lernen. Goethe schrieb, völlig ohne einen Gedanken an Quantenmechanik oder Waldwanderungen:

»Suche nicht hinter den Phänomenen, sie sind die Lehre selbst.«

Es geht also allein um die richtige Deutung. Die Grundeinstellung hinter allen Deutungsversuchen ist dieselbe wie in der *Wen-schert-es-Deutung*, selbst wenn man versucht, sie etwas anspruchsvoller darzustellen. Danach ist es richtig, dass man im Allgemeinen anhand von Beobachtungen nicht über die wirkliche Realität diskutieren kann oder muss. Schon im Fall mit dem Elektron und den beiden Löchern ist das ja, wie wir gesehen haben, unmöglich. Wenn es aber um Katzen geht, sei es nun die von Schrödinger oder die unseres Nachbarn, haben wir doch das unbestimmte Gefühl, dass es, selbst wenn es nicht sein muss, doch immerhin ganz praktisch oder jedenfalls möglich sein könnte. Das macht den entscheidenden Unterschied aus, und es löst zugleich auch das oben beschriebene Paradoxon teilweise auf. Wenn wir Schrödingers Katze, für den Fall, dass sie überlebt hätte, über ihre Erfahrungen in der Kiste befragen würden, könnten wir im Prinzip eine eindeutige Antwort bekommen. Wenn wir das Elektron befragten, nachdem es glücklich durch die beiden Löcher interferiert wäre, würden wir jedoch eine sehr unklare und undeutliche Antwort erhalten. Es würde uns glaubwürdig versichern, dass es keine Ahnung habe, durch welches Loch es gesaust sei: »Es war alles wie im Nebel!« Der entscheidende Unterschied ist hier, dass ein Elektron von einer störenden Umgebung isoliert werden kann, während das für ein großes und kompliziertes Objekt wie eine Katze in der Praxis unmöglich ist. Deshalb verschwinden im Fall der Katze alle quantenmechanischen Effekte, und es steht uns frei, unser Denken wieder auf klassische Erfahrungen zu gründen.

Die Quintessenz lautet also, dass die Welt, soweit wir sie gerade nicht beobachten, nach der Quantenmechanik etwas nur Metaphysisches und Sinnloses ist. Nur das, was wir sehen und erleben, ist wirklich und benötigt deshalb einen Platz in der Beschreibung. Genauso wichtig ist aber die Feststellung, dass wir im praktischen Alltag so tun können, als gäbe es die Welt auch dann, wenn wir nicht hinschauen! Das führt jedenfalls nicht zu einem Widerspruch.

Über John Wheeler wird eine schöne Geschichte erzählt, die das alles wunderbar zusammenfasst. Er sollte einmal zusammen mit ein paar Kollegen das Spiel der zwanzig Fragen spielen. Dieses Spiel funktioniert so, dass ein Teilnehmer das Zimmer verlässt, während die anderen sich auf ein Wort einigen. Wenn die Person von draußen wieder hereinkommt, muss sie versuchen herauszufinden, welches Wort sich die anderen gedacht haben, indem sie Fragen stellt. Die Fragen dürfen nur mit ja oder nein beantwortet werden, und der Sinn der Sache ist, dass man die Aufgabe mit höchstens zwanzig Fragen lösen muss. Als Wheeler an der Reihe war, das richtige Wort zu raten, verlief zu Anfang alles ganz normal, doch allmählich wurde es für die übrigen Teilnehmer immer schwerer, Wheelers Fragen zu beantworten. Am Ende versuchte er zu raten und fand die korrekte Lösung: Eine Wolke! Nun brachen alle in Lachen aus. Es stellte sich heraus, dass man die Regeln nämlich ein wenig geändert hatte. Man hatte sich nicht auf ein Wort geeinigt, sondern hatte beschlossen, die Sache dem Zufall zu überlassen, mit der Einschränkung, dass jede neue Antwort mit allen zuvor erteilten kompatibel sein musste. Das heißt also, dass die Lösung, also die Wolke, nicht existierte, als das Spiel begann, sondern im Zusammenspiel zwischen dem Fragenden und den anderen erst entstand.

Dieses versinnbildlicht auch das quantenmechanische Weltbild. Wheeler ist der Betrachter, der ein Experiment durchführt, um etwas über die Wirklichkeit zu erfahren. Die übrigen Spieler sind die Natur, die Antwort auf die Fragen gibt. Die Naturgesetze sind die Regeln, die besagen, dass die Antworten zueinander passen müssen. Und die Wirklichkeit ist die Wolke, die es vor Beginn des Spieles noch nicht gab, sondern die im Zusammenspiel entstand.

Nach der Quantenmechanik wird die Wirklichkeit also im Wechselspiel mit dem Betrachter geschaffen. Doch der Betrachter und das Betrachtete stehen auch in Wechselwirkung mit der umgebenden Welt, Informationen sickern durch und gehen unwiderruflich verloren, die Unordnung wächst und auf diese Weise wird der Fluss der Zeit geschaffen. Genau wie in der Thermodynamik. Und eigentlich ist dies ein sehr positives Bild von der Zeit. Die Zukunft existiert ja noch nicht, wir haben die Möglichkeit einzugreifen. In einer vollkommen deterministischen Welt hingegen ist alles vorbestimmt, und die Zeit verliert dadurch ihren Sinn. Es gibt alles schon von Anfang an. Oder, wie es in einem Spruch heißt, den John Wheeler einmal auf einer Toilette las: »Die Zeit ist die Methode der Natur, zu verhindern, dass alles auf einmal geschieht.«

KAPITEL 7

Strindbergs Hoffnung

*In dem Strindberg versucht, Gold zu machen,
und Lord Kelvin sich seinen zweiten Schnitzer leistet.*

Als elfjähriger Junge sah ich zum ersten Mal mit eigenen Augen die Sonnenflecken. Ich hatte gerade mein erstes richtiges Teleskop bekommen. Das war ein gebrauchter 6-cm-Refraktor, von dem ich lange Zeit mit Hilfe eines wunderbaren Kataloges geträumt hatte. Er hatte ein Rohr aus grauem Metall und eine eingebaute Halterung aus schwarzem Gusseisen mit langen grazilen Beinen aus Holz. Mit seiner Hilfe würde ich auf meine erste richtige Entdeckungsreise gehen, und zwar nicht nur aus dem kleinen Dorf heraus, in dem ich wohnte, sondern auch über die Grenzen der Erde hinaus.

Viele Sommer lang habe ich eifrig jeden Tag verfolgt und aufgezeichnet, wie die schwarzen Flecken kamen und gingen. In meinen Büchern hatte ich über das gelesen, was ich da sah, und wusste, welche gewaltigen Kräfte dahinter lagen. Oft nahm ich meine Handbücher mit in einen Baum hinauf, wo ich in aller Ruhe, geschützt vom Blattwerk, über weit entlegene Welten lesen konnte. Vielleicht hatte ich auch das Gefühl, als könnte ich dort oben dem Himmel etwas näher kommen.

Die Bücher stehen immer noch in meinem Regal, aber

das Teleskop ist seit langem fort. Als Fünfzehnjähriger habe ich es verkauft und ein neues und größeres erstanden, das ich noch heute besitze. Mit diesem habe ich dann weiterhin das veränderliche Gesicht der Sonne beobachtet. Doch nichts reichte an diese ersten Sommer heran, in denen ich die Welt entdeckte.

Etwas über die Sonne

Dass die Sonne nicht perfekt ist, sondern manchmal Flecken hat, das weiß man sicher schon seit der Urzeit. Wenn die Sonne besonders große Flecken hat, dann kann man diese nämlich sogar mit dem bloßen Auge erkennen. Bei Sonnenuntergang, oder wenn der Himmel bezogen ist, kann man sie als kleine Fleckchen auf der ansonsten makellosen Oberfläche sehen. Die frühesten dokumentierten Beobachtungen stammen aus China und sind mehr als zweitausend Jahre alt. In der westlichen Welt sind in den alten Schriften nur selten Beobachtungen von Sonnenflecken zu finden. Aristoteles hatte ja verkündet, dass die Sonne ein perfekter Himmelskörper ohne irgendwelche Defekte sei, und was man nicht zu sehen erwartet, ist dann auch schwer zu entdecken.

Viele wetteiferten darum, der Erste zu sein, der mit einem Teleskop Sonnenflecken beobachtet, doch Galilei war ohne Zweifel einer der Ersten. Er fand auch schon heraus, dass dies ein Phänomen war, das zur Sonne gehörte und nicht etwa von anderen Körpern verursacht wurde, die sich zwischen uns und der Sonnenoberfläche bewegten. Das Letztere wurde auch von dem Jesuiten Christoph Scheiner (1579–1650) bejaht, der mit Galilei eine lange Diskussion über die Natur der Sonnenflecken führte, die in erbitterter Feindschaft endete. Es gelang Galilei, durch wissenschaftliche Argumente die Behauptungen Scheiners zu widerlegen;

diese waren voll von religiösen Vorurteilen, die wiederum auf die Ideen des Aristoteles zurückgingen.

Sonnenflecken sind kühle Gebiete auf der Sonnenoberfläche mit einer Temperatur von nur 4000 °C, während der Rest der Sonnenoberfläche um die 5500 °C hat. Auf Bildern und Zeichnungen sieht man die Sonnenflecken als dunklere Partien der Sonnenoberfläche. Nun sind sie zwar dunkler als ihre Umgebung, doch wenn ein Sonnenfleck herausgenommen und ohne die ihn umgebende Sonne für sich selbst betrachtet werden könnte, dann wäre es immer noch ein Ding von blendender Helligkeit. Das war auch Galilei bereits klar. Der Sonnenfleck würde ebenso hell leuchten wie der Vollmond, selbst wenn er kraft seiner niedrigeren Temperatur einen viel röteren Eindruck machen würde als die Sonne selbst.

Nicht immer ist die Anzahl der Flecken auf der Sonne gleich. Sie variiert sehr stark von Jahr zu Jahr, und man weiß seit langem, dass ihr Auftreten einen Elfjahreskreislauf durchläuft. In jedem elften Jahr gibt es also besonders viele Sonnenflecken, während es dazwischen Zeiten geben kann, zu denen die Sonne gar keine Flecken hat und sich dem perfekten Zustand annähert, von dem Aristoteles meinte, er sei der natürliche. Viele Sonnenflecken bedeuten, dass die Sonne auch auf andere Weise aktiv ist. Dann ist zum Beispiel der Sonnenwind, ein Strom von Teilchen, der von der Sonne ausgestoßen wird, besonders stark. Ich habe ja bereits erzählt, dass es dieser Sonnenwind ist, der bewirkt, dass der blaue Gasschweif der Kometen von der Sonne weg weist, ungefähr so wie ein Wimpel, der im Wind flattert. Der Sonnenwind ist auch für das Nordlicht verantwortlich. Die Teilchen werden vom Magnetfeld der Erde aufgefangen und in die Atmosphäre an den Polen gelenkt. Wenn sie mit Molekülen in der Luft zusammenstoßen, senden sie ein Licht aus, das wir als Nordlicht bewundern können. Je nachdem, mit welcher Art von Atomen die Teilchen zusammenstoßen, erhält man unterschiedliche Farben. Zusammenstöße mit Sauerstoff erzeugen ein grünes Licht, während Kollisionen mit Stickstoff eher ein rotes Licht hervorbringen.

Das Nordlicht in Verbindung mit dem Kometen Hale-Bopp gehört zu meinen stärksten Naturerlebnissen. Eines Frühlingsabends 1997, als man den Hale-Bopp direkt nach der Dämmerung besonders gut sehen konnte, gab es auch ein starkes Nordlicht. Mitten zwischen den schwebenden und flatternden Nordlichttüchern stand der Hale-Bopp ganz still am Himmel, mit seinen beiden Schweifen, die gerade nach oben wiesen. Und die Sonne blies ihren Sonnenwind durch das Sonnensystem. Ein Teil davon lenkte die Schweife des Kometen, ein anderer schuf das Nordlicht. Das Ergebnis war wunderbar. Und als wenn noch ein Zeichen gegeben werden müsse, gab es plötzlich eine Sternschnuppe. Ein Meteor rauschte in die Erdatmosphäre und zog einen Streifen von Licht mitten durch das Nordlicht. Einen Augenblick lang war alles perfekt. So etwas werde ich nie wiedersehen.

Leider ist es normalerweise sehr schwer, überhaupt zu ahnen, welche Dramatik sich im Alltag an der Oberfläche der Sonne abspielt. Riesige Feuerzungen, Protuberanzen, die um ein Vielfaches größer als die Erde sind, werden ausgestoßen, um dann aufgrund der Gravitation der Sonne wieder zurückzufallen. Das alles ist ein wildes Schauspiel, das seit Milliarden von Jahren stattfindet. Doch nur bei einer Sonnenfinsternis kann man es ohne hoch entwickelte Instrumente beobachten. Anlässlich dieser seltenen Gelegenheiten kann man auch die äußere Atmosphäre der Sonne, die *Korona*, sehen, einen strahlenden Glorienschein aus äußerst dünnem Gas, das durch wirbelnde Magnetfelder oder dröhnende Schallexplosionen von der kochenden Sonne auf Temperaturen von einer Million Grad aufgeheizt wird. Vielleicht war es diese Korona, die der unbekannte Künstler in Boglösa vor mehr als 3000 Jahren wiedergeben wollte.

Die Sonne ist nicht ganz zuverlässig, was ihre Sonnenflecken oder sonstigen Aktivitäten angeht. Der Elfjahreskreislauf, der jetzt vorherrscht, hat erst ein paar hundert Jahre auf dem Buckel. Zwischen den Jahren 1645 und 1715 und davor zwischen den Jahren 1400 und 1510 hatte die Sonne überhaupt keine Flecken. Galilei hatte also besonderes Glück, dass er seine Sonnenflecken in der Lücke zwischen dem, was man das Spörer- und das Maunder-Minimum nennt, entdecken konnte. Es kann sein, dass dies mit einer Zeit der Klimaverschlechterung auf der Erde einherging, die man die kleine Eiszeit nennt. Vielleicht würde die nordische Geschichte anders aussehen, wenn die Sonne, die an einem bitterkalten Januarmorgen 1658 auf Karl X. Gustaf herabschien, noch ihre Flecken gehabt hätte. Vielleicht hätte Erik Dahlberg das Eis dann für zu dünn gehalten, um über den Kleinen Belt zu wandern, den die dänische Flotte bis dato so erfolgreich verteidigt hatte. Und ohne diese tollkühne Aktion, die Ostsee auf dem Eis zu überqueren, hätte Dänemark nicht vor Schweden kapituliert.

Zuvor, zwischen den Jahren 1000 und 1300, war es hingegen ungewöhnlich warm. Der Wikinger Erik der Rote hatte 985 eine Kolonie auf Grönland gegründet, die während dieser glücklichen Jahrhunderte, in denen die Skandinavier auch Amerika entdeckten, blühte. Mitte des 14. Jahrhunderts hatte sich das Klima so sehr verschlechtert, dass die Kolonie zugrunde ging. Vielleicht lag es daran, dass die Sonne angefangen hatte, ihre Flecken zu verlieren.

Lord Kelvins zweiter Schnitzer

Aber wie kann die Sonne eigentlich scheinen? Auf welche scheinbar unerschöpflichen Energiequelle kann sie zurückgreifen? Das ist eine wichtige Frage, die die Physiker jahrhundertelang beschäftigt hat. Wer darauf antworten will, der muss sich ansehen, wie wir hier auf der Erde Energie gewinnen. Ein Wasserkraftwerk erhält seine Energie aus dem hinabstürzenden Wasser. Die Höhenenergie des Wassers wird in Bewegungsenergie umgewandelt, wenn man es hinabfließen lässt, und diese Bewegungsenergie kann dann auf verschiedene Arten zum Beispiel in Wärme umgewandelt werden. Wärmeenergie ist ja eine Art ungeordneter Bewegungsenergie, wo sich die Moleküle nur durcheinander bewegen, anstatt gemeinsam in eine Richtung zu gehen. Vielleicht funktioniert das ja ebenso für die Sonne? Die Sonne scheint vielleicht und ist warm, weil ihre Schwerkraft sie langsam zusammenzieht. Lord Kelvin und der deutsche Physiker Hermann von Helmholtz (1821–1894) hielten dies für eine sehr einleuchtende Erklärung und konnten von dieser Vorstellung ausgehend ohne weitere Probleme das Alter der Sonne mit ungefähr 30 Millionen Jahren ausrechnen. Nach menschlichem Maß eine sehr lange Zeit.

Doch die Geologen meinten, dass das nicht genug sei. Sie untersuchten die Berge und sahen die Ewigkeit. Der tonangebende britische Geologe James Hutton schrieb 1788:

>Das Ergebnis unserer derzeitigen Suche ist also, dass wir kein Anzeichen für einen Anfang finden und kein Hinweis auf ein Ende.<

Natürlich befanden sich die Geologen damit auf Kollisionskurs mit der Kirche. Bischof James Ussher (1580–1656) hatte in den 1650er Jahren ausgerechnet, dass Gott mit seiner Schöpfung am Sonntag, dem 23. Oktober 4004 v. Chr., begonnen habe, was in diesem ersten Jahr der erste Sonntag nach der Herbst-Tagundnachtgleiche war. Der Bischof wusste nämlich sehr wohl, wie sich die Jahreszeiten durch den julianischen Kalender verschoben hatten, und er hatte herausgefunden, dass die Herbst-Tagundnachtgleiche im Jahre 4004 v. Chr. ungefähr einen Monat verschoben sein musste. Man maß ihr eine besondere Bedeutung bei, weil der Herbst ja die Erntezeit ist, und der Garten Eden zu dieser Zeit voller Vorräte für Adam und Eva gewesen sein -müsste. Ein ärgerliches kleines Detail, das offenbar nicht bemerkt worden war, ist, dass die Sonne – die ja die Herbst-Tagundnachtgleiche definiert, wenn ihr Zenith vom südlichen wieder zum nördlichen Sternenhimmel wechselt – erst am vierten Tag, also Mittwoch dem 26. Oktober, erschaffen worden sein kann. Aber das wollen wir Bischof Ussher verzeihen. Auf der anderen Seite ist natürlich klar, dass die Erde an einem Sonntag erschaffen wurde. Auf diese Weise wurde der siebte Tag, also Samstag, der 29. Oktober, der erste Ruhetag, und in der jüdischen Woche ist es ja auch der Samstag, oder Sabbat, der daran erinnern soll, wie Gott sein Werk vollendete. Man kann über Bischof Ussher sagen, was man will, aber rechnen konnte er. Der 29. Oktober 4004 v. Chr. war in der Tat ein Samstag.

Wie viele andere hatte Bischof Ussher umfassende Studien der biblischen Chronologie und ihrer Stammbäume durchgeführt und auf diese Weise herauszubekommen versucht, wann die Erde erschaffen worden war. Abgesehen von den Chronologien kann die Tatsache, dass das Jahr 4004 v. Chr. ausgewählt wurde, auch darin begründet sein, dass die Zahl 4004 besondere Eigenschaften hatte. So kann man sie zum Beispiel glatt durch 28 teilen, und 28 Jahre sind die Länge des so genannten Sonnenkreislaufs. Nach diesem Zeitraum fallen nämlich die Wochentage wieder auf dasselbe Datum. Das ist zumindest im Julianischen Kalender so, während es im Gregorianischen Verschiebungen in allen Jahrhunderten gibt, die keine Schaltjahre sind. Wenn wir uns nun auf den Julianischen Kalender konzentrieren, dann fallen im Jahr von Christi Geburt und im Jahr der Schöpfung die Wochentage auf dasselbe Datum, und diese praktische Einrichtung hat sich der Schöpfer sicher nicht entgehen lassen wollen!

Dank eines unbekannten Unterstützers wurde die Berechnung von Bischof Ussher, indem sie in die Auflage der englischen King-James-Bibel von 1701 aufgenommen wurde, zur alleingültigen erhoben. Heutzutage ist es natürlich ein dankbares Unterfangen, die Berechnungen des Bischofs für verrückt zu erklären, und seine Bemühungen werden deshalb oft mit deutlichem Sarkasmus bedacht. Doch betrachtet man die Umgebung, in der er arbeitete, eine Welt, die von Numerologie und Zahlenmystik in einer unheilvollen Verquickung mit der Theologie bestimmt war, hat Ussher wirklich sein Bestes gegeben.

Doch die Wissenschaft der Geologie räumte ein für alle Mal mit Bischof Ussher und seiner wenige tausend Jahre jungen Welt auf. Statt einer Geschichte von plötzlichen Veränderungen und Katastrophen fand man langsame und an Gesetze gebundene Prozesse, die im Laufe von Jahrmillionen das geformt hatten, was wir heute sehen. Die Welt war alt, sehr alt, und das war auch eine Voraussetzung für die Evolution und Charles Darwin. Ohne die gigantisch langen Zeitalter, die die Geologen nachweisen konnten, wäre die Entwicklung des Lebens unmöglich gewesen. Es standen also große Dinge auf dem Spiel, als Lord Kelvin sich der Physik annahm, um die Uhr buchstäblich zurückzudrehen. Kelvin meinte auch in selbstsicherer Arroganz, dass er seinerseits jetzt die geologische Wissenschaft zerschlagen habe. Das war natürlich etwas, was Darwin sehr bekümmerte: »Thomsons (Lord Kelvins) Ansichten über das geringe Alter der Welt sind lange eine meiner übelsten Sorgen gewesen.« Es sah ohne Frage ziemlich schwarz aus für das neue Weltbild.

Lord Kelvin begnügt sich dann auch nicht damit, das Alter der Sonne zu schätzen. Es wäre ja mindestens genauso spannend, auf diese Weise festlegen zu können, wie alt die Erde sei. Um das schätzen zu können, argumentierte er wie folgt: Man wusste, dass die Erde große Mengen Wärme aus ihrem Innern abstrahlt. Da war es logisch anzunehmen, dass die Erde früher wärmer gewesen sein muss, und man konnte mit ein bisschen grundlegender Wärmelehre berechnen, wie viel wärmer sie ungefähr gewesen sein musste. Der Kernpunkt dieser Argumentation war nun, dass, wenn man weit genug in der Zeit zurückging, die Erdoberfläche einmal ein flüssiges Lavameer gewesen sein musste. Also konnte man das Alter der festen Erdoberfläche errechnen. Daraus ergibt sich dann, wie alt die Erde selbst sein könnte, und Kelvin bestimmte auf diese Weise das Alter der Erde mit 100 Millionen Jahren.

Das Interessante ist nun, dass das Alter der Erde und das Alter der Sonne nach Kelvins Berechnungen einigermaßen übereinstimmten. Weil die beiden Berechnungen so unterschiedliche Argumentationen benutzten, kann man nun mit Recht sagen, dass das Ganze schon irgendetwas mit der Wirklichkeit zu tun haben musste. Es ist ungewöhnlich, dass zwei voneinander unabhängige, aber gleichermaßen falsche Überlegungen ungefähr zum selben Resultat führen. Und doch sollte es sich zeigen, dass beide Argumente völlig daneben lagen. Die neue Physik würde sowohl das Alter der Sonne als auch das der Erde auf dramatische Weise korrigieren.

Das Geheimnis des Atomkerns

1903 entdeckte Pierre Curie (1859–1906), dass das geheimnisvolle Element Radium Wärme abgibt. Das war in dem Jahr, als Pierre und Marie Curie (1867–1934), geborene

Sklodowska, sich mit Henri Becquerel (1852–1908) den Nobelpreis für Physik für die Entdeckung der Radioaktivität teilten. Marie Curie sollte acht Jahre später auch noch den Nobelpreis für Chemie erhalten. Mit der Radioaktivität und ihrer Fähigkeit, Wärme zu schaffen, war ein völlig neuer Aspekt der Natur entdeckt worden, der die Voraussetzungen für die Argumentation von Lord Kelvin vollkommen auf den Kopf stellte. Offensichtlich gab es andere Energiequellen, als die Physik des 19. Jahrhunderts erkannt hatte. Nach dieser Entdeckung war es nicht unwahrscheinlich, dass die Sonne während unglaublich großer Zeitperioden scheinen konnte, und die Vulkane der Erde vielleicht genauso lange Feuer speien konnten.

Doch auch hier ist es nicht richtig, den Lauf der Geschichte zum Anlass zu nehmen, sich aufs hohe Ross zu setzen. Kelvin zog die logisch richtigen Schlüsse im Rahmen der damaligen Wissenschaft. Er schob das alte Paradigma an seine äußerste Grenze, und wenn daraus falsche Voraussagen entstanden, dann hieß das nur, dass man einer neuen Wissenschaft auf der Spur war. Einem großen Wissenschaftler wie Kelvin war das natürlich klar. Und so war er auch der Ansicht, dass die Schlüsse über das Alter der Welt, die die alte Physik zuließ, unausweichlich seien, wenn nicht für uns unbekannte (Energie-) Quellen im unendlichen Magazin der Schöpfung bereitgehalten werden.

Es gelang Kelvin also wieder, den Finger auf die wesentliche Stelle zu legen, auch wenn es dann an anderen war, den Weg zum Neuen zu bahnen.

Es wird von einem Vortrag berichtet, den Rutherford 1904 über die revidierte Auffassung vom Alter der Erde gehalten haben soll. Einer der etwas vornehmeren Zuhörer stellte sich zu Rutherfords Schrecken als der alte Kelvin heraus, dem es noch nicht einmal gelang, während der Vorlesung wach zu bleiben. Dass Kelvin einschlief, hätte den nervösen Rutherford nun beruhigen können, doch der Alte erwachte genau im kritischen Augenblick. Rutherford bog die Sache hin, indem er Kelvin »prophetisch« nannte und behauptete, dass dieser durch seine Scharfsinnigkeit im Grunde indirekt die Entdeckung des neuen Grundelementes Radium vorausgesagt habe. Ein zufriedener Kelvin konnte ruhig weiterschnarchen.

Die Radioaktivität ist also die Wärmequelle, die das Innere der Erde über die Zeiträume hinweg, die die Geologen angenommen haben, flüssig gehalten hat. Es zeigte sich, dass wir auf einem gigantischen Hochofen sitzen und das Alter der Erde in Milliarden Jahren gemessen werden muss. Im Einklang mit der neuen Physik waren die Grundelemente nicht statisch und auf ewig gegeben.

Dafür hatte man das uralte Rätsel der Alchemie gelöst, wie man Gold macht. Diese Hoffnungen der Alchemisten können bis zu den Priestern im alten Ägypten zurückverfolgt werden. Unter großer Heimlichtuerei wurden die Versuche bis ins 17. Jahrhundert hinein fortgesetzt, woraufhin sie langsam verschwanden. Natürlich hat man es nie geschafft, Gold zu machen. Doch es gab immer Menschen, die nicht aufgeben wollten, sondern sich auch später noch von der Alchemie in Bann schlagen ließen.

In seinem Buch *Inferno* erzählt August Strindberg von seinen eigenen kümmerlichen alchemistischen Versuchen. In seinem Zimmer in Paris experimentierte er mit Blei und Silizium, woraus er Gold herzustellen hoffte, wenn er nur den richtigen Trick herausfinden würde. Natürlich war er zum Scheitern verurteilt. Um ein Grundelement in ein anderes zu verwandeln, und nicht zuletzt, um Gold herzustellen, reichen die Methoden nicht, die Strindberg anwandte. Die Natur der Grundelemente wird vom Atomkern bestimmt, und um den zu manipulieren braucht man sehr viel entwickeltere Anlagen als die, die man in einer Kammer in Paris unterbringen kann. Die positive Ladung des Kerns entscheidet darüber, welches Grundelement man hat, und sie verrät, wie viele Elektronen das Atom hat, und daraus folgert man die chemischen Eigenschaften. Die Ladung des Atomkerns hat ihre Quelle in den positiv geladenen Protonen, die zusammen mit Neutronen den Kern aufbauen – je mehr Protonen, desto höhere Ladung. Einem Neutron fehlt es an Ladung, es wiegt jedoch ungefähr genauso viel wie ein Proton. Die Gesamtzahl der Protonen und Neutronen im Kern, man spricht dabei von der Anzahl von *Nukleonen*, ist ein Maßstab für die Masse des Atomkerns, die man auch Atomgewicht nennt. Und es war eben das Gewicht der Atome, über das Strindberg nachgrübelte, als er eines Tages einen Spaziergang durch Paris unternahm, um eine Statue zu bewundern, die er sehr gern mochte. Zu Füßen des Denkmals fand er zu seinem Erstaunen zwei Papierzettel, den einen mit der Ziffer 207 und den anderen mit der Ziffer 28. Blei hat in seinem Kern 82 Protonen und 125 Neutronen, was zusammen 207 Nukleonen ergibt, während Silizium 14 Protonen und 14 Neutronen hat, was 28 Nukleonen ergibt. Diese Assoziation verleitete ihn zu seinen Experiment. Was dieser Zettel, den Strindberg gefunden hatte, wirklich bedeutete, werden wir wohl nie erfahren.

Wenn aber der Atomkern positiv geladene Protonen enthält, wie kann er denn dann zusammenhalten? Teilchen mit derselben Ladung stoßen einander ja ab, und die elektrische Kraft müsste deshalb den Atomkern sprengen. Das Einzige, was dann noch existieren könnte, wären einzelne Protonen, also Wasserstoffkerne. Doch glücklicherweise gibt es noch eine andere Kraft, die innerhalb des Atomkerns von Bedeutung ist. Diese Kraft wird die *Starke Kraft* genannt und überwindet die elektrische Kraft mit der Folge, dass dennoch schwerere Grundelemente möglich werden. Die Neutronen, die weniger Ladung haben, aber auch von der Starken

Kraft beeinflusst werden, fungieren als eine Art Klebstoff im Atomkern. Wenn es zu wenig Neutronen gibt, dann zerfällt der Atomkern. Aber wenn es zu viele Neutronen gibt, ist es auch nicht gut, dann läuft der Kleber über. Am besten ist das Mittelmaß. Aber was sind die Folgen, wenn trotzdem etwas falsch läuft?

Ein Atomkern, der mit sich selbst unzufrieden ist, kann versuchen, der Situation auf vier verschiedene Arten zu begegnen. Drei davon beinhalten, dass der Atomkern unterschiedliche Strahlungen aussendet, die nach den ersten drei Buchstaben des griechischen Alphabets benannt sind, alpha (α), beta (β) und gamma (γ). α-Strahlung bedeutet, dass der Atomkern einen Heliumkern aussendet, der aus zwei Protonen und zwei Neutronen besteht. β-Strahlung bedeutet stattdessen, dass ein Elektron ausgesandt wird. γ-Strahlung schließlich bedeutet, dass Licht in hoher Energie ausgesandt wird.

Das Cäsium-137, das nach der Katastrophe von Tschernobyl über Nordeuropa ausgestrahlt wurde, ist die Quelle sowohl von β- wie γ-Strahlung. 30 Jahre lang sendet der Cäsiumkern β-Strahlung aus. Dann wandelt sich eines der Neutronen des Cäsium in ein Proton um und es entsteht Barium. Die Strahlung hat keine sonderlich große Reichweite, richtig gefährlich wird es nur, wenn man zufällig Cäsium-137 in den Körper bekommt. Dieses Element hat nämlich die unglückliche Tendenz, im Körper das notwendige Kalium in den Zellen auszutauschen. Kalium ist ein Mangelelement, und wenn kein Kalium zur Verfügung steht, kann Cäsium seinen Platz einnehmen. Innerhalb der Zellen strategisch gut platziert kann Cäsium-137 dann sehr viel Unheil anrichten. Und damit noch nicht genug. Die Bariumkerne, die sich bilden, wenn Cäsium-137 zerfällt, bewegen sich nämlich sehr unruhig und müssen dann γ-Strahlung aussenden, um zur Ruhe zu kommen.

Ein anderes wichtiges Beispiel für einen Atomkern, der über γ-Strahlung zerfällt, ist Kohlenstoff-14, eine Variante des Kohlenstoffs. Normaler Kohlenstoff, Kohlenstoff-12, enthält sechs Protonen und sechs Neutronen, während Kohlenstoff-14 zwei Neutronen zu viel hat und es vorzieht, eines von diesen überschüssigen Neutronen in ein Proton zu verwandeln. Das Ergebnis ist ein Atomkern mit sieben Protonen und sieben Neutronen, was nichts anderes ist als gewöhnlicher Stickstoff. Kohlenstoff-14 hat eine Halbwertszeit von 5700 Jahren, was bedeutet, dass nach dieser Zeit ungefähr die Hälfte des Kohlenstoffs in Stickstoff verwandelt ist. Wenn nun kein neuer Kohlenstoff-14 gebildet würde, dann wäre er natürlich seit langer Zeit verschwunden. Doch neuer Kohlenstoff-14 wird dank der kosmischen Strahlung aus dem All ständig in der Atmosphäre neu gebildet, und deshalb wird immer ein gewisser Anteil aller Kohlenstoffatome von Kohlenstoff-14 gestellt, nämlich ungefähr eines auf 1000 Milliarden. Dieser Kohlenstoff-14 geht wie der andere Kohlenstoff auch in den biologischen Kreislauf ein. Aber was passiert, wenn ein Organismus stirbt? Der Kontakt mit dem Kreislauf wird unterbrochen, und der Gehalt an Kohlenstoff-14 verringert sich. Je länger es her ist, seit der Organismus starb, desto weniger Kohlenstoff-14 ist in ihm noch vorhanden. Damit kann man über den Kohlenstoff-14-Gehalt wunderbar alte Dinge datieren, ein unverzichtbares Hilfsmittel für den Archäologen.

Manchmal kann der Atomkern so seltsam zusammengesetzt sein, dass keine der drei Methoden ausreicht, um die Situation zu retten. Dann zerfällt der Atomkern ganz einfach in zwei Teile plus möglicherweise etwas Kleinkram. Man spricht von einer *Fission*. Die Masse der Restprodukte ist etwas kleiner als die Masse des ursprünglichen Atomkerns, und deshalb bleibt Energie in Form von Bewegungsenergie übrig, die ihrerseits wieder Wärme erzeugt. So kocht ein Atomreaktor Wasser, und so behält das Innere der Erde über Jahrmilliarden seine Wärme. Wenn Atomkerne wie zum Beispiel Uran-235 zerfallen, dann wird oft das eine oder andere Neutron frei. Diese können dann helfen, andere Atomkerne zu zerschlagen, und so weiter. Eine Kettenreaktion wird in Gang gesetzt. Wenn diese Reaktion ungehindert fortfahren darf, kann es sein, dass das Ganze explodiert. Das geschieht bei den Kernwaffen.

Aber wie macht man nun Gold? Wie löst man das alte Rätsel der Alchemisten? Es gibt keine ökonomisch sinnvolle Methode dafür, auch wenn es viele Arten gibt, durch die Kernphysik verschiedene Grundelemente in andere zu verwandeln. Tatsache ist allerdings, dass sich im Abfall von Atomkraftwerken eine kleine Unze Gold findet.

Das Innere des Atoms hat also nicht nur erklärt, wie die Erde so alt werden konnte, sondern hat uns auch eine Methode an die Hand gegeben, das Alter der Erde zu berechnen. Doch selbst wenn die Erde sehr, sehr alt ist, gibt es doch wirklich *ein Anzeichen für einen Anfang*. In der Welt des Bischofs Ussher hätte die Methode mit Kohlenstoff-14 vollkommen ausgereicht, um möglicherweise erhaltene Reste von Evas Apfelbaum zu datieren und sich auf diese Weise zum Anfang der Schöpfung zurückzubewegen, doch in der wirklichen uralten Welt muss man auf andere radioaktive Elemente wie Uran-238 zurückgreifen, um eine Datierung hinzubekommen. Uran-238 zerfällt Schritt für Schritt mit einer Halbwertszeit von etwas 4,5 Milliarden Jahren zu Blei, ein Umstand, der extrem nützlich ist, wenn man das Alter der Erde errechnen will. Untersuchungen haben gezeigt, dass das Alter der Erde ungefähr bei 4,5 Milliarden Jahren liegt – das ist fast fünfzig Mal so viel, wie Lord Kelvin errechnete, und nahezu eine Million Mal älter, als was der alte Bischof glaubte.

Deshalb leuchten die Sterne!

Aber wie steht es nun mit Kelvins Schätzung vom Alter der Sonne? Warum scheint die Sonne? Eddington (der mit der Lichtbrechung und der Sonnenverdunkelung) rechnete aus, dass das Innere der Sonne heißer als 10 Millionen Grad sein müsste. Ebenso wie Kelvin wendete er die klassische Physik an, um seinen Schluss zu ziehen. Eddington meinte, das Einzige, was die gewaltige Gravitation der Sonne aufwiegen könnte, wäre der Druck der Sonnenstrahlung. Die Frage, die bleibt, ist natürlich, woher all diese Energie kommt. Bei einer solchen enormen Temperatur gibt es da in der Realität nur eine Möglichkeit: *Fusion*. Ich habe ja schon erzählt, wie große Atomkerne in Teile zerschlagen werden können, die zusammen weniger als der Ursprungskern wiegen. Der Überschuss wird zu Energie. Für kleine Atomkerne verhält es sich umgekehrt, man gewinnt Energie dadurch, dass man sie verschmilzt. Eddington spekulierte nun, dass im Innern der Sonne solche Prozesse ablaufen könnten, doch in den 20er Jahren glaubte ihm das niemand. Aber Eddington war sich seiner Sache sicher und soll gesagt haben:

»Wir streiten uns nicht mit dem Kritiker, der behauptet, die Sterne wären nicht heiß genug für diesen Prozess, sondern wir raten ihm, nach einem heißeren Ort zu suchen.«

Die Sonne besteht, ebenso wie der Teil des Universums, der von gewöhnlicher Materie ist, zum größten Teil, ungefähr 75 Prozent, aus Wasserstoff. Wasserstoff kann bei hohen Temperaturen in Helium plus Energie verwandelt werden. Außer Energie erhält man auch ein paar Positronen, also Antielektronen oder Elektronen mit einer falschen (also positiven) Ladung. Aber es sind da auch ein paar fast unmerklich kleine Partikel unterwegs: *Neutrinos*. Von ihnen werde ich im nächsten Kapitel mehr berichten. Die Sonne scheint auf diese Weise seit über vier Milliarden Jahren, und sie wird das auch noch einmal genauso lange tun. Wir auf der Erde haben bisher vergeblich versucht, die Verhältnisse auf der Sonne nachzubilden. Wenn uns das eines Tages gelingen würde, dann stünde uns eine unerschöpfliche Energiequelle zur Verfügung, doch bisher ist das nur in den Bruchteilen von Sekunden im todbringenden Inferno einer Wasserstoffbombe möglich gewesen. Fusionsreaktionen zu friedlichen Zielen und unter kontrollierten Bedingungen zustande zu bringen ist eine Hoffnung, die immer noch der Zukunft angehört.

Selbst wenn nun die Gravitation nicht, wie Kelvin glaubte, die Quelle des Sternenleuchtens ist, so ist es doch sie, die den ersten Funken entzündet. Sterne entstehen nämlich, wenn Wolken von Staub und Gas unter ihrer eigenen Last zusammenbrechen. Die Bewegungsenergie in der fallenden Materie wird in Wärme umgewandelt, und die Temperatur wird am Ende so hoch, dass das kernphysikalische Feuer entzündet werden kann. Die Wasserstoffkerne werden zu Helium und der Stern beginnt zu leuchten. Im Schwert des Orion, das unterhalb des Oriongürtels oder den Drei Weisen Männern liegt, kann man mit bloßem Auge oder noch besser mit Hilfe eines einfachen Feldstechers die Kinderstube eines Sterns sehen, in der genau das gerade geschieht. Der Orionnebel ist eine gigantische Wolke aus Gas und Staub, die ungefähr 1500 Lichtjahre von uns entfernt ist. Die ersten dokumentierten Beobachtungen des Orionnebels stammen aus dem 17. Jahrhundert, doch es ist wahrscheinlich, dass diese kleine Wolke schon viel früher entdeckt worden ist. Die Mayaindianer sahen in diesem Gebiet eine Feuerstätte der Schöpfung. Zusammen mit dem linken der Drei Weisen Männer, Alnitak, bilden die Sterne an den Füßen des Orion, Saiph und Rigel, ein Dreieck, genau wie die drei Steine in einer traditionellen Maya-Feuerstätte. In der Mitte liegt der rauchende Orionnebel mit dem Hinweis nicht nur auf die Schöpfungsmythen der Maya, sondern auch darauf, wie die Sterne selbst entstanden.

Wenn ein Stern erst einmal geschaffen ist, dann verbringt er den größten Teil seiner Existenz als ein solide leuchtender Stern. Wie lange diese Periode währt, das hängt davon ab, wie groß der Stern ist. Im Fall der Sonne reden wir von ungefähr 10 Milliarden Jahren. Da die Sonne nun ungefähr 4,5 Milliarden Jahre alt ist, heißt das, dass sie sich in ihren mittleren Jahren befindet und ungefähr auf der Hälfte ihrer Lebenszeit steht. Richtig große Sterne, deren Masse ungefähr das Hundertfache der Sonne beträgt (viel größer kann ein Stern nicht werden), leben nur wenige Millionen Jahre. Kleinere Sterne hingegen leben viel länger als die Sonne, und die kleinsten können Abermilliarden von Jahren leuchten.

Die friedliche Existenz eines Sterns wird dadurch beendet, dass der Wasserstoff im Kern ausgeht. Danach fängt der Stern an, auch weiter draußen Wasserstoff zu verbrennen, und er bläst sich zu einem roten Riesenstern auf. Dieser verliert dann an Temperatur – deshalb wird er auch rot –, gewinnt aber ungeheuer an Größe und Helligkeit. Im Fall der Sonne werden sowohl Merkur als auch Venus von der wachsenden Sonne verschlungen werden, während noch nicht ganz sicher ist, was mit der Erde geschehen wird. Vielleicht wird sie denselben Weg nehmen wie ihre beiden inneren Nachbarn, aber vielleicht kommt sie auch noch mal davon. Das alles wird zwar frühestens in fünf Milliarden Jahren geschehen, doch es wird uns schon viel früher richtig schlecht ergehen. Die Sonne hat nämlich seit der Geburt unseres Sonnensystems ihre Leuchtkraft allmählich gesteigert, und ist jetzt schon ungefähr 30 Prozent heller als zu Beginn. Es ist also sehr gut möglich, dass in ungefähr einer Milliarde

Jahren ihre Strahlkraft zu stark sein wird, als dass man noch auf der Erde wird leben können. Da es nun erst seit ungefähr einer halben Milliarde Jahren Formen höheren Lebens gibt, ist somit ein Drittel der uns zur Verfügung stehenden Zeit abgelaufen.

Als ein roter Riesenstern wird sich die Sonne durch einen Sonnenwind, der viele Male stärker ist als der, der heute durch unser Sonnensystem weht, allmählich ihrer äußeren Atmosphäre entledigen. Der starke Sonnenwind wird große Stücke der äußeren Teile des roten Riesensterns mitreißen, und die Sonne wird auf diese Weise eine Blase im Raum aufblasen, einen *planetarischen Nebel*. Blasen dieser Art sind sehr kurzlebige Erscheinungen, die schon nach ein paar zehntausend Jahren wieder verschwinden. Man kann einige von ihnen mit kleinen Teleskopen erkennen, so zum Beispiel den Ringnebel im Sternbild Leier. Man kann sich allerdings fragen, ob es dann noch Augen geben wird, die die Blase sehen werden, welche die Sonne einmal aufblasen wird. Wenn sich der planetarische Nebel gelegt haben wird, ist das Einzige, was noch bleibt, der allerinnerste Kern der Sonne – der tote, aber immer noch von der übrigen Hitze intensiv glühende Rest, den man einen *Weißen Zwergstern* nennt.

Der Stern des Hamlet

Das Drama um Hamlet beginnt in einer kalten Nacht am Schloss von Helsingör, wo die Soldaten Wache halten. Sie versuchen, Hamlets skeptischen Freund Horatio davon zu überzeugen, dass sie einen Geist gesehen haben. Einer der Soldaten bezeichnet den Zeitpunkt, an dem der Geist sichtbar zu werden pflegt, auf folgende Weise:

»Die allerletzte Nacht,/ Als eben jener Stern, vom Pol gen
Westen,/ In seinem Lauf den Teil des Himmels hellte,/
Wo er jetzt glüht: da sahn Marcell und ich,/ Indem die
Glocke eins schlug –«

Um welche Nacht handelt es sich, und welcher Stern kann
gemeint sein? Eine Interpretation besagt, hier sei von einer
Nacht im November die Rede. Was den Stern betrifft, so
gibt es da mehrere Möglichkeiten, doch eine davon ist besonders spannend. 1572 entdeckte nämlich Tycho Brahe einen neuen Stern im Sternbild Cassiopeia, der einige Monate
lang heller leuchtete als irgendein anderer. Dieser Stern
stellte den Beweis dar, dass der Sternenhimmel veränderlich
ist, und das war für die Entwicklung der Astronomie von
großer Bedeutung. Das Besondere in diesem Zusammenhang ist, dass der Stern genau im November zu sehen war,
und zwar am Abend, und die Beschreibung *vom Pol gen Westen* passt ebenfalls sehr gut. Shakespeare selbst, wer er nun
immer war, muss damals ein kleiner Junge gewesen sein,
und er kann sehr wohl den neuen Stern gesehen und über
ihn gestaunt haben: Tychos Supernova, eine Sternenexplosi-
on von gigantischem Ausmaß. Vielleicht erinnerte er sich ja
als Erwachsener an das sonderbare Schauspiel und verewig-
te es in seinem literarischen Meisterwerk? Das meinen jedenfalls die amerikanischen Wissenschaftler Donals Olson,
Marilynn Olson und Russel Doerscher von der Southwest
Texas State University.

Ganz gleich, ob Shakespeare den Stern gesehen hat oder
nicht, man glaubt heute, dass es eine Supernova vom Typ Ia
gewesen sei. Man denke sich einen Weißen Zwergstern in
der Umlaufbahn um einen roten Riesenstern, der so viel verschlungen hat, dass seine Materie auf den Weißen Zwerg
überzuschwappen beginnt. Durch diesen Zuschuss an Materie wird der Weiße Zwergstern immer größer, doch wie

ich gleich erklären werde, gibt es eine Grenze dafür, wie groß ein Weißer Zwerg werden kann. Wenn diese Grenze überschritten wird, bricht der Stern zusammen und die Kernreaktionen, die ausgelöst werden, sprengen alles in Stücke. Die Supernova ist da.

Der erste weiße Stern, der entdeckt wurde, war Sirius B. Sirius ist nicht nur der hellste Stern am Himmel, sondern auch einer der uns am nächsten liegenden – er liegt nur acht Lichtjahre entfernt. Deshalb kann man durch sorgfältige Messungen auch feststellen, wie Sirius sich von Jahr zu Jahr langsam über den Himmel bewegt. Mitte des 19. Jahrhunderts entdeckte man, dass Sirius sich überdies auf seiner Bahn mit einer Periode von ungefähr 50 Jahren sachte hin und her wiegte. Die Erklärung dafür lag auf der Hand: Sirius ist nicht allein! Später konnte man mit großen Teleskopen bestätigen, dass Sirius in der Tat einen kleinen unbedeutenden Mitläufer hat. Doch mit diesem Sirius B stimmte irgendetwas nicht. Wenn man sich einmal ansah, wie stark Sirius von seinem kleinen Mitläufer beeinflusst wurde, kam man zu dem Ergebnis, dass Sirius B eine Masse haben musste, die ungefähr genauso groß war wie die der Sonne. Seine Leuchtkraft war hingegen bedeutend geringer, während seine Temperatur viel höher war. Die Berechnungen ließen nur den Schluss zu, dass Sirius B ganz jung und völlig unabhängig war. Man kam zu dem Ergebnis, dass der Stern trotz seiner großen Masse nicht viel größer sein konnte als die Erde. Doch ein Teelöffel Materie von einem Weißen Zwerg wiegt mehrere Tonnen.

Wie ist das möglich? Was könnte der ungeheuren Gravitationskraft widerstehen? Die Lösung des Rätsels fand ein neunzehnjähriger indischer Junge auf einer Schiffsreise von Madras nach Southampton. Sein Name war Subrahmanyan Chandrasekhar, und er wollte nach Cambridge, um dort Physik zu studieren. In der Quantenmechanik entdeckte

Chandrasekhar, was das letztendliche Schicksal der Sterne bestimmt, neben den Naturgesetzen, die das Innerste der Materie lenken. Auf der achtzehn Tage währenden Seereise machte er nämlich die erstaunliche Entdeckung, dass ein Weißer Zwergstern nicht einfach unbegrenzt viel wiegen kann. Er kann niemals mehr als das 1,4-fache der Sonnenmasse wiegen.

Chandrasekhar erkannte, dass die Materie in einem Weißen Zwerg sich in einem Zustand jenseits des Normalen befindet. In diesem Zustand existieren keine Atome mehr, sondern nur eine unglaublich dichte Suppe von Atomkernen und Elektronen. Das Einzige, was einen fortgesetzten Kollaps und ein unaufhörliches weiteres Zusammenpressen verhindert, ist die Quantenmechanik. Wie ich ja bereits erzählt habe, sind Elektronen außergewöhnlich ungesellig und bekommen Platzangst, wenn man sie zu eng zusammenpackt. Um Raum zu gewinnen und sich ausleben zu können, flüchten sie sich in immer höhere Geschwindigkeiten und Energien. Denn es will ja auch kein Elektron so aussehen wie das andere! Wenn man also das Elektronengas zusammendrücken will, dann muss man ordentlich investieren und die Elektronen mit der nötigen Energie versorgen. Sonst weigern sie sich ganz stur nachzugeben, und auf diese Weise kann das Elektronengas der Gravitation widerstehen. Doch es gibt eine Grenze. Je höher die Energien, die in Anspruch genommen werden, desto wichtiger wird nämlich die Relativitätstheorie. Sie verändert die Voraussetzungen, und der Druck der Elektronen wird *kleiner*, als man zunächst annehmen würde. Wenn der Stern allzu massiv wird, soll heißen schwerer als 1,4-mal so schwer wie die Sonne, und die Gravitationskraft deshalb allzu stark, dann vermögen die Elektronen nicht mehr dagegen zu halten. Der Kollaps setzt sich fort.

Jetzt ist es aber Zeit für den Auftritt von Sir Arthur Eddington, der uns ja schon in anderen Zusammenhängen begegnet ist. Diesmal ist sein Gastspiel leider nicht sehr glücklich. Eddington wandte sich nämlich mit aller Macht gegen den genialen Durchbruch des jungen Chandrasekhar. Während eines Vortrags vor der Royal Astronomical Society in London machte Eddington ohne Vorwarnung die Arbeit des nichts Böses ahnenden Chandrasekhar nieder. Eddington wandte sich nicht gegen den quantenmechanischen Druck, sondern gegen die oberste Massengrenze von Chandrasekhar, also die Behauptung, dass die Relativität den Druck der Elektronengase verringern würde. Was würde denn mit einem Stern geschehen, der noch größer war? Würde der einfach fortfahren, sich zusammenzuziehen, bis die Gravitation so stark war, dass der Stern nicht länger zu sehen sein würde? Nach Eddington war dies eine Absurdität, die bewies, dass Chandrasekhar sich verrechnet haben musste. Und doch sollte sich zeigen, dass die Natur tatsächlich gerade so absurd war.

Eddington genoss ein enormes Ansehen, was nicht verwunderlich war, nachdem er bei so vielen wichtigen Entdeckungen mitgewirkt hatte. Da war es doch wohl klar, dass er Recht hatte, und nicht der kleine indische Lümmel, oder? Chrandrasekhar war erledigt, doch Rettung nahte. Physiker wie Bohr begriffen schnell, dass Eddingtons Kritik nicht haltbar war, doch dauerte es sehr lange, bis einige Astronomen es wagten, sich davon überzeugen zu lassen. Wissenschaft wird von Menschen betrieben, und Menschen werden nicht immer von wissenschaftlicher Objektivität geleitet. Obrigkeitsdenken und Karrierestreben sind oft nicht weniger bedeutend.

Der Stern des Hamlet kann also ein Weißer Zwerg mit gierigem Appetit gewesen sein, der, nachdem er sich an seinem nächsten Nachbarn überfressen hatte, die magische Grenze von Chandrasekhar überschritten hatte und in einem großartigen Feuerwerk explodierte. Aber was geschieht mit einem verbrauchten Stern, der schon von Anfang an zu schwer ist? Man dachte lange, die Natur würde sich gegen die Absurdität, die Eddington fürchtete, schützen, indem der Stern sich auf irgendeine Weise in dem Maße seiner Materie entledigte, dass er sich, ehe es zu spät war, auf die kleidsamen 1,4 Sonnenmassen herunterhungern konnte. Doch es scheint keine solchen geheimnisvollen Diätrezepte zu geben, in Wirklichkeit ist es so, dass der Kollaps sich fortsetzt. Aber was passiert dann?

Wenden wir uns wieder den roten Riesensternen zu. Tief im Zentrum eines roten Riesensterns, wo sich ein Heliumkern bildet, können neue Kernreaktionen stattfinden, die es dem Helium möglich machen, zu Kohlenstoff zu verbrennen. Dies ist ein Prozess, der nur schwer in Gang gebracht werden kann, weil drei Heliumkerne gleichzeitig kollidieren müssen, damit ein Kohlenstoffkern gebildet werden kann. Dazu ist natürlich etwas Glück vonnöten, und die Voraussetzungen müssen günstig sein, damit die richtigen Gelegenheiten genutzt werden können. Sir Fred Hoyle (1915–2001), ein britischer Astronom, auf den ich später noch zurückkommen werde, machte 1954 eine wichtige Voraussage in diesem Zusammenhang, die auf eine vollkommen einzigartige Weise zu denken gegründet war. Damit in einem Stern Kohlenstoff gebildet werden kann, muss es nämlich in dem Kohlenstoffkern ein bestimmtes Energieniveau geben. Andernfalls ist die Produktion von Kohlenstoff unmöglich. Und wir wissen ja, dass ohne Kohlenstoff kein Leben und auch wir selbst gar nicht möglich wären! Später haben die Kernphysiker Hoyles Aussagen bestätigen können – das Energieniveau war wirklich da. Das kann man als ein interessantes Beispiel dafür betrachten, wie gut doch die Naturgesetze eingerichtet sind, damit unser Leben überhaupt entstehen konnte. Doch dies ist nicht die rechte

Gelegenheit, sich in solche Überlegungen zu vertiefen. In einem späteren Kapitel, wenn ich mehr über Kosmologie erzählt habe, ist es an der Zeit, noch einmal darauf zurückzukommen.

In richtig großen Sternen wird sogar das Helium ausgehen, und dann ist der Kohlenstoff an der Reihe, in ein noch schwereres Grundelement verwandelt zu werden. Und so weiter. Am Ende sieht das Innere des Sterns aus wie eine gigantische Zwiebel, in deren verschiedenen Schichten unterschiedliche kernphysikalische Prozesse vor sich gehen. Es gibt jedoch einen endgültigen Schlusspunkt. Es ist ja so, dass man Energie gewinnt, wenn man leichte Grundelemente mit schwereren verbindet. Und bei den richtig schweren Elementen, wie zum Beispiel Uran, entsteht Energie, wenn man die Atomkerne spaltet. Deshalb muss es ein Grundelement geben, das stabiler ist als alle anderen, und bei dem man keine Energie gewinnt, ob man nun versucht, es zu spalten oder etwas Größeres daraus zu machen. Dieses Element ist das Eisen. Wenn ein Riesenstern so weit gekommen ist, dass er angefangen hat, einen inneren Kern aus Eisen zu bilden, dann bekommt er Probleme. Im Eisenkern gibt es keine Energiequelle, die der Gravitationskraft widerstehen kann, und die Katastrophe ist unvermeidlich. Der Riesenstern bekommt von dem wachsenden Klumpen Eisen in seinem Bauch Magengrimmen, und wenn der Klumpen birst, dann lässt die frei gewordene Energie die äußeren Teile des Sterns explodieren: eine Supernova. Eine Supernova, die durch einen sterbenden Riesenstern entsteht, nennt man Supernova Typ II.

Aber was geschieht mit dem kollabierenden Eisenklumpen? Bleibt denn gar nichts davon übrig?

Kleine grüne Männchen

Es begann alles im Sommer 1967, als die junge Astronomin und Doktorandin Jocelyn Bell mit dem großen Radioteleskop in Cambridge ein seltsame Entdeckung machte. Auf einer 120 Meter langen Niederschrift von Signalen, die mit dem Teleskop aufgefangen worden waren, entdeckte sie eine einen halben Zentimeter große Unregelmäßigkeit. Ein Signal, das es dort eigentlich nicht geben durfte. Ihr Doktorvater, Antony Hewish, meinte, es handele sich dabei wohl um eine Form von menschlicher Aktivität. Jocelyn Bell gelang es auszurechnen, wann das Signal wieder sichtbar werden würde, und es bestand daraufhin gar kein Zweifel mehr, dass es aus dem Weltall kam. Etwas später im selben Jahr konnte man konstatieren, dass es sich um eine sehr regelmäßig pulsierende Quelle von Radiowellen handelte. Alle 1,33730115 Sekunden kam ein 0,016 Sekunden langer Impuls. Diese Entdeckung wurde bis zum 9. Februar 1968 geheim gehalten, wo sie dann der Welt bekannt gegeben wurde. Aber was konnte das sein? Eine Zeit lang wurde spekuliert, es handle sich vielleicht um Signale von einer fremden Zivilisation. Man sprach von LGM oder »Little Green Men« (kleinen grünen Männchen). In der Zwischenzeit entdeckte man jedoch noch eine weitere Quelle von pulsierenden Radiowellen aus einem anderen Teil des Himmels, die diesmal alle 1,25 Sekunden einen Impuls aussandte. Es wäre schon sehr seltsam, wenn mehrere entfernte Zivilisationen aus verschiedenen Teilen der Galaxie ausgerechnet uns dieselben Signale senden würden, und so verwarf man die Theorie von den LGM.

Des Rätsels Lösung kam schließlich mit der Entdeckung einer ähnlichen Signalquelle im Krabbennebel. Der Krabbennebel (oder Messier I, das erste Objekt im Katalog des Kometenjägers Messier) war seit langem mit einer Supernovaexplosion verknüpft, die sich im Jahre 1054 n. Chr. im Sternbild Widder ereignet hatte. Sie ist übrigens schon mit einem kleinen Teleskop als eine kleine neblige Wolke leicht zu erkennen. Offensichtlich war dieses rätselhafte Objekt mit sterbenden Riesensternen verbunden, und das wurde zur entscheidenden Spur.

Nun müssen wir nochmals zu dem kollabierenden Eisenklumpen zurückkehren. Eine erste Frage, die man sich stellen muss, ist, wohin denn die Elektronen entschwunden sind. Wir wissen ja, dass sie zwar sehr ungesellig sind, aber wenn die Gravitationskraft nur stark genug ist, dann können sie ja doch nicht widerstehen. Die Lösung lautet, dass sie so gut es geht versuchen, sich in den Protonen zu verstecken. Wenn das geschieht, werden die Protonen in Neutronen umgewandelt, und das Ergebnis ist eine Suppe von Neutronen – ein Neutronenstern ist geboren. Ein Neutronenstern wiegt ungefähr anderthalb Mal so viel wie die Sonne, ist aber im Durchmesser nicht größer als 20 Kilometer.

In einem Neutronenstern sind es die Neutronen, die durch dieselbe Art von Ungesellichkeit wie die Elektronen der Gravitationskraft zu widerstehen versuchen. Was aber passiert, wenn nicht einmal das Neutronengas sich der Gravitation widersetzen kann? Wenn der Stern zu groß ist und die Gravitationskraft zu stark? Dann muss der Kollaps noch einen Schritt weiter gehen, und es scheint nichts mehr zu geben, was ihn aufhalten kann. Die gekrümmte Raumzeit überwindet jede Ungesellichkeit, und das Resultat wird genau das, wogegen sich Eddington so heftig wehrt: ein Schwarzes Loch.

Doch Neutronensterne sind in mehrerer Hinsicht bemerkenswert. Es ist nicht nur so, dass sie meist unglaublich schnell rotieren. Genau wie ein Schlittschuhläufer sich schneller drehen kann, wenn er die Arme einzieht, wird ein Stern, der sich zusammenzieht, immer schneller. Aber wie schnell? Da die Größe eines Sterns in Millionen Kilometern gemessen wird, müssen die inneren Teile, die den Neutronenstern ausmachen, sich viele tausend Mal zusammenziehen. Und wenn die Rotationszeit der Sonne von ungefähr einem Monat typisch für Sterne im Allgemeinen ist, dann kann man ausrechnen, dass ein Neutronenstern eine Rotationszeit von einem Bruchteil einer Sekunde oder so ähnlich hat. Und genau das hat man auch bestätigt gefunden.

Der Schluss, den man zog, war also, dass man anstelle von kleinen grünen Männchen Neutronensterne entdeckt hatte. Durch starke Magnetfelder wird die einfallende Materie auf die magnetischen Pole des Neutronensterns konzentriert, wo er beim Niederschlag Strahlung aussendet. Wenn die magnetischen Pole nicht mit der Rotationsachse identisch sind, wie es ja auch bei der Erde der Fall ist, dann fungieren die Neutronensterne wie ein pulsierendes Feuer. Und genau das hatte man beobachtet. Deshalb nennt man diese Neutronensterne *Pulsare*.

Diese Entdeckung brachte natürlich einen Nobelpreis mit sich, jedoch nicht für Jocelyn Bell. Der Doktorvater Anthony Hewish durfte sich im Glanze sonnen, natürlich, denn immerhin war er es gewesen, der Jahre seines Lebens darauf verwandt hatte, die notwendige Ausrüstung zusammenzustellen. Jocelyn Bell heiratete bald nach der Entdeckung, bekam Kinder, und ihre Karriere erfuhr einen Knick. Erst viele Jahre später, nachdem der Nobelpreis längst vergeben worden war, kam sie wieder aufs richtige Gleis. Doch es heißt, sie sei deshalb nicht beleidigt gewesen.

KAPITEL 8

Das Staubkorn des Lucretius

*In dem wir James Joyce lesen, das Wunderland besuchen
und feststellen, dass es zwei Arten von Würfeln gibt.*

Kurz vor Genf, am Fuße des Jura-Gebirges, an der Grenze zwischen Frankreich und der Schweiz, ist das größte
wissenschaftliche Instrument der Welt zu finden. In unterirdischen Tunneln hat man Elektronen und Positronen gewaltig beschleunigt, sie dann zusammenstoßen lassen und ihnen dabei tief verborgene Geheimnisse abgejagt. Bis zum
Jahr 2000 wurde das Instrument LEP genannt, »Large Elec-
tron Positron Collider«, ein gigantischer Teilchenbeschleuniger. Inzwischen wird der Beschleuniger jedoch umgebaut,
sodass man stattdessen Protonen miteinander kollidieren
lassen kann. Irgendwann um das Jahr 2007 wird er als LHC
oder »Large Hadron Collider« wieder in Betrieb gehen. Der
Beschleuniger ist in jede Richtung 9 Kilometer lang, und die
Teilchen, die in den Tunnel sausen, passieren mehr als
10 000 Mal in der Sekunde die französisch-schweizerische
Grenze. Als ich selbst Anfang der 90er Jahre am CERN arbeitete, habe ich mich damit begnügt, die Grenze zwischen
unserem Zuhause in dem kleinen französischen Dorf Saint
Genis-Pouilly und meinem Büro auf der schweizerischen
Seite ein paar Mal täglich zu überqueren. Obwohl ich theo-
retischer Physiker bin, habe ich nie etwas von den unterirdi-

schen Tunneln gesehen. Und an dem Tag, als ich endlich mal eine Führung mitmachen wollte, waren sie geschlossen. Vielleicht bekomme ich ja noch einmal die Chance.

In einem Teilchenbeschleuniger benutzt man ein elektrisches Feld, um elektrisch geladene Teilchen zu beschleunigen. Um sie ordentlich in Fahrt zu bringen, dürfen sich die Teilchen in einem Magnetfeld bewegen, das sie auf eine Kreisbahn bringt. Mit jeder Umdrehung bekommen sie einen weiteren Anschub, damit sie noch schneller werden, was natürlich auch bedeutet, dass sie höhere Energie erhalten. Und je höher die Energie, desto spannendere Sachen können geschehen, wenn sie zusammenstoßen. Der Erste, der einen so gearteten Apparat konstruiert hat, war der amerikanische Physiker Ernest Lawrence (1901–1958) in den 1930er Jahren. Sein erstes Modell war nicht größer als eine Konservendose, doch im Laufe der Jahre wuchsen die Anlagen, damit man weiter zum Kern des Atoms vordringen konnte.

Mit Hilfe der Teilchenbeschleuniger und durch die kosmische Strahlung stellte man im Laufe der 50er und 60er Jahre ein ganzes Gewimmel von neuen Teilchenarten fest, ohne dass man sie gleich in irgendein vernünftiges System hätte einsortieren können. Die Hoffnung auf eine überschaubare Welt mit nur Protonen, Neutronen, Elektronen und einer Hand voll anderer Teilchen musste begraben werden. Wo war die mathematische Einfachheit geblieben, die so lange der Leitstern der Physik gewesen war?

Schließlich ahnte der amerikanische Forscher Murray Gell-Mann etwas hinter all der Unordnung. Er erkannte, dass die Eigenschaften der Partikel ganz und gar nicht zufällig waren, sondern in seltsame mathematische Muster passten. Und richtig spannend wurde es, als Gell-Mann herausfand, wie man auf praktische Weise mit diesen mathematischen Mustern hantieren konnte, wenn man davon ausging, dass all die bekannten Teilchen ihrerseits aus noch kleineren Baustellen bestanden. Ein weiterer Schritt ins Innerste der Materie war unternommen worden. Es war schon lange her, dass man entdeckt hatte, dass das Atom keineswegs unteilbar war – jetzt waren die Neutronen und Protonen in seinem Kern an der Reihe.

Drei Quarks für Mister Mark

»Wenn ich ein Wort benutze«, sagte Klumpedump in sehr hochmütigem Ton, »dann bedeutet das genau das, was ich will, dass es bedeutet – weder mehr noch weniger.«
»Aber die Frage ist doch«, sagte Alice, »ob man Worte dazu bringen kann, verschiedene Sachen zu bedeuten.«
»Die Frage ist«, erwiderte Klumpedump, »wer es bestimmt. So einfach ist das.«
Lewis Carroll, *Alice im Wunderland*

Wenn die Naturwissenschaft die menschliche Erfahrung auf neue und fremde Gebiete ausdehnt, dann ist es wichtig, wie man das benennt, was man entdeckt. Die Worte, die wir auswählen, färben unser Verstehen und das Gefühl für das, was wir ausdrücken wollen. Die Worte deuten Assoziationen an, und wir schlagen dann die Verbindung zu bekannteren Erfahrungen. Auf diese Weise kann der Name uns helfen weiterzukommen. Doch auch das Gegenteil ist möglich. Ein verlockender Name kann in die Irre führen, wenn wir der Versuchung nachgeben, eine Bedeutung hineinzulesen, die es nicht gibt. Wie sollte man nun die neuen Teilchen, die man zu erahnen begann, nennen? Die Bausteine, aus denen man die Welt zusammenbaut, konnten ja unmöglich irgendeinen bloß zufälligen Namen bekommen.

Ungefähr zur gleichen Zeit wie Gell-Mann war ein anderer Physiker, George Zweig, zu ähnlichen Schlüssen gekommen und meinte, dass die Protonen und die meisten anderen Teilchen, die man entdeckt hatte, ihrerseits aus noch kleineren Teilchen bestehen mussten. Er hatte auch einen Vorschlag, wie man die fundamentalen Bausteine nennen sollte. Sie sollten »Asse« genannt werden. Auch die Namen ihrer unterschiedlichen Zusammensetzungen, die nach Zweig und Gell-Mann zu dem Gewimmel passten, das man im Teilchenbeschleuniger beobachtet hatte, hatte man Kartenspielen entlehnt. Die Teilchen, die aus zwei der Bausteine bestanden, wurden »Zweier«, die mit drei wurden »Dreier« genannt. Zu den Letzteren gehören unter anderem auch Protonen und Neutronen. Doch die Vorstellung von einem Karten spielenden Schöpfer wollte sich nicht durchsetzen. Gell-Mann und nicht Zweig war es schließlich, der den Ruhm und die Ehre einheimste, der Erste zu sein, der das Geheimnis des Inneren der Protonen lüftete.

Durch sein Interesse für Linguistik und Sprache hatte Gell-Mann einen anderen und bedeutend besseren Vorschlag machen können, wie man die Teilchen nennen könnte: Sie sollten *Quarks* genannt werden. Dessen war er sich ganz sicher. Vielleicht würde es Probleme mit der Schreibweise geben, doch in James Joyces Buch *Finnegans Wake* hatte er eine Zeile mit »Drei Quarks für Mister Mark« entdeckt und da war ihm alles klar geworden. Das war natürlich ein Nonsenswort ohne Bedeutung, doch Gell-Mann machte es zum Namen für das Fundamentalste, was wir wissen – mehr oder weniger.

Ebenso wie in *Finnegans Wake* braucht Gell-Mann drei unterschiedliche Arten von Quarks, um die bekannte Materie aufbauen zu können. Einem wurde der Name *up* verliehen, den anderen nannte man *down*. Ein Proton, so wurde erklärt, bestehe aus zwei Up-Quarks und einem Down-Quark, während ein Neutron stattdessen zwei Down-Quarks und ein Up-Quark enthalten müsse. Aber wie sollte

228

man nun den dritten nennen? Die Welt war so schön in ihrer grundlegenden Einfachheit. Man brauchte nur auf und nieder, um alles zu schaffen, was es gab. Fast. Echte Schönheit ist nicht perfekt, sie muss etwas Ungewohntes enthalten, das ihr Abbruch tut.

»There is no excellent beauty that hath not some strangeness in the proportion.«

So schrieb Francis Bacon (1561–1621). Und *strange* oder seltsam nannte Gell-Mann die Eigenschaft, die bei gewissen langlebigen Teilchen unter anderem in der kosmischen Strahlung auftrat. Diese Eigenschaft wurde später der dritten Art von Quarks zugeordnet.

Doch damit nicht genug. Die Natur hielt noch mehr Überraschungen bereit, und man entdeckte schon bald *charme* und *beauty*. Charme in Form des Charme-Quarks und Schönheit in Form des Beauty-Quarks. Doch irgendwie wollte man den Weg nicht recht zu Ende gehen. Vielleicht wirkte es zu prätentiös zu behaupten, man habe die Schönheit gefunden, und *beauty* wurde deshalb später zum eher prosaischen *bottom*, dem Boden. Und der erwartete Truth-Quark, die Wahrheit, die nach eifrigem Suchen Mitte der 90er Jahre gefunden wurde, wurde in *top*, die Spitze, umbenannt. Aber wäre es nicht besser gewesen, der Welt die Entdeckung des Wahrheitsquarks als des Spitzenquarks bekannt zu geben?

Die unterschiedlichen Arten von Quarks nennt man *Quarkgeschmack* – ein Versuch, Eigenschaften zu benennen, die weit entfernt von dem sind, worüber wir eigene Erfahrungen haben, Eigenschaften, die wir nur auf langen Umwegen durch die Art und Weise, in der die Quarks in Wechselwirkung mit der Welt stehen, ergründen können. Eine andere der Eigenschaften der Quarks nennt man Farbe, auch wenn ein Quark ebenso wenig *Farbe* besitzt, wie es einen bestimmten Geschmack besitzt. Aber irgendwie muss man die Eigenschaften ja nennen. So einfach ist das.

Doch schon vor den Quarks hatte Gell-Mann mit seiner Kreativität und Phantasie den Sprachgebrauch geprägt. Die mathematischen Muster, die zur Entdeckung der Quarks geführt hatten, hatte er *the eightfold way*, den *Achtfachen Weg* genannt, nach einem buddhistischen Begriff, der den Weg zum Nirwana meint. Wie gewöhnlich war alles lediglich ein Wortspiel, das Einzige, was der Achtfache Weg mit dem Teilchenmuster gemeinsam hatte, war die Zahl Acht. Doch die Konsequenzen waren umso größer. Es erwies sich als für Uneingeweihte schwierig, die sprachlichen Kniffe eines verspielten Physikers von einer echten Botschaft zu trennen. Wenn Physiker ihre neuen Entdeckungen im Einklang mit einer östlichen Philosophie benennen, dann musste das doch bedeuten, dass eben im Osten die Antwort auf die Rätsel des allerinnersten Daseins zu finden war. So dachten viele, und es gibt zahlreiche Bücher, die in der Folge über völlig unbegründete angebliche Parallelen zwischen der östlichen Mystik und der modernen Physik geschrieben wurden, und in denen man meint, dass es sich nur um unterschiedliche Arten handele, demselben fundamentalen Wissen über die Natur auf den Grund zu kommen. Gewiss hat die moderne Physik eine Wirklichkeit entdeckt, die weit von der zahmen klassischen Welt entfernt ist, in der wir uns für gewöhnlich intuitiv aufhalten. Das Weltbild hat sich verändert, und es gibt offenbar Grund zu philosophischem Nachdenken. Doch ein blumiges Wort kann nicht als Ausgangspunkt genommen werden, wenn man Antworten auf die äußersten Fragen finden will. Genauso wenig wie die Naturwissenschaft Rat geben kann, wie wir uns als Menschen verhalten sollten, so wenig können humanistische und religiöse Überlegungen detaillierte Antworten auf die

Frage geben, wie die Materie aufgebaut ist. Stattdessen können wir als Menschen, ob wir nun Forscher sind oder nicht, von Philosophie und Humanismus geleitet oder unterstützt werden. Und das ist schon viel. Doch indem man Zusammenhänge herstellt, wo keine sind, missbraucht man sowohl die Naturwissenschaft wie auch die Philosophie. Ich kenne jedenfalls niemanden, der versucht hat, Leitfäden für die moderne Physik zu entdecken, indem er ganz gründlich *Finnegan's Wake* gelesen hat. Wörter sind einfach nur Wörter, bis jemand sie in den Mund nimmt und ihnen Leben und Sinn gibt.

Man hat also sechs Quarks gefunden. Ihre Eigenschaften bringen es mit sich, dass man sie gewöhnlich in drei Gruppen oder *Teilchenfamilien* oder *Generationen* einteilt. Das Up- und das Down-Quark machen die erste Teilchenfamilie aus, Charme und Strange die andere, und Top und Bottom schließlich die Dritte. Aber die Quarks sind nicht die ganze Geschichte. Die Elektronen passen auch in das Muster, indem sie sich zu den Partikeln der ersten Teilchenfamilie gesellen, und dann muss es natürlich auch in der zweiten und der dritten Teilchenfamilie Verwandte des Elektrons geben. Das Gegenstück zum Elektron in der zweiten Teilchenfamilie ist nichts anderes als das Myon, von dem ich ja an anderer Stelle schon berichtet habe. Es ist das Myon, das mit Hilfe der Speziellen Relativität eine Zeitreise von den oberen Schichten der Atmosphäre an die Erdoberfläche macht. Ein Myon ist 200-mal so schwer wie ein Elektron, doch in der dritten Teilchenfamilie gibt es einen noch schwereren Verwandten des Elektrons, das *Tauon*, das fast doppelt so viel wiegt wie ein Proton.

Es gibt offenbar in der Natur ein suggestives Muster mit drei Variationen über dasselbe Thema, auch wenn es im Alltag meist die erste Teilchenfamilie ist, die zur Anwendung kommt. Up- und Down-Quarks und Elektronen sind schließlich alles, was man braucht, um Atome zu bauen, während die zweite und dritte Teilchenfamilie nur in exotischen Zusammenhängen auftritt, wie zum Beispiel bei den gewaltsamen Zusammenstößen im Teilchenbeschleuniger. Aber wie viele Teilchenfamilien gibt es? Sind es vielleicht mehr als drei? Einer der Beweggründe, das LEP zu bauen, war, auf eben diese Frage eine Antwort zu finden, und das Ergebnis scheint zu sein, dass es wirklich nicht mehr als drei Teilchenfamilien gibt. Aber warum ausgerechnet drei? Würde nicht eine reichen? Das ist eines der ungelösten Rätsel des Universums.

Stoßende Partikel

Doch es ist nicht alles nur Materie, man braucht auch Kräfte, um die Welt zu lenken. Die Kraft, von der ich bisher am meisten erzählt habe, ist die Gravitation, die ja, nach Einstein, eigentlich keine Kraft ist, sondern vielmehr mit Geometrie und gekrümmtem Raum zu tun hat. Doch über die Gravitation hinaus gibt es auch noch ein paar andere Kräfte, die der Menschheit seit Urzeiten bekannt sind: die elektrische und die magnetische Kraft. Der englische Physiker Michael Faraday (1791–1867) hat viel darüber nachgedacht, wie diese Kräfte zusammenhängen könnten. Und auch darüber, wie sie uns von Nutzen sein können: Unter anderem konstruierte er den ersten elektrischen Generator oder Dynamo. Als Faraday einmal gefragt wurde, wofür um Himmels willen man ein solches Monstrum denn brauchen könne, soll er geantwortet haben: »Eines Tages werden Sie es besteuern können!« Da konnte ja niemand ahnen, welchen Gewinn die Elektrizität einmal darstellen würde. Genauso verhält es sich auch heute – die großen Entdeckungen geschehen nun mal nicht auf Bestellung.

Was Faraday und andere entdeckten, war ein enger Zusammenhang zwischen Elektrizität und Magnetismus. Es stellte sich nämlich heraus, dass variierende magnetische Felder elektrische Felder erzeugen – aus diesem Grund fängt in einem Dynamo der Strom zu fließen an. Doch variierende elektrische Felder konnten ihrerseits wieder magnetische Felder erzeugen und auf diesem Weg konnte man mit Hilfe von Elektromagneten elektrische Motoren entwickeln. Möglicherweise von diesen Erkenntnissen inspiriert, konnte Faraday, seiner Zeit weit voraus, über eine Einheit, eine Urkraft hinter allem nachdenken. Doch er konnte es nicht zu Ende bringen, sondern es war dann der Schotte James Clerk Maxwell, dem es gelang, die unterschiedlichen Phänomene zu einer Theorie, dem Elektromagnetismus, zusammenzufügen. Maxwell machte quasi als Dreingabe noch eine andere seltsame Entdeckung. Elektrische und magnetische Kräfte geben sich nicht sofort zu erkennen, sondern brauchen etwas Zeit, um einen Einfluss von einem Ort zum anderen zu überführen. Maxwell kam darauf, dass es eine Art elektromagnetische Welle geben könnte, wo ein elektrisches Feld half, ein magnetisches zu schaffen, das wiederum ein elektrisches schuf, und auf diese Weise konnte das Ganze mit anständigem Tempo durch den Raum fahren. Wie schnell? Als Maxwell die gemessenen Werte in Verhältnis zur Stärke der magnetischen und elektrischen Kräfte setzte, kam ein wohl bekannter Wert dabei heraus: die Lichtgeschwindigkeit. Maxwell hatte entdeckt, dass das Licht eine elektromagnetische Welle ist.

Maxwells Elektromagnetismus war wahrscheinlich die wichtigste Inspirationsquelle für Einstein, als er die Spezielle Relativitätstheorie ersann. Die elektromagnetischen Gesetze legen nämlich die immer gleich hohe Lichtgeschwindigkeit zugrunde. Gleichzeitig verbinden sie die elektrischen und die magnetischen Kräfte eng miteinander.

Mit der Speziellen Relativitätstheorie kam auch die Einsicht, dass die Auskunft darüber, was magnetisch und was elektrisch ist, ganz einfach davon abhängt, wen man fragt. Was, von einem Ausgangspunkt ausgehend, als elektrische Kraft interpretiert wird, wird von einem anderen vielleicht als magnetische Kraft angesehen. Das hängt alles davon ab, wie man sich bewegt. Das wäre ein Beispiel für eine Vereinigte Theorie im Stil von Newton und seinem »Wie im Himmel, so auf Erden«. Alles hängt zusammen!

Doch es gibt noch mehr Kräfte, die die Materie lenken. Im Innern des Atomkerns herrscht die Starke Kraft, die die Quarks zu Protonen und Neutronen zusammenhält, und die außerdem dafür sorgt, dass Protonen und Neutronen ihrerseits zu Atomkernen verbunden bleiben. Wenn diese Starke Kraft plötzlich einmal aufhören sollte, dann würde die Welt sich schnell in eine formlose Suppe verwandeln. Die Ursache für diese Starke Kraft liegt darin, dass die Quarks eine neue Art Ladung in sich tragen, die nichts anderes ist als die *Farbe*, von der ich schon berichtet habe. Irgendeinen Namen muss das Ganze ja haben! Ein Quark kann rot, blau oder grün sein. Ebenso, wie man elektrische Ladung zusammenlegen kann, kann man auch Farben zusammenlegen. Legt man ebenso viel positive wie negative Ladung zusammen, dann wird es keine weitere elektrische Ladung geben, und wenn man Rot, Blau und Grün zusammenlegt, dann erhält man Weiß. Die Farbenkraft ist so stark, dass es wahrscheinlich völlig unmöglich ist, ein einzelnes Quark loszuschlagen und zu befreien. Das würde dann zwar eine Farbladung mit sich tragen, doch alle Materie würde weiß sein und keine Farbladung mehr haben, da ja die Quarks sich immer so miteinander verbinden, dass die Farbladung sich selbst aufhebt. Dieses Phänomen nennt man *Confinement* oder *Quark-Einschluss*. Man hat eine gewisse Vermutung, warum das so ist, doch bisher hat noch niemand unzweifelhaft beweisen können, dass dies wirklich aus den Gleichungen gefolgert werden kann. Bisher ist es auch noch niemandem gelungen, die Masse zum Beispiel eines Protons richtig auszurechnen oder vorherzusagen.

Innerhalb des Atomkerns gibt es auch noch eine andere Kraft, die so schwach und unbedeutend ist, dass man sich fragen kann, wozu sie wohl dienen soll. Anders als die Gravitation, die das Sonnensystem zusammenhält, der Elektromagnetismus, der die Atome zusammenhält, und die Starke Kraft, die Protonen und Atomkerne zusammenhält, vermag diese Schwache Kraft nämlich nichts zusammenzuhalten. Die Schwache Kraft ist aber für bestimmte radioaktive Sonderfälle zuständig, und so hat man sie auch entdeckt. Es ist gewöhnlich so, dass die Schwache Kraft ein Neutron in ein Proton und ein Elektron verwandelt. Unter den richtigen Umständen kann es jedoch auch umgekehrt verfahren und ein Proton in ein Neutron und ein positiv geladenes Elektron, also ein Positron, verwandeln. Wie ich schon erzählt habe, geschieht genau das in der Sonne, wenn Wasserstoff in Helium umgewandelt wird. Ohne die Schwache Kraft würde also unser Universum deutlich anders aussehen. Alles wäre in ewiger Dunkelheit versunken, und es würden keine Sterne leuchten.

Aber wie funktioniert diese Kraft eigentlich? Nach der Quantenmechanik ist es nicht möglich, Licht nur als Welle zu beschreiben, oder, wie Maxwell meinte, als elektromagnetische Welle. Stattdessen ist es manchmal günstiger, es als Teilchen oder Photonen zu betrachten. Dementsprechend haben die elektrischen und magnetischen Felder auch jedes für sich eine Teilchennatur, und das ist der Schlüssel zu einem anschaulichen Bild dafür, was eine Kraft ist. Zwei Elektronen, die dieselbe Ladung haben und sich deshalb abstoßen, schicken ganz einfach eine Art von Photonen zwischen sich hin und her. Ein Photon springt von dem Elektron, das es verlässt, ab, und stößt gegen das Elektron, das es aufnimmt. Auf diese Weise entsteht die Kraft. Auf einer Schlittschuhbahn kann man selbst ausprobieren, wie das funktioniert. Lassen Sie einfach zwei Personen (die Elektronen) eine dritte Person zwischen sich hin- und herschubsen. Alle tragen natürlich Schlittschuhe. Wenn nun die beiden Elektronen auf Schlittschuhen nicht bewusst gegenhalten, werden sie mit jedem Schubser etwas weiter auseinander gleiten.

Wenn die Teilchen unterschiedliche Ladungen haben, ein Elektron und Positron beispielsweise, dann wird es etwas schwieriger. Da die Teilchen sich in diesem Falle gegenseitig anziehen, ist es viel schwerer, sich vorzustellen, wie die Photonen ihre Stöße austeilen sollen. Die Lösung für dieses Geheimnis findet man ebenfalls wieder in der Quantenmechanik. Die Photonen sind nämlich keineswegs irgendwelche Photonen – sie sind *virtuell* und haben ihre Existenz nur geliehen. Während der Reise zwischen Elektron und Positron leihen sie sich so viel Energie und Bewegungsmasse aus, dass sie ihre Stöße genau andersherum ausführen können, als man es klassischerweise vermuten würde.

Die übrigen Kräfte nehmen auch diese hin- und hergestoßenen Teilchen zu Hilfe, um ihre Aufgaben zu erledigen. Bei der Starken Kraft werden diese Teilchen *Gluonen* oder *Austauschteilchen* genannt. Es gibt acht verschiedene Arten von Gluonen, die die Starke Kraft übertragen können, und um es richtig kompliziert zu machen, tragen die Gluonen außerdem jeweils noch eine Farbladung bei sich, sodass sie sich mit anderen verbinden können. Deshalb ist es sehr knifflig auszurechnen, was eigentlich passiert, wenn man mit Gluonen zu tun hat, und deshalb kriegt man auch die Sache mit dem Quark-Einschluss nicht so recht in den Griff.

Bei der Schwachen Kraft werden diese Teilchen W- und

Z-Partikel genannt. Im Unterschied zu den Teilchen der anderen Kräfte mit ähnlicher Funktion sind sie manchmal richtig schwer und wiegen zwischen 80- und 90-mal so viel wie ein Proton. Und die hohe Masse dieser Teilchen ist der Grund dafür, dass die Schwache Kraft so schwach ist. Wenn sie getreu dem Unsicherheitsprinzip Energie ausleihen sollen, um ihre virtuelle Existenz zu beginnen, dann müssen sie ja mindestens so viel leihen, dass es für ihre hohe Masse ausreicht, und die Folge davon ist, dass es nicht sonderlich lange dauert, bis sie das Geliehene zurückzahlen müssen. Ein Photon hingegen kann ja nur ganz wenig ausleihen, denn es wiegt schließlich gar nichts.

Alles, was es gibt, scheint also seine Wurzeln in den Teilchen und ihrem Einfluss aufeinander zu haben. Nicht nur die Materie ist aus Teilchen aufgebaut, sondern auch die Kräfte, die alle Bewegung und Veränderung steuern, erhalten ihre Erklärung in den Begriffen der Teilchen. Und genau so ein Weltbild wurde schon vor mehr als zwei Jahrtausenden von Leukippos und seinem Schüler Demokrit formuliert, die sich vorstellten, wie ganz kleine Atome sich, indem sie sich in der Leere bewegten, zu allem formen konnten, was es gab. Das Ergebnis war eine wimmelnde Welt mit Teilchen unterschiedlicher Sorte, die einander begegneten und sich verwandelten. Selbst wenn es hinter allem ewige und einfache mathematische Gesetze gab, so schufen diese Gesetze eine Welt, in der nichts statisch war, sondern alles in ständiger Verwandlung begriffen. Auch Lukrez ahnte dies schon in seinem *Von der Natur der Dinge*, in dem er von Staubkörnern berichtet, die im Sonnenschein schweben:

»Ich denke dabei an ein Bild, das ständig vor unseren Augen steht, und das beweist, dass dies wahr ist: Siehe, wenn die Sonnenstrahlen sich in einen dunklen Raum begeben und ihr Licht dort ausbreiten! Dann wirst du im Schein der Sonnenstrahlen Mengen von kleinen Körpern erkennen, die auf vielfältige Weise im leeren Raum zusammengemischt sind und wie in einem ewigen Feldzug einen Zusammenstoß nach dem anderen vollführen und Schwadron um Schwadron auffahren und niemals zum Rückzug blasen, sondern in dichtem Wechsel von Vereinigung und Spaltung getrieben werden. Hieraus kannst du schließen, was es bedeutet, dass die Atome im leeren Raum ständig hin- und hergeworfen werden. So kann ein unbedeutend Ding eine Vorstellung davon vermitteln und ein unvollständiges Bild von großen Dingen sein.«

Viel Lärm um nichts

Die Atome, die sich im leeren Raum bewegen, waren aber ganz und gar nicht nach dem Geschmack des Aristoteles. Er verkündete, die Natur würde die Leere »verabscheuen«, und legte damit in großen Teilen fest, woran sich spätere Denker zu halten hatten. So wie vieles aus der übrigen aristotelischen Physik wurde seine Auffassung darüber zu einem unumstößlichen Dogma, das von der Kirche eifrig verteidigt wurde. In Übereinstimmung mit Parmenides ein paar hundert Jahre vor ihm meinte Aristoteles, dass es ein Nichts nicht geben könne. Wenn man etwas denkt, hatte Parmenides erklärt, dann muss es auch etwas geben, was man denken kann. Das, was nicht ist, kann nicht gedacht werden, und was nicht gedacht werden kann, kann nicht existieren. Parmenides zog daraus den Schluss, dass das Nichts unmöglich sei. Etwas praktischer ausgerichtete Denker wie Empedokles und Anaxagoras argumentierten in dieselbe Richtung, auf etwas handfestere Weise durch Experimente mit Luft und Wasser, die zeigten, dass auch Luft Platz braucht, und dass deshalb ein Raum, wo nicht einmal Luft sei, einfach nicht sein könne. Ingesamt besehen, schien es keinen durch Beobachtungen belegten Beweis für die Leere zu geben – eine Tatsache, die Aristoteles natürlich ausnutzte.

Andere, wie zum Beispiel die Stoiker, lehnten in gewissem Maß schon die Idee eines leeren Raumes ab und sagten, dass alles stattdessen ein ungebrochenes Kontinuum sei. Was scheinbar leer ist, ist eigentlich von einer Mischung aus Feuer und Luft erfüllt, einem *Pneuma*. Nur außerhalb der gewöhnlichen Welt wollten die Stoiker eine echte Leere zulassen, in der es nicht einmal ein Pneuma gibt. Unsere Welt, so sagten die Stoiker, sei in dieser unendlichen Leere wie eine kleine Blase vom Pneuma zusammengehalten und durchströmt.

Aber es waren trotzdem die Ideen des Aristoteles, die über 1500 Jahre hinweg bestimmend sein sollten – eine Tatsache, die sich, wie wir bereits gesehen haben, in vielerlei Hinsicht auf die Physik und die Astronomie vernichtend und sehr irreführend auswirken sollte. Es konnte sogar lebensgefährlich sein, als Naturwissenschaftler über das Nichts nachzudenken. Augustinus diskutierte vor 1600 Jahren die Erschaffung der Welt aus dem Nichts und verband dieses Nichts mit der Abwesenheit eines Gottes und kam so zur Anwesenheit eines Bösen. Damit erhielten Theorien und Experimente, die die Leere betrafen, religiöse Implikationen und somit unangenehme Konsequenzen für die Wissenschaft. Als der Bischof von Paris 1277 nicht nur den Determinismus verdammte, sondern auch festlegte, dass Gott tun und lassen konnte, was er wollte, und somit auch eine Leere schaffen durfte, war das immerhin eine kleine Erleichterung.

Mittelalterliche Philosophen waren sich vor allem darüber einig, dass es unmöglich sei, in unserer Welt auch nur die kleinste Unze Leere zu produzieren, wenn es auch den einen oder anderen gab, der dies, vom alten Atomismus inspiriert, dennoch für möglich hielt. Zwei Forscher aus dem 17. Jahrhundert, Evangeliste Torricelli (1608–1647), Galileis Nachfolger als Professor in Florenz, und der Franzose Blaise Pascal (1623–1662), beobachteten die Atmosphäre und ihren Druck mit Hilfe von verschlossenen, mit Quecksilber gefüllten Glasröhrchen. Am oberen Ende eines solchen Röhrchens konnte man sehen, wie das Quecksilber auswich und eine kleine Blase von etwas hinterließ, das eigentlich Nichts sein musste. Diese kleinen leeren Räume konnten dann neugierig studiert werden. Vielleicht taten sie dies mit einem mit Entsetzen gepaarten Interesse, immer die Warnungen des Augustinus im Hinterkopf. Und tatsächlich nahmen diese Experimente mit dem Nichts manchmal makabre Formen an. So versammelten sich faszinierte Zuschauer um luftentleerte Glasbehälter mit Vögeln darin. Die Vögel fielen ihn Ohnmacht, erholten sich aber im günstigsten Fall schnell wieder, wenn die Luft wieder eingelassen wurde. Es wurde auch gezeigt, dass das Licht das Nichts durchqueren konnte. Ansonsten hätte die kleine Blase mit Nichts ja undurchsichtig sein müssen.

Die Experimente zeigten auch, dass, je höher man in die Berge hinaufkam, die Luft immer dünner wurde. Wenn man es nun weit genug nach oben schaffte, würde man dann vielleicht am Ende die Leere finden? Dies alles führte schließlich im Einklang mit den Stoikern zu der Einsicht, dass wir in einer kleinen Blase von Luft leben, die von einer nahezu unendlichen Leere umgeben ist. Das war eine unerhörte und erschreckende Entdeckung, von der wir uns immer noch nicht richtig erholt haben. Wenn wir zum Nachthimmel hinaufschauen und die pechschwarze Unendlichkeit sehen, dann wird uns dabei immer noch schwindelig. So viele Welten, aber vor allem so viel leerer Raum! Das scheint eine maßlose Verschwendung. Einige einzelne Atome auf jeden Kubikmeter, das ist alles.

Doch die Physik des Zwanzigsten Jahrhunderts hat gezeigt, dass eigentlich nichts völlig leer ist, und dass Aristoteles in einer tieferen Hinsicht Recht hatte. Die Quantenmechanik und die Spezielle Relativitätstheorie erlauben zusammengenommen nämlich einen verblüffenden Schluss: Die Leere selbst ist eine siedende Suppe von Geburt und Tod. Die Unschärferelationen der Quantenmechanik bewirken, dass Energie auftauchen und verschwinden kann, wenn es nur schnell genug geht, und die Relativität kann die Energie in Materie verwandeln.

Der Weg zu dieser Einsicht verlief verwirrenderweise alles andere als gerade. Vor Einstein verließ man sich ja darauf, dass der Äther das Medium war, das die Lichtwellen trug. Der Äther sollte alles durchströmen und ähnelte so dem Pneuma der Stoiker. Doch Einstein zeigte, dass dies nicht nötig war, und schon war es draußen wieder leer. Die Geschichte ging immer weiter, und wie wir gesehen haben, lud die Quantenmechanik den Zufall in die kleine Welt ein und ließ das zu, was der Grieche Thales niemals akzeptieren wollte: Dass aus nichts etwas geschaffen werden kann. Die Relativität zeigte, dass nicht nur Zeit und Raum relativ und vom Auge des Betrachters abhängig sind, sondern dass auch Masse und Energie ineinander umgeformt werden können. Im Schnittpunkt werden Teilchen aus nichts geschaffen, um dann schnell wieder zu zerfallen und zu dem Nichts zu werden, aus dem sie kamen. Die Leere ist wieder von einem Pneuma erfüllt.

Über ein Teilchen, das es fast nicht gibt

Lange vor der Entdeckung der W- und Z-Partikel waren es andere Aspekte der Schwachen Kraft, die die Physiker erstaunten. Sorgfältige Messungen zeigten nämlich, dass es in den Prozessen, wo die Schwache Kraft wirksam war, oft an Energie fehlte. Schuld und Kredit gingen einfach nicht auf. Da man nun nicht gerne glauben wollte, dass Energie zerstört werden könne, musste das bedeuten, dass ein unbekanntes Etwas die fehlende Energie stahl, ohne selbst in Erscheinung zu treten. Wolfgang Pauli (der mit dem Ausschlussprinzip) schlug deshalb 1930 vor, dass es noch eine weitere Art von Teilchen geben musste, das ohne Ladung oder Masse auskam, das *Neutrino*, das der Urheber des Dramas war. Seine Aufgabe in der Welt sollte es sein, die Situation um die Erhaltung der Energie zu retten. Es erwies sich später, dass Pauli Recht hatte. Es gibt wirklich Neutrinos, auch wenn sie ungeheuer schwer einzufangen sind und fast ungehindert selbst Lichtjahre dicke Wände von Blei durchqueren könnten.

Mit Hilfe von Paulis Neutrinos kann ich jetzt meine Erzählung über die Supernova vollenden. Das Ganze fing um 8:35 Uhr mitteleuropäischer Zeit am 23. Februar 1987 an. Tief unten in einem Salzbergwerk unter Lake Eire in der Nähe von Cleveland und in der Zinkgrube Kamioka nördlich von Tokyo hatte man gigantische Wassertanks aufgestellt, in denen elektronische Augen nach Lichtblitzen Ausschau hielten, die auf Neutrinos auf der Durchreise schließen ließen. Das Ziel war unter anderem, die Neutrinos zu beobachten, die die Sonne im Zusammenhang mit den Kernreaktionen, die ihr die eigene Energie gaben, aussandte. Seit Beginn der 70er Jahre wusste man, dass scheinbar viel weniger Neutrinos von der Sonne kamen, als man erwarten würde, und es war wichtig herauszubekommen, warum das so war. An diesem Morgen passierte jedoch etwas völlig Unerwartetes: Ein plötzlicher Schauer von ungewöhnlich vielen Neutrinos wurde von den Detektoren aufgespürt. So etwas war noch nie zuvor geschehen. Was konnte das gewesen sein? Auf einem Berg in Chile fotografierte der Astronom

Ian Shelton einen Tag später die Sterne im Großen Magellannebel. Wie ich schon erzählt habe, besteht der Magellannebel aus kleinen Satellitengalaxien der Milchstraße. Dabei befindet sich der kleine Nebel ungefähr 150 000 Lichtjahre von der Sonne entfernt, und der große ungefähr 200 000 Lichtjahre. Doch auf seinen Fotografien konnte Ian Shelton feststellen, dass irgendetwas nicht so war, wie es sein sollte. Ein neuer Stern war entzündet worden.

Eine Supernova entsteht in einer durchschnittlichen Galaxie vielleicht einmal alle hundert Jahre. Wenn man eine große Anzahl Galaxien untersucht, dann ist die Chance, eine Supernova zu entdecken, relativ groß. In unserer Galaxie waren sie in den letzten Jahrhunderten jedoch dünn gesät. Die letzten dokumentierten Fälle sind die von Tycho Brahe beobachtete Supernova aus dem Jahre 1572 (die vielleicht auch von Shakespeare gesehen wurde) und die von Kepler aus dem Jahr 1604. Es ist also höchste Zeit für eine neue, und der neue Stern im Großen Magellannebel im Jahr 1987 war der lang ersehnte Trost. Zum ersten Mal in der modernen Zeit konnte man die Explosion einer Supernova näher betrachten. Doch die spannendsten Ergebnisse wurden wie gesagt nicht durch gewöhnliche Teleskope gesehen, sondern in unterirdischen Grotten aufgezeichnet.

Die Erklärung für die Beobachtung liegt darin, dass bei einer Supernova-Explosion Neutrinos in unbeschreiblichen Mengen produziert werden. Das ist zumindest der Fall, wenn es sich um Explosionen vom Typ II handelt, also solchen, die von kollabierenden Riesensternen ausgelöst werden. Wie ich schon erzählt habe, werden diese Explosionen von einem Klumpen Eisen hervorgerufen, der im Bauch des sterbenden Sterns zu groß geworden ist. Wenn die Gravitation ausreichend stark wird, dann werden die Elektronen in die Protonen gezwungen, um Neutronen zu bilden – ein Neutronenstern ist geboren. Doch es entstehen auch Neutrinos, und es waren eben solche Neutrinos, die am Morgen des 23. Februar 1987 die Erde erreichten, von einem kollabierenden Stern im Großen Magellannebel ausgesandt. Die Schockwelle, die dieser Kollaps um sich her verbreitete, schuf dann einen sich ausdehnenden Feuerball, der ebenso hell leuchtete wie die ganze Milchstraße.

In den vergangenen Jahren hat man auch das Rätsel der fehlenden Neutrinos der Sonne gelöst. Verfeinerte Messmethoden und bessere Modelle davon, wie die Sonne leuchtet, haben das Problem immer mehr zugespitzt, und die meisten Wissenschaftler sind heute davon überzeugt, dass man die Sonne gut genug kennt, um mit Sicherheit sagen zu können, wie viele Neutrinos sie aussenden sollte. Doch, wie gesagt, hat man nicht so viele messen können. Die Erklärung könnte sein, dass sie sich auf dem Weg hierher von einer Neutrinoart in eine andere verwandeln. Es gibt nämlich unterschiedliche Arten von Neutrinos, eine für jede Teilchenfamilie. Ein Detektor, der nur Elektronneutrinos erkennen kann, die eben in der Sonne gebildet werden, würde zu wenige erkennen, wenn diese sich, sagen wir in Myonneutrinos verwandeln würden. Neue Messungen bekräftigen, dass genau dies geschieht. Außerdem ist es so, dass ein Neutrino solche Kunststücke nicht bewältigen kann, ohne eine Masse zu besitzen, und Paulis kleines Neutrino ist deshalb wohl doch nicht so klein und bedeutungslos, wie es zunächst schien.

Wie in einem Spiegel

Wenn ich einmal morgens noch müde meine beiden Schuhe verwechseln würde, dann würde ich sicher einige Lacher hervorrufen. Und mir würden im Laufe des Tages natürlich die Füße wehtun. Ebenso kann das Fahren auf der linken

Seite im Straßenverkehr Englands ein Erlebnis sein, vor allem, wenn es darum geht, sich richtig durch einen Kreisverkehr zu manövrieren. Als meine Familie und ich in England Ferien machten, durfte deshalb meine Frau am Steuer sitzen. Einerseits deshalb, weil sie viel besser Auto fährt als ich, aber andererseits auch, weil es ihr für gewöhnlich etwas schwerer fällt, zwischen rechts und links zu unterscheiden. Es ist für sie gar keine große Sache, plötzlich auf der anderen Seite zu fahren.

Es gibt übrigens auch Beispiele dafür, dass die Natur zwischen rechts und links unterscheidet. Die meisten Menschen haben zum Beispiel das Herz auf der linken Seite, auch wenn es natürlich Ausnahmen gibt. Nur ein Mensch von zehntausend hat das Herz auf der anderen Seite und auch die anderen Organe spiegelverkehrt. Niemand weiß, warum das geschieht. Was entscheidet darüber, wie der Embryo wachsen soll? Man hat natürlich Gene gefunden, die, indem sie die Produktion gewisser Proteine lenken, darüber bestimmen, wie es sein soll, doch das beantwortet nicht die Frage, sondern schiebt sie nur noch einmal auf die lange Bank. Einen interessanten Hinweis könnten die Flimmerhaare geben, die es an der Außenseite vieler Zellen gibt. Diese Flimmerhaare scheinen sich immer mit der Sonne zu drehen, was die Verteilung der Proteine und anderer Dinge so beeinflussen kann, dass ein Unterschied zwischen rechts und links entsteht. Doch dann ist wieder die Frage, warum die Flimmerhaare sich denn nicht in die andere Richtung bewegen können. Die Antwort muss irgendwo in den Molekülen zu finden sein, aus denen die lebendigen Zellen aufgebaut sind.

Das Leben auf der Erde besteht zu einem großen Teil aus Proteinen, die ihrerseits aus Aminosäuren zusammengesetzt sind. Diese Aminosäuren sind es, die in die Buchstabenkombinationen der DNA-Moleküle einkodiert sind. Die DNA, oder Desoxyribonukleinsäure, besteht aus einer Reihe von

Basen, die bestimmen, welche Aminosäuren die Zellen hervorholen müssen, um ein bestimmtes Protein aufbauen zu können. Die DNA-Sprache besteht aus vier verschiedenen Buchstaben, A, C, T und G, die für die Basen Adenin, Cytosin, Thymin und Guanin stehen. Insgesamt werden ungefähr zwanzig verschiedene Aminosäuren gebraucht, um die Proteine zu bilden, die es in der lebendigen Materie gibt. Die Aminosäuren besitzen die lustige Eigenschaft, dass es sie in zwei spiegelverkehrten Varianten gibt. Es ist ausnahmslos immer nur die eine Variante, die in den Proteinen Anwendung findet. Ihr spiegelbildliches Pendant würde also ganz und gar nicht in die gewöhnlichen Lebensprozesse passen. Nun kann man sich fragen, wie es wohl Alice im Wunderland ergangen wäre, wenn sie hungrig geworden wäre. Das Essen hätte sicher nicht sonderlich gut geschmeckt, es wäre vielleicht sogar ein tödliches Gift gewesen.

»›Ich weiß, was du haben willst‹, sagte die Königin freundlich und nahm eine kleine Schachtel aus der Tasche. ›Willst du einen Keks?‹
Alice meinte, es sei wohl unhöflich, nein zu sagen, obwohl das überhaupt nicht war, was sie wollte. Deshalb nahm sie ihn und aß ihn, so gut sie konnte. Und er war sehr trocken. Und sie fand, dass sie in ihrem ganzen Leben niemals so nahe dran gewesen war, zu ersticken.«

Es gibt in der Medizin auch tragische Beispiele dafür, was passieren kann, wenn man nicht zwischen rechts und links unterscheidet. Zu Beginn der 60er Jahre wurde Neurosedyn als Beruhigungsmittel benutzt, später jedoch verboten, als man herausfand, dass es schwere Schäden am ungeborenen Kind verursacht. Die Erklärung dafür war, dass es sozusagen zwei spiegelbildliche Varianten des Mittels gab. Das eine hatte zwar hauptsächlich den gewünschten Effekt, die spiegelverkehrte Variante wirkte jedoch fruchtschädigend. Außerdem ist es so, dass im menschlichen Körper die eine Variante in die andere verwandelt werden kann, was die ganze Sache natürlich noch schlimmer macht. Wenn man mit den Spiegeln nicht aufpasst, kann es also richtig übel ausgehen. Ein anderes Beispiel, diesmal direkt aus dem Alltag genommen, hat mit Würfeln zu tun. Die meisten Würfel sind nämlich nach festgelegten Prinzipien aufgebaut. In der Regel ergeben die Punkte auf den entgegengesetzten Seiten eines Würfels immer sieben. Die Sechs sitzt gegenüber der Eins, die Fünf gegenüber der Zwei und die Vier gegenüber der Drei. Doch wenn man will, gibt es doch noch zwei weitere Möglichkeiten, die aber Spiegelbilder voneinander sind. Wenn man den Würfel so hält, dass die Eins nach oben zeigt und die Zwei direkt nach vorn, dann kann nämlich die Drei entweder rechts oder links sitzen. Nun könnte man meinen, dass das eine genauso gut funktioniert wie das andere. Das Lustige ist jedoch, dass fast alle echten Würfel die Drei rechts haben. Irgendwann muss also ein Würfelfabrikant einmal beschlossen haben, seine Würfel genau so herzustellen, und seither sind ihm alle anderen gefolgt. Fast. Es ist mir tatsächlich gelungen, den einen oder anderen spiegelverkehrten Würfel zu finden, doch dabei handelt es sich ausnahmslos um seltsame und obskure Fabrikate.

Aber gibt es in der Natur einen grundlegenden Unterschied? Dass das Herz auf der linken Seite sitzt, dass das Leben auf der Erde eine bestimmte Variante von Aminosäuren ausgewählt hat, dass Würfel eine bestimmte Anordnung haben, das alles hat wahrscheinlich nichts mit irgendwelchen grundlegenden Naturgesetzen zu tun. Gibt es denn andere Beispiele? Wie steht es mit den grundlegenden Teilchen der Teilchenphysik, gibt es vielleicht welche, die wie die Würfel nur in einer von zwei möglichen Varianten existieren?

Tatsächlich gibt es ein solches Teilchen, und das ist das Neutrino. Das Neutrino hat wie viele andere Teilchen einen Spin, das heißt, es rotiert um seine eigene Achse. Doch aufgrund von diversen quantenmechanischen Spitzfindigkeiten kann die Rotationsachse des Neutrinos nur in eine von zwei verschiedenen Richtungen weisen: Entweder zeigt sie gerade nach vorn in Fahrtrichtung oder sie zeigt direkt rückwärts. Experimente haben gezeigt, dass das Neutrino nur eine dieser beiden Möglichkeiten auswählt. Das Neutrino hat nämlich immer eine Rotationsachse, die rückwärts weist, und das ist so, als würde man eine falsch herum gedrechselte Schraube mit einem Schraubenzieher einschrauben wollen. Man sagt, das Neutrino sei linkshändig. Doch was nun, wenn man ein Neutrino in einem Spiegel anschaut? Dann zeigt die Rotationsachse des Neutrinos in die andere Richtung, also nach vorn. Probieren Sie das selbst aus, indem sie eine Schraube vor einem Spiegel ein und ausschrauben! Doch wie den spiegelverkehrten Würfeln gibt es auch solche Neutrinos in der wirklichen Welt nicht. Man findet sie nur bei Alice im Wunderland. Die Natur hat sich mit anderen Worten dafür entschieden, eines ihrer grundlegenden Teilchen so zu konstruieren, dass es zwischen rechts und links unterscheidet. Wenn man in einen Spiegel schaut, dann sieht man deshalb eine fremde Welt, die sich bis in ihre kleinsten Details von unserer eigenen unterscheidet. Alice sollte also vorsichtig sein, wenn sie durch den Spiegel schreitet!

Da das Neutrino ein Teilchen ist, das geschaffen wird, wenn die Schwache Kraft ihre Finger im Spiel hat, wird der Bruch der Rechts-Links-Symmetrie mit eben der Schwachen Kraft verbunden. Die anderen Kräfte scheinen hingegen keinen Unterschied zwischen rechts und links zu machen.

Eine andere Art von Symmetrie ist die zwischen Materie und Antimaterie. Die Antimaterie ist an sich wie die Materie, aber in einiger Hinsicht ist sie doch ganz anders. Das Antiteilchen eines Elektrons zum Beispiel wird Positron genannt und ähnelt dem Elektron in der Hinsicht, dass es dieselbe Masse besitzt; es unterscheiden sich jedoch dadurch, dass es eine positive und keine negative Ladung hat. Diese entgegengesetzten Eigenschaften machen dramatische Ereignisse möglich, wenn Materie und Antimaterie aufeinander treffen und die widerstreitenden Eigenschaften ausgelöscht werden. Die Folge ist, dass sie heftig miteinander reagieren und sich sogleich in reine Energie verwandeln. Wenn der Mond aus Antimaterie bestanden hätte, dann wären die Astronauten explodiert und zusammen mit ein paar Schaufeln Mondkies im Moment ihrer Landung zu Gammastrahlung geworden. Da wir keine derartigen Explosionen beobachten konnten, dürfen wir schließen, dass es in unserer nächsten Nachbarschaft keine bedeutenden Mengen von Antimaterie gibt. Die Welt, die wir sehen, ist aus Materie aufgebaut. Antimaterie entsteht nur kurzzeitig in Teilchenbeschleunigern. Man ist sogar überzeugt davon, dass alle Sterne, die wir am Himmel sehen, aus ähnlicher Materie bestehen, und dass das wohl auch für alle Galaxien gilt, die wir sehen können. Selbst für die am weitesten entfernten.

Aber warum ist das so? Ist das nur ein Zufall? Oder könnte es sein, dass die Natur aus irgendeinem Grund die Materie der Antimaterie vorzieht? Ist eine Galaxie aus Antimaterie nicht ebenso nützlich wie eine aus Materie? Die Wissenschaftler der Teilchenphysik haben tatsächlich einen kleinen Unterschied zwischen Materie und Antimaterie entdecken können. Die Symmetrie zwischen diesen beiden hat also keinen Bestand, wenn man mal genau hinschaut!

Wir haben festgestellt, dass die Natur zwischen rechts und links unterscheidet, und dass sie außerdem zwischen Materie und Antimaterie unterscheidet. Das Lustige ist aber, dass alles plötzlich stimmt, wenn man die beiden Symmetrien miteinander vermischt. Wenn man also ein Neutrino im Spiegel betrachtet und dann noch die Materie gegen Antimaterie austauscht, dann passt alles ganz wunderbar. Der Grund dafür ist, dass ein Antineutrino in die entgegengesetzte Richtung zu einem Neutrino dreht. Die Rotationsachse der Antineutrinos weist also nach vorn in Richtung der Bewegung und fungiert daher wie eine Schraube mit richtigem Gewinde. Man sagt deshalb, sie seien rechtshändig. Die Natur scheint also diese kombinierte Symmetrie, die man übrigens die CP-Symmetrie nennt, zu respektieren. Jedenfalls fast. Experimente mit Teilchen, die man *Kaonen* nennt, haben gezeigt, dass es selbst, wenn man Materie gegen Antimaterie austauscht und in einen Spiegel schaut, einen kleinen Unterschied gibt. Nicht einmal die CP-Symmetrie ist also etwas, was die Natur wirklich respektieren kann, und die Frage, woher der CP-Bruch eigentlich kommt, ist eines der großen ungelösten Rätsel der Teilchenphysik.

Die dritte wichtige Symmetrie, oder wieder nur Fast-Symmetrie, dreht sich um die Frage, was geschieht, wenn man die Richtung der Zeit umkehrt. Ich habe ja schon von dem Zweiten Hauptsatz der Thermodynamik erzählt (»Früher war alles besser«), und dass es eine klare Unterscheidung zwischen davor und danach zu geben scheint. Doch ich habe auch argumentiert, dass diese Zeitrichtung etwas war, das nur für komplizierte und zusammengesetzte Phänomene gilt, dass es sich dabei eigentlich um eine Art eigensinniger Illusion handelt und es im ganz Kleinen vielleicht keinen Unterschied gibt. Dies stimmt im Wesentlichen, einfache Phänomene sehen ja auch richtig aus, selbst wenn man den Film rückwärts laufen lässt. Dabei kann es sich um die Bewegung eines Planeten um die Sonne handeln oder darum, wie die Teilchen im Teilchenbeschleuniger zusammenstoßen und reagieren. Doch selbst hier gibt es einen kleinen Unterschied, und daraus können wir folgern, dass die Natur selbst im Allerkleinsten zwischen vorwärts und rückwärts in der Zeit unterscheidet. Auch wenn dieser kleine Unterschied nicht für die Richtung der Zeit verantwortlich ist. Der Zeitpfeil wird, wie ich ja bereits gezeigt habe, im Großen geschaffen. Aber gibt es denn überhaupt keine Symmetrie, die die Natur respektiert? Wenn man einfach alle drei Symmetrien, von denen ich berichtet habe, zu einer Kombination zusammennimmt, nennt man das CPT, und das ist etwas mehr oder weniger Heiliges. Wenn man irgendein teilchenphysikalisches Geschehen filmt und dann Partikel gegen Antipartikel austauscht, den Film im Spiegel anschaut und ihn außerdem noch rückwärts abspielt, dann ist das, was man da zu sehen bekommt, auch ein möglicher Verlauf des Geschehens. Das ist natürlich keine bloße Annahme, sondern das CPT folgt hier gründlichen theoretischen Überlegungen aus der Quantenmechanik im Zusammenspiel mit der Speziellen Relativitätstheorie. Es hat auch noch niemand ein Experiment unternommen, in dem das CPT fehlschlägt. Aber wird das CPT auch in Zukunft Bestand haben? Vielleicht wird es weichen, wenn wir wirklich verstehen, wie die Quantengravitation funktioniert, oder es ist ein tiefsinniges Prinzip von beständigem Wert. Doch man hat fast den Eindruck, als wäre kein Naturgesetz wirklich ewig. Früher oder später wird man in irgendeinem verborgenen Winkel der Natur eine Ausnahme für jede Regel finden.

Im Schlamm waten

Mit Hilfe der Symmetrien kann man auch erklären, woher die Kräfte der Teilchenphysik und die Austauschteilchen kommen. Die Symmetrien nennt man *Gauge-Symmetrien* und die entsprechenden Krafttheorien werden *Gauge-Theo-*

rien oder *Yang-Mills-Theorien* genannt, nach den Physikern Chen Ning Yang und Robert Mills, die 1954 als Erste den Begriff verwendeten. Es zeigt sich, dass Gauge-Symmetrien immer von masselosen Stoßpartikeln gefolgt werden. Die Gauge-Symmetrie hinter dem Elektromagnetismus ist die Ursache für die Photonen, und die Gauge-Symmetrie hinter der starken Kraft ist die Ursache für die Gluonen.

Wie ich schon berichtet habe, besitzt die Natur manchmal eine Vorliebe dafür, Symmetrien ein wenig zu durchbrechen, und genau das geschieht auch bei der Schwachen Kraft. Die Symmetrie der schwachen Kraft ist nämlich nicht ganz perfekt und deshalb sind die Austauschteilchen der schwachen Kraft auch nicht völlig ohne Masse. Wie wird denn die Symmetrie der schwachen Kraft durchbrochen? Diese Aufgabe hat ein Feld übernommen, das es überall in der Raumzeit gibt, das *Higgsfeld*. Um ungefähr zu verstehen, was dort geschieht, kann man sich einen Stift vorstellen, der auf seiner Spitze steht – dies soll darstellen, dass die Symmetrie nicht gebrochen ist. Doch wenn der Stift nun umfällt, dann muss er sich eine Seite aussuchen, nach der er fällt, und so wird die Symmetrie durchbrochen. Genauso verhält es sich mit dem Higgsfeld. Seine Werte mit der höchsten Symmetrie sind nicht stabil, und das Feld muss eine Wahl treffen, ebenso wie der fallende Stift. Um ein irgendwie plausibles Bild zu haben, kann man sich eine Menge Stifte an verschiedenen Stellen im Raum vorstellen, die alle umfallen wollen.

Ebenso wie das Higgsfeld die Symmetrie der Schwachen Kraft durchbricht, wird das Higgsfeld auch als eine Art Schlamm fungieren, der die Raumzeit füllt. Alle Teilchen müssen durch den Higgsschlamm waten, und das geht natürlich nur zäh vonstatten. Und genau diese Zähigkeit begreifen wir als Masse. Nun sind es nicht nur die Austauschteilchen der Schwachen Kraft, die auf diese Weise Masse erhalten, sondern man glaubt heute, dass das für alle Teilchen unterschiedlichen Grades zutrifft.

Der Schlamm des Higgsfelds kann auch anfangen zu schwabbeln, und dieses Schwabbeln kann durch die Dualität von Welle und Teilchen in der Quantenmechanik als Vorhandensein von Teilchen aufgefasst werden. Diese Teilchen nennt man Higgsteilchen oder Higgsbosonen, und ihre Existenz ist eine wichtige Folge der Theorie vom Higgsfeld. Nun hat man allerdings noch keine davon gesehen – sie werden nämlich selbst von ihrem eigenen Schlamm beeinflusst und erhalten dadurch eine höchst ansehnliche Masse. Man hofft aber, sie mit dem Teilchenbeschleuniger LHC sehen zu können, wenn er erst fertig gestellt ist. Die meisten Wissenschaftler aus der Teilchenphysik sind überzeugt davon, dass man die Higgsteilchen früher oder später entdecken wird, und wären sehr erstaunt, wenn sie nicht auftauchen würden. Wenn man keine Spur von dem schwabbelnden Higgsschlamm finden würde, dann wäre irgendetwas richtig schief gelaufen.

Die Urkraft hinter allem

»Da sie die Kräfte der Natur nicht kennen, und da sie in ihrem Unwissen nicht allein sein wollen, wollen sie auch nicht, dass irgendjemand anders versucht, den Dingen auf den Grund zu gehen; sie wollen, dass wir wie die Wilden denken und keine Ursache von irgendetwas kennen lernen wollen. Aber wir sagen, dass die Ursachen immer erforscht werden müssen.«
Guillaume von Conches (12. Jahrhundert)

In einer Welt, die in ständiger, schneller Veränderung begriffen ist, ist es nur natürlich, nach etwas Sicherem und Beständigem zu suchen. Vielleicht verbirgt sich hinter der sich unermüdlich wandelnden und mit den Sinnen erfassbaren Welt eine tiefere und ewige Wahrheit, der der Mensch auch auf die Spur kommen kann? Mittelalterliche Philosophen und Gelehrte fanden nicht nur in der Bibel, sondern auch in der Mathematik diese sehnsüchtig gesuchte Unvergänglichkeit. Mit Hilfe von Gleichungen und Ziffern konnten sie den freien Willen, den Tod, die Unendlichkeit Gottes und sogar die Frage studieren, inwieweit Engel an zwei Stellen gleichzeitig sein können.

Aus der Zeit heraus, in der diese Gelehrten lebten, verstehen wir diese Bemühung natürlich gut. Allerdings sagt alles, was sie herausbekamen, weniger etwas über die Natur als vielmehr etwas über sie selbst aus. Und doch sind die treibenden Kräfte heute noch genau dieselben. Auch wir betrachten die wuselnde physische Welt als Ausfluss von etwas unendlich viel Einfacherem, und das Werkzeug, nach dem wir hierbei greifen, ist wieder die Mathematik. Ein ausgezeichnetes Beispiel dafür ist das Standardmodell, das die Wissenschaftler der Teilchenphysik als gültiges konstruiert haben, und das bestimmt auch vielen der mittelalterlichen Gelehrten durchaus zugesagt hätte.

Auch wenn das Bedürfnis nach Einfachheit und Sicherheit unbeschreiblich groß ist, so wird kein Physiker wohl ernsthaft daran glauben, dass das Standardmodell die letztgültige Beschreibung der Welt ist. Selbst wenn das Bild, das dabei entsteht, verblüffend einfach ist – schließlich hat es ja den Ehrgeiz, alles zu umfassen –, so ist die Frage berechtigt, warum die Natur gerade diese Kräfte und Teilchen ausgewählt hat, die wir hier beobachten. Man hätte gern ein noch tieferes Prinzip, das beweist, dass die Natur keine andere Wahl hatte. Das ist natürlich nur eine fromme Hoffnung – wer sind wir denn, dass wir der Natur ihre Vorlieben diktieren könnten? Befinden wir uns deshalb in derselben Situation wie die alten Scholastiker? Vielleicht ist es so, doch hat sich unsere Weise, sich zur Welt zu verhalten, immerhin als sehr effektiv erwiesen – einmal ganz abgesehen davon, welche Beweggründe sich in einer größeren Perspektive finden ließen. Es ist deshalb sinnvoll, es weiterzuversuchen, jedoch immer in dem Bewusstsein, dass wir eines Tages vielleicht nicht mehr weiterkommen werden. Es ist schließlich nicht sicher, dass die Natur in ihrem Grund die sichere Einfachheit bereithält, die wir seit Tausenden von Jahren so eigensinnig suchen.

Es ist ein natürlicher Gedanke, dass es eigentlich nur eine einzige Kraft geben müsste, eine Art Urkraft, der alle anderen Kräfte entstammen. Der Elektromagnetismus zeigt ja, wie die Elektrizität und der Magnetismus zusammengehören, und es gibt auch eine intime Verwandtschaft zwischen der Schwachen Kraft und dem Elektromagnetismus. Kann man vielleicht auch die Starke Kraft in dasselbe Muster einfügen? Schon in den 70er Jahren, von den Erfolgen in der Erforschung der Schwachen Kraft gestärkt, hat man das versucht. Und es ist fast gelungen.

Ein Indiz dafür, dass die Idee mit der Urkraft richtig ist, könnte eine Messung über die Stärke der Kräfte liefern. Es hat sich nämlich herausgestellt, dass die Kräfte in der Stärke variieren, je nachdem wie der Abstand zwischen den Teilchen ist, die der Kraft ausgesetzt sind, und zwar nicht nur auf die gewohnte Art und Weise. Es ist ganz klar, dass eine Kraft wie die Gravitation oder die elektrische Kraft schwächer wird, je weiter die Teilchen voneinander entfernt sind. Es war ja schon für Newton wichtig, dass die Stärke der Gravitation mit dem Abstand im Quadrat abnahm. Doch nein, es gibt einen Effekt darüber hinaus. Wenn man eine elektrische Ladung aus der Entfernung beobachtet, dann sieht man diese nämlich immer in einem Nebel von den Teilchen verborgen, die in der ständig blubbernden und kochenden Leere geschaffen und zerstört werden. Dieser Nebel vermag einen Teil der elektrischen Kraft auszulöschen – je mehr Nebel, desto schwächer die Kraft. Auf diese Weise wird die elektrische Kraft noch zusätzlich mit dem Abstand geschwächt und andersherum wird sie auch bei kurzem Abstand wieder größer. Durch das Unschärfeprinzip bedeuten kurze Abstände auch höhere Energie, und sehr richtig hat man herausgefunden, dass die elektromagnetischen Kräfte stärker werden, je höher die Energie ist, die man bei Kollisionen im Teilchenbeschleuniger anwendet. Der Unterschied ist nicht groß, stimmt aber exakt mit dem überein, was die Theorie vorhersagt. Bei der Schwachen und der Starken Kraft funktioniert es erstaunlicherweise genau umgekehrt. Der Nebel der blubbernden Leere bewirkt, dass die Ladungen deutlicher zu sehen sind, und er verstärkt die Kräfte mit dem wachsenden Abstand. Sie werden also schwächer, je kürzer der Abstand ist, was wiederum die Energien höher werden lässt.

Richtig interessant wird es, wenn man in einem Diagramm zeichnet und vergleicht, wie die Stärke der Kräfte sich mit der Energie verändert. Die Starke Kraft ist natürlich die stärkste von den dreien, doch verwirrenderweise erscheint die elektromagnetische Kraft als schwächer als die Schwache Kraft. Der Grund dafür, dass die Schwache Kraft es so schwer hat, sich geltend zu machen, ist nämlich keineswegs, dass sie besonders schwach wäre, sondern dass ihre Austauschteilchen so entsetzlich schwer sind und deshalb während ihrer kurzen Lebenszeit keine längere Strecke zurücklegen können. Wenn man dies jedoch wie im Golf mit einem Handicap kompensiert, damit der Wettkampf etwas spannender wird, dann wird die Ordnungsfolge genau, wie ich sie angegeben habe. Doch ob nun kurze Abstände oder hohe Energien – die Starke und die Schwache Kraft werden immer schwächer, und die elektromagnetische immer stärker, und auf diese Weise gleichen sich die drei Kräfte immer mehr an. Interessant daran ist, dass sich die Kurven der drei Kräfte bei richtig hohen Energien in einem Punkt zu treffen scheinen. Nun ist es natürlich nichts Besonderes, dass sich zwei Kurven treffen, doch damit sich drei Kurven überschneiden, braucht man entweder sagenhaftes Glück, oder es braut sich im Hintergrund irgendetwas zusammen. Doch man darf natürlich nicht vergessen, dass die Kurven zum größten Teil nur errechnet sind, im Experiment selbst kann man davon nur den allerersten kleinen Kurventeil sehen. Leider sind die auftretenden Energien auch so ungeheuer hoch, dass man nicht die ganze Strecke messen kann. Doch man hat das seltsame Zusammentreffen der drei Kurven als ein Zeichen dafür genommen, dass die drei Kräfte, wenn die Energie hoch genug ist, zu einer werden, und eine ursprüngliche Urkraft zu übernehmen scheint. Diese Theorien nennt man die *GU-Theorien*, die Grand Unified Theories. Die GU-Theorien vereinigen nicht nur die unterschiedlichen Kräfte, es erscheinen dort auch alle anderen Teilchen in einem deutlicheren Licht.

Doch dieses schöne Bild von einer einzigen Urkraft hinter aller Teilchenphysik des Universums führt zu unangenehmen Problemen. Eines der Probleme ist, dass diese Urkraft ein Unheil anrichten kann, zu dem keine der einzelnen Kräfte fähig ist. Wenn man nur lange genug wartet, kann sie auch Protonen zerstören, und so sagen die GU-Theorien voraus, dass die Materie selbst instabil sein würde. Das macht die Sache schwierig für viele GU-Theorien, in denen die Protonen viel zu zerbrechlich werden, verglichen damit, wie sie sich in Wirklichkeit verhalten. Protonen sind ja nun einmal sehr haltbare Dinge, und man hat noch keines auseinander fallen sehen, obwohl man sehr geduldig versucht hat, sie zu zerstören. Ein anderes Problem sind gründlichere Messungen der Kräfte, die vor allem im LEP durchgeführt wurden. Wenn man in den Bereichen niedriger Energien, die man beherrschen kann, so gründlich wie möglich misst, und dann ausrechnet, was wohl bei den höheren Energien passiert, dann treffen sich die drei Kurven nicht so exakt, wie ich es zuvor behauptet habe, sondern sie verpassen sich ein wenig. Und damit scheint die Vorstellung von einer dahinter liegenden Urkraft nicht mehr ganz haltbar. Doch glücklicherweise gibt es für diese beiden Probleme eine Lösung – und zwar eine Lösung, die die alten Scholastiker zu Tränen gerührt hätte: die *Supersymmetrie*.

Von der Supersymmetrie

Um verstehen zu können, was die Supersymmetrie ist, muss man sich erst einmal klar machen, dass die Teilchen sich in der Natur in zwei Arten aufteilen: *Bosonen und Fermionen*. Unter den bekannten Teilchen ist es so, dass die, die Materie aufbauen, wie Quarks und Elektronen, immer Fermionen sind, die Teilchen hingegen, die Kräfte übertragen, immer Bosonen. Fermionen gehorchen dem Ausschlussprinzip und haben es deshalb gar nicht gern, wenn sie sich zu nahe kommen, und somit ist es das Verdienst der Fermionen, dass die Materie Platz hat. Wir haben ja schon Beispiele für das Ausschlussprinzip gesehen, als es um den Aufbau der Atome und die Struktur der Weißen Zwergsterne und der Neutronensterne ging. Bosonen hingegen haben anders als die Fermionen keinerlei Hemmungen und wollen gern nah zusammen sein.

Die Supersymmetrie besagt nun, dass es einen tieferen Zusammenhang zwischen Fermionen und Bosonen gibt. Die verschiedenen Teilchenarten sind mit anderen Worten gar nicht so wesentlich unterschiedlich, wie man zunächst meinen könnte. Die Teilchen, die die Materie aufbauen, respektive die Kräfte übertragen, sind nach der Supersymme-

258

trie im Grunde vom selben Schrot und Korn. In einer supersymmetrischen Welt gibt es für jede Art Fermion eine Art von Boson, das exakt dieselbe Masse und Ladung besitzt. Das Photon, das ein Boson ist, hat als seinen Partner das *Photinon*, und das Gluon, das auch ein Boson ist, hat als Partner das *Gluinon*. Zum Elektron, das ein Fermion ist, gehört das *Selektron*, zu den Quarks die *Squwarks* und zum Neutrinon das *Sneutrinon*. Diese seltsamen Namen waren vielleicht nicht unbedingt eine gute Idee. Der gigantische Teilchenbeschleuniger SSC (Supersymmetric Super Collider), der Anfang der neunziger Jahre in einem Loch in der Erde in Texas sein Ende nahm, als das Geld alle war, sollte die supersymmetrischen Teilchen entdecken helfen. In der *New York Times* schrieb man, dass eine Maschine, die es zur Aufgabe habe, Wesen mit derart hässlichen Namen zu entdecken, niemals gebaut werden dürfe, und vielleicht ließ man das Projekt ja deshalb wieder fallen.

Es gibt vieles, was darauf hinweist, dass die Welt bei hohen Energien wirklich supersymmetrisch ist, und dass jedes Teilchen einen Superpartner mit derselben Masse besitzt. Bei niedrigen Energien, mit denen man normalerweise in Kontakt kommt, wird die Symmetrie hingegen gebrochen, und die supersymmetrischen Freunde unserer gewöhnlichen Teilchen erhalten eine bedeutend höhere Masse. Doch vielleicht werden sie mit geplanten oder fertig gestellten Teilchenbeschleunigern schon bald entdeckt werden.

Die Supersymmetrie spricht die Theoretiker sehr stark an, nicht nur, weil das eine neue Schwierigkeit bedeutet, in die man sich hineinvertiefen kann, sondern weil alles so viel einfacher wird. Die Physik ist auch mit der Supersymmetrie mindestens genauso interessant und reich an Phänomenen, doch der Mathematik kann damit Genüge getan werden, und das, was sonst außer Reichweite war, wird nun der Beobachtung zugänglich. Die Supersymmetrie hat darüber hinaus noch viele angenehme Konsequenzen, was die Theorie über die Urkraft angeht, unter anderem, dass die Protonen weniger zerbrechlich werden, und man auf diese Weise eine Erklärung dafür erhält, warum man noch keinen Protonenzerfall hat beobachten können. Man braucht wahrscheinlich 1034 Jahre Geduld, wenn man darauf aus ist, ein bestimmtes Proton zerfallen zu sehen.

Doch das Interessanteste ist vielleicht, dass die Supersymmetrie das Problem löst, wie die drei Kräfte sich treffen können. Die supersymmetrischen Teilchen können ebenso wie andere Teilchen mit Hilfe der Quantenmechanik und Relativität geschaffen und zerstört werden, und verändern somit das Rezept für die Suppe der blubbernden Leere. Die Würze, die sie beitragen, ist genau das, was man braucht, um den Quantennebeln die richtige Durchsichtigkeit zu verleihen, und das bedeutet, dass nur in einer supersymmetrischen Welt die Idee von einer Urkraft möglich ist.

Das Zusammentreffen der drei Kräfte ist einer der wichtigsten Hinweise, die wir haben, um einem tieferen Verständnis von der Natur näher zu kommen. Und wir wollen hoffen, dass es sich dabei nicht nur um einen ärgerlichen Zufall handelt, der uns in die Irre leiten will. Schließlich verhält sich die Natur nicht immer so, wie wir Menschen es erwarten.

KAPITEL 9

Der Traum des Pythagoras

In dem sich herausstellt, dass Schwarze Löcher nicht ewig
sind, wir Tipps bekommen, wie man sein Gedächtnis verbessert,
und endlich lernen, was eine Saite ist.

Im 6. Jahrhundert v. Chr. lebte in Griechenland der erstaunliche Pythagoras von Samos. Pythagoras war als weiser Lehrer bekannt, man schrieb ihm jedoch auch fast magische Kräfte zu – eine seiner vielen Heldentaten soll gewesen sein, eine Giftschlange durchgebissen zu haben. Pythagoras stand an der Spitze einer heimlichen Bruderschaft, die sich einer Menge seltsamer Lebensregeln unterwarf. Man durfte keine Bohnen essen, keine weißen Hähne berühren und nichts aufsammeln, was auf den Boden gefallen war. Die Pythagoräer hatten auch Vorstellungen von der Seelenwanderung, doch das Seltsamste von allem war, dass sie meinten, das innerste Wesen der Natur und des Daseins bestehe aus Zahlen. Alles war auf Zahlen aufgebaut.

Pythagoras hatte einen Traum. Er träumte von einer Welt, die von denselben mathematischen Gesetzen gelenkt wurde, die er bei musikalischen Harmonien entdeckt hatte. Indem er die Länge von schwingenden Saiten verändert hatte, hatte Pythagoras entdeckt, wie der Zusammenhang zwischen wohlklingenden Tönen mit Hilfe der Mathematik beschrieben werden konnte. Da nun auch die wandernden Planeten des Himmels mathematischen Gesetzen folgten,

261

war der Gedanke nicht fern, ihre Bewegungen mit charakteristischen Melodien zu assoziieren. Der Gedanke an die Sphärenmusik hat sich seither von vielen Seiten aus in die Literatur eingeschlichen: »Auch nicht der kleinste Kreis, den du da siehst / Der nicht im Schwunge wie ein Engel singt«, schreibt Shakespeare im *Kaufmann von Venedig*. Doch Jahrhunderte des Suchens haben gezeigt, dass es dort draußen still ist. Es erklingt keine Sphärenmusik bei der Bewegung der Planeten.

Die moderne Physik hat stattdessen Hinweise darauf entdeckt, dass die gesamte Schöpfung eine Symphonie ist, die auf Saiteninstrumenten gespielt wird. Doch diese Saiten sind klein, viel kleiner als alles andere. Um damit die Strecke von den Füßen bis zum Kopf zusammenzuknüpfen, bräuchte man so viele Saiten aneinander, dass, wenn man statt ihrer Atome nebeneinander reihte, man auf die andere Seite des Universums gelangen könnte. Oder ebenso viele Saiten, wie man Sandkörner in einem Sandhaufen, so groß wie die Sonne, finden würde.

In der Welt der Saitentheorie oder Stringtheorie sind die kleinsten Bestandteile keine punktförmigen Partikel, sondern ausgedehnte, vibrierende Saiten (engl. strings). Je nachdem, wie die Saiten schwingen, spielen sie unterschiedliche Töne. Jeder Ton steht im Zusammenhang mit einem Partikel; einem Elektron, einem Photon, einem Quark oder irgendetwas anderem. Und die Musik, die sie spielen, steht im Zusammenhang mit der Welt selbst.

Den schönsten Klang gibt eine zerrissene Saite

»Es gibt eine Theorie, die davon ausgeht, dass, wenn jemand
herausfindet, was genau das Universum ist und warum es existiert,
es sofort verschwinden und durch etwas noch Seltsameres und
Unerklärlicheres ersetzt werden wird. Es gibt eine andere Theorie, die
besagt, dass das bereits geschehen ist.«

Douglas Adams, Das Restaurant am Ende des Universums, zweiter Teil von
Per Anhalter durch die Galaxis

Die Quantenmechanik und die Spezielle Relativitätstheorie
sind zwei im Wesen unterschiedliche, aber jeweils für sich
ungeheuer erfolgreiche Denkgebäude. In vieler Hinsicht haben sie nicht nur unsere Art zu denken verändert, sondern
auch unsere Art zu leben. Vieles in der modernen Technik
hat seine Wurzeln in dieser für die meisten immer noch
fremden und exotischen Physik. Mit Hilfe der Quantenmechanik und der Speziellen Relativität im Zusammenspiel
haben wir auch sehen können, wie das seltsame Innerste der
Materie durch das Standardmodell der Teilchenphysik beschrieben werden kann. Doch diesen großartigen Erfolgen
zum Trotz gibt es noch ein paar unbeantwortete Fragen.
Eine davon lautet ganz einfach, warum das Standardmodell
so aussieht, wie es aussieht. Warum muss es gerade die Teilchen geben, die wir sehen? Und warum müssen sie von den
Kräften gelenkt werden, von denen ich erzählt habe? Nicht
einmal die Idee von einer Urkraft reicht hier als Antwort
wirklich aus – es müsste doch noch etwas Einfacheres geben, etwas noch Grundlegenderes.

Doch die bei weitem schwierigste Frage ist die, wie man
eine quantenmechanische Beschreibung der Gravitation
bewerkstelligen soll. Die gekrümmte Raumzeit weigert
sich stur, sich der Zufallswelt aus Wahrscheinlichkeiten,
wie sie in der Quantenmechanik herrscht, zu unterwerfen.

Und auch die Aufgabe, die Theorie für die Gravitation, die Allgemeine Relativitätstheorie, mit den übrigen Theorien zusammenzufügen, hat sich als ungeheuer schwierig erwiesen. Schon bald gerät man an seltsame Paradoxa, die Mathematik bricht zusammen, man erhält unendliche und sinnlose Ergebnisse und eigentlich funktioniert gar nichts. Wenn man die Quantenmechanik die Gravitation umfassen lässt, dann bedeutet das, dass die Raumzeit selbst anfängt zu blubbern und zu kochen, und da die Raumzeit das Feld ist, auf dem sich alle Physik abspielt, tappt man dann völlig im Dunkeln und weiß nicht mehr, wohin man treten soll.

Es ist freilich so, dass man in der Praxis keine Möglichkeit hat, mit Experimenten die extremen Situationen zu erreichen, in denen sowohl Quantenmechanik als auch Gravitation bedeutsam werden. Zumindest bis heute nicht. Die Quantenmechanik hat ja zumeist mit dem Allerkleinsten zu tun, während die Gravitation große Mengen von Materie benötigt, um überhaupt von Bedeutung zu sein. Es ist also erforderlich, dass man mit Teilchen umzugehen lernt, die zu so hohen Energien beschleunigt sind, dass die Gravitation trotzdem in Erscheinung tritt. Vermutlich muss hierzu ein einziges Elektron mit so viel Bewegungsenergie versehen werden, wie sie bei einem größeren Lastwagen in voller Fahrt auf der Autobahn am Werk ist. Natürlich hat niemand eine Ahnung, wie das gehen soll. Vielleicht sind ja die Verhältnisse, die man annimmt, so extrem, dass sie im Universum von heute niemals eintreffen. Wie auch immer, die Natur muss eine Lösung für das Rätsel gefunden haben. Und die muss an dem Tag bereitstehen, wenn die besagten Experimente durchgeführt und unsere Fragen beantwortet werden können. Sonst wird sich das ganze Universum – genau wie ein gewöhnlicher Computer es tut, wenn er sich verheddert hat – ganz einfach aufhängen. Aber was ist das

Geheimnis? Wie kann die Natur sich aus der Klemme befreien?

Seit der Mitte der 80er Jahre glaubt man, eine ziemlich gute Vorstellung davon zu haben, was die Lösung des Dilemmas sein könnte: die *Stringtheorie*. Diese Idee liegt eigentlich auf der Hand. Für uns ist die Teilchenphysik normalerweise darauf aufgebaut, dass die grundlegenden Bausteine der Natur punktförmige Partikel sind. Wenn das nun Probleme mit sich bringt, dann liegt es nahe zu untersuchen, ob man stattdessen Saiten, Membrane oder andere lang gezogene Strukturen anwenden kann. Das hat man getan, und es hat sich erwiesen, dass eben Saiten besonders gut dafür eingerichtet sind, es mit den Schwierigkeiten der Quantenmechanik aufzunehmen.

Was ist nun der Grund dafür, dass die Saiten so günstig sind? Die Schwierigkeiten mit der Quantengravitation haben mit kurzen Abständen zu tun, und wenn es eine Mindestlänge gäbe, dann wäre schon viel gewonnen. Der Punkt bei der Stringtheorie ist, dass sie uns mit einer solchen Mindestlänge versorgt, nämlich der Länge der Saite. Nun denkt man sich, dass Abstände, die kleiner sind als die Länge der Saiten, bedeutungslos sind. Um Abstände zu messen, muss man in der Praxis ja irgendein Instrument haben. Da alles aus Saiten besteht, auch das Messinstrument, und da die Saiten eine bestimmte Ausdehnung haben, muss das Instrument notwendigerweise unpräzise sein. Wir können also nichts sehen, was kürzer ist als die Saiten. Und gibt es das, was wir nicht sehen oder nicht messen können? Die Stringtheorie will für sich geltend machen, eine Theorie für alles zu sein, wo weitere Fragen sinnlos sind.

Die Stringtheorie wurde übrigens in einem völlig anderen Zusammenhang entdeckt, der überhaupt nichts mit der Quantengravitation zu tun hatte. Ende der 60er Jahre versuchte man nämlich, eine Theorie für die Starke Kraft zu finden, die Quarks Protonen und Neutronen zuordnet, und es schien zu Anfang, als ob eben die Saiten das entscheidende Puzzlesteinchen sein könnten. Doch geriet die Stringtheorie in Vergessenheit, als man später die Farbkraft entdeckte, die mit ihren Gluonen ja die Methode der Teilchenphysik ist, die Starke Kraft zu verstehen. Einer der Nachteile der Saiten als Theorie für die Starke Kraft war die Existenz gewisser masseloser Partikel, die überhaupt nicht ins Bild passten. Doch wenn man stattdessen die Saiten als eine grundlegende Naturtheorie betrachtet, so verwandelt sich diese Niederlage in einen großen Sieg. Die masselosen Teilchen sind nämlich nichts Geringerem als den Austauschteilchen der Gravitation zuzuordnen: den *Gravitonen!* Wenn man den kleinsten Bestandteilen der Natur die Form von Saiten gibt, dann stellt dies alle früheren Probleme mit der Quantengravitation auf den Kopf. Mit den Teilchen kann man unmöglich die Gravitation in eine quantenmechanische Beschreibung aufnehmen. Mit Saiten ist die Gravitation hingegen eine Notwendigkeit.

Doch mit der Stringtheorie bekommt man noch viel mehr geschenkt als nur eine Theorie für die Quantengravitation. Es hat sich nämlich gezeigt, dass die Saiten ganz bestimmte Bedingungen stellen, wie die Welt eingerichtet sein muss, damit es ihnen so richtig gut geht. Zum Beispiel sind sie ziemlich eigen, was die Anzahl von Dimensionen angeht, die die Raumzeit haben muss. Und das ist natürlich eine ungeheuer interessante Eigenschaft. Wir würden ja gerne erklären können, warum es ausgerechnet vier Raumzeitdimensionen gibt. Unglücklicherweise gefällt es der einfachsten der Stringtheorien am besten in 26 Dimensionen, wovon 25 Raumdimensionen sind und eine die Zeit ist. Das ist natürlich keine sonderlich glückliche Voraussage für eine Theorie, die den Anspruch hat, alles zu erklären. Und noch ernster wird es, wenn man feststellt, dass die Theorie nur

Partikel beschreiben kann, die Bosonen sind. In unserer Welt aber haben wir auch Fermionen, und diese erste Stringtheorie bietet deshalb weder für Quarks noch für Elektronen Platz.

In den 70er Jahren gelang es, Stringtheorien zu konstruieren, die die notwendigen Fermionen enthielten, und damit ging man einen wichtigen Schritt in Richtung auf eine realistische Naturtheorie. Die in die neuen Stringtheorien einbezogene Mathematik stellte auch in diesem Fall harte Anforderungen an die Welt, und es ergab sich nun, dass man zehn Dimensionen benötigte. Eine Zeit- und neun Raumdimensionen, was ja schon mal etwas besser aussah. Doch damit war noch nicht Schluss, denn es erwies sich, dass die zehndimensionale Stringtheorie noch eine weitere wichtige Eigenschaft besitzt. Sie ist supersymmetrisch, und folglich spricht man von *Superstrings*.

Im Wesentlichen gibt es fünf Stringtheorien, die alle ganz prosaische und für Uneingeweihte nichtssagende Namen haben: Typ I, Typ IIA, Typ IIB, heterotisch SO(32) und heterotisch $E_8 \times E_8$. Wofür diese Bezeichnungen stehen, das ist eine lange und komplizierte Geschichte, die ich einfach schnell überspringe. All diese Theorien mögen also zehn Dimensionen, doch da die wirkliche Welt nur vier Dimensionen besitzt, haben wir immer noch sechs zu viel. Doch anstatt diese Theorien für falsch zu erklären, hat man inzwischen eine raffinierte Weise gefunden, mit den überzähligen Dimensionen umzugehen. Man stellt sich die zusätzlichen Richtungen eingerollt vor, und zwar so, dass sie sich im Alltag nicht zu erkennen geben. Sie sind ganz einfach so klein, dass man sie nicht bemerkt. Doch wenn man genau hinschaut, mit einem ausreichend starken Vergrößerungsglas, dann geben sie sich zu erkennen, und es ergeben sich neue Dimensionen in Richtungen, von denen man gar nicht wusste, dass man in sie weisen kann! Man muss sich das in etwa so vorstellen wie einen Trinkhalm, der aus der Ferne wie ein Strich aussieht, bei näherem Hinsehen aber auch eine Richtung hat, die um den Halm herum geht.

Unter den Ersten, die eine höher dimensionierte Welt dieser Art vorschlugen, waren der Pole Theodor Kaluza (1885–1945) und der Schwede Oskar Klein (1894–1977). Sie dachten sich bereits in den 20er Jahren eine fünfte Dimension aus, die eine geometrische Erklärung für den Elektromagnetismus geben könnte, analog zu dem geometrischen Bild von der Gravitation durch die Allgemeine Relativitätstheorie. Ein paar Jahre zuvor hatte auch der finnische Physiker Gunnar Nordström (1881–1923) in ähnlichen Bahnen gedacht.

Doch wie kann man die Stringtheorie erproben? Es ist immer noch schwer, passende Experimente zu finden. Wie ich bereits angedeutet habe, sind die notwendigen Energien, um die Saiten direkt beobachten zu können, ein paar Abermilliarden Mal höher als das, was der größte Teilchenbeschleuniger heutzutage leisten kann. Und wahrscheinlich ist es ebenso schwer, den zusätzlichen Dimensionen beizukommen. Doch es fehlt nicht an theoretischen Tests. Man muss ja beweisen, dass die Theorie logisch zusammenhängt, und dass sie die Paradoxa und Widersprüche auflösen kann, mit denen man sich zuvor in der Quantengravitation herumgeschlagen hat. Ein solcher Test betrifft auch die Schwarzen Löcher, deren unerfreuliche Paradoxa die Wissenschaftler der theoretischen Physik viele Jahre lang quälten.

Schwarze Löcher sind nicht schwarz

Der bekannteste lebende Physiker ist ohne Frage Stephen Hawking. Er ist durch seine schwere Erkrankung an der schrecklichen Lou-Gehrigs-Krankheit, die eine fast völlige Lähmung mit sich brachte, zu einem Symbol für den unbeugsamen Intellekt geworden. Als er 21 Jahre alt war, sagten ihm die Ärzte einen baldigen Tod voraus, doch da ich dies hier schreibe, ist er fast 60 Jahre alt, und setzt seine Forschungen unverdrossen fort. Ich habe ihn in den vergangenen Jahren bei einigen Gelegenheiten auf Konferenzen gesehen. Er pflegt mit seinem Rollstuhl und einer Krankenschwester im Gefolge hereinzurollen, wenn ihn ein Vortrag interessiert. Wenn Hawking selbst liest, dann geschieht dies mit einer synthetischen Computerstimme, die wiedergibt, was er vorbereitet und mühsam in seinen Computer geschrieben hat. Natürlich ist er sich der Rolle, die er spielt, sehr bewusst, und er posiert gern ein Weilchen länger mit dem projizierten Sternenhimmel im Hintergrund, ehe der eigentliche Vortrag beginnt. Als Hawking bei einer Gelegenheit auf der Konferenz »Strings '99« in Potsdam in den Vorlesungssaal rollte, wurde er von einer Menge Fotografen und Journalisten verfolgt, die einen großen Tumult verursachten und den Fortgang der Vorlesung unmöglich machten. Kameras blitzten, und das Ganze hatte etwas Unwirkliches und Gruseliges. Wer scherte sich überhaupt um den Menschen? Oder gar die Wissenschaft? Es war nur ein Symbol, über das man staunte.

Hawkings wirklich große Entdeckungen liegen schon etwas zurück, doch sein Name ist mit einigen der interessantesten und seltsamsten Fragestellungen innerhalb der Grundlagen-Physik verbunden. In den 70er Jahren machte Hawking die theoretische Entdeckung, dass Schwarze Löcher eine Temperatur besitzen und Strahlung aussenden. Es ist die Quantenmechanik, die diese eigentlich unmögliche Heldentat vollbringt – schließlich verkündet ja die Allgemeine Relativitätstheorie, dass nichts aus einem Schwarzen Loch herauskommen kann! Wie soll das also gehen? Ich habe ja schon berichtet, wie in der Leere selbst ständig Teilchen geschaffen und zerstört werden, indem sie getreu dem

269

Unschärfeprinzip Energie ausleihen. Dies gilt natürlich auch in der Nähe eines Schwarzen Lochs. Die Teilchen werden oft paarweise geschaffen, damit zumindest die Ladung erhalten bleibt, so entstehen zum Beispiel ein Elektron und ein Positron, die doch kurze Zeit später wieder zerstört werden. Doch wenn nun eines der Teilchen das Pech hat, durch den Horizont in das Schwarze Loch zu fallen, was geschieht dann? Das übrige Teilchen hat ja nun keinen Partner, mit dem zusammen es zerstört werden kann, und damit muss es seine geliehene Existenz beenden und stattdessen wirklich werden. Dann hat es die Freiheit, sich weg von dem Schwarzen Loch zu verirren, und diesen Verlauf interpretieren wir so, dass das Schwarze Loch Strahlung abgibt. Die Energie muss natürlich erhalten bleiben, und das neu verwirklichte Teilchen muss für seine Existenz geradestehen. Von wo stammt seine Energie? Die einzig mögliche Quelle ist das Schwarze Loch, das sich auf diese Weise zusammenzieht und etwas kleiner wird.

Daraus folgt, dass Schwarze Löcher nicht ewig sein können. Wenn man lange genug wartet, dann wird jedes Schwarze Loch verschwinden. Nun ist diese Strahlung im Allgemeinen nicht sonderlich stark. Ein typisches Schwarzes Loch, das beim Kollaps eines Sterns entstanden ist, sendet eine Hawking-Strahlung aus, die ein paar zehntelmillionstel Grad über dem absoluten Nullpunkt liegt. Das ist eine vollständig zu vernachlässigende Strahlung, die zu messen es in der Welt keine Möglichkeit gibt. Doch das Interessante ist, je kleiner das Loch ist, desto höher ist die Temperatur. Das bedeutet auch, dass die Verdunstung umso schneller geht, je kleiner das Schwarze Loch ist. Für ganz kleine Schwarze Löcher wird die Strahlung so bedeutsam, und Tatsache ist, dass sie am Ende mit einer anständigen Explosion zu existieren aufhören, die im interstellaren Abstand durchaus wahrzunehmen sein müsste.

Vielleicht sind Schwarze Löcher von der Größe eines Berges – was den Radius angeht, so wäre der mikroskopisch klein – bei der Geburt des Universums entstanden. Diese müssten eigentlich jetzt in unserer Zeit explodieren, und man hat, wenn auch bisher ohne Erfolg, nach solchen Phänomenen gesucht. An dem Tag, an dem ein explodierendes Schwarzes Loch entdeckt wird, wird man Zugang zu einem großen Laboratorium bekommen, das viele interessante Hinweise auf eine neue Physik wird geben können. In der ganz entfernten Zukunft, wenn das Universum immer größer, dunkler, kälter und einsamer geworden ist, wird die Hawking-Strahlung zu den letzten Lichtquellen gehören, ehe die ewige Nacht anbricht. Doch mehr davon im nächsten Kapitel.

Die Hawking-Strahlung aus den Schwarzen Löchern verursacht große theoretische Probleme. Ein Schwarzes Loch dürfte sich nämlich nicht daran erinnern können, wie es einmal geschaffen wurde, ganz gleich, ob man es nun mit Dung, Fernsehapparaten oder Wissenschaftlern gefüttert hat. Das Einzige, was zählt, ist Masse, elektrische Ladung und die Rotationsgeschwindigkeit. Darüber hinaus haben Schwarze Löcher keine Eigenschaften. Man pflegt zu sagen, dass es den Schwarzen Löchern an *Haaren* fehlt. Dasselbe scheint auch für die Hawking-Strahlung zu gelten. Diese trägt, nach Hawking, keine irgendwie geartete Information. Es handelt sich um eine vollkommen strukturlose Strahlung ohne jede Form von interessanten Signalen, die darüber berichten könnten, was einmal zur Entstehung des Schwarzen Loches geführt hat. Daraus folgt, dass Schwarze Löcher Informationen zerstören. Das ist nun auf den ersten Blick vielleicht nichts Besonderes, doch gibt es viele verschiedene Arten, Information zu zerstören! Sie können zum Beispiel versuchen, die Information, die sich in diesem Buch befindet, zu zerstören, indem Sie es anzünden. Doch selbst, wenn es Ihnen gelingt, die gesamte Auflage ausfindig zu machen, und dazu noch meine eigenen Aufzeichnungen, wird der Text nicht einmal danach wirklich verschwunden sein. Im Prinzip ist der Inhalt in der Asche und im Rauch des Feuers einkodiert. In der Praxis ist es natürlich unmöglich, den Text zu rekonstruieren, doch im Prinzip ist er immer noch da, gut verborgen, aber doch existierend. Die Art und Weise, in der Schwarze Löcher Information zerstören, ist jedoch – nach Hawking – eine völlig andere. Die Information ist wirklich vollständig weg und zerstört und kann nicht einmal im Prinzip rekonstruiert werden. Ein Schwarzes Loch ist so gesehen der perfekte Aktenvernichter. Doch das Problem ist, dass eben so etwas nach der Quantenmechanik unmöglich ist. Information kann nicht zerstört werden! Somit sind wir beim *Informationsparadoxon* der Schwarzen Löcher angelangt.

Dieses Rätsel wird seit einem Vierteljahrhundert vor- und zurückdiskutiert. Hawking meinte, dass Information wirklich zerstört werden könne, und dass das traditionelle Bild von der Quantenmechanik deshalb falsch sei. Die fast heiligen Prinzipien der Quantenmechanik müssen also vor der allmächtigen Gravitation zurückweichen. Andere, an ihrer Spitze der Holländer und Nobelpreisträger Gerard 't Hooft, meinen, dieser Schluss sei übereilt. Wie kann man um das Paradoxon herumkommen? Die Lösung des Rätsels gehört zum Erstaunlichsten, was ich kenne. Zwar sind Quantenmechanik und Raumkrümmung für sich besehen schon seltsame und märchenhafte Konstruktionen, doch zusammen wird es noch schlimmer. Aber vielleicht sollte ich auch sagen, immer besser. Doch lassen Sie mich erst einmal einen Versuch unternehmen zu erklären, wie das alles zusammenhängt.

Ich rufe mal Pelle und Maja zur Hilfe, um ein nicht ganz ungefährliches Experiment durchzuführen. Pelle hat sich, gegen besseres Wissen, in den Kopf gesetzt, in ein Schwarzes

Loch reisen zu wollen. Wie ich schon erzählt habe, wird nichts Besonderes passieren, wenn Pelle den Horizont durchquert, wenn das Schwarze Loch nur groß genug ist. Es wird ihn nicht einmal im Bauch kribbeln, selbst wenn es ihm nach der Passage für immer und ewig unmöglich sein wird, sich wieder aus dem Schwarzen Loch zu befreien. Wenn die Hawking-Strahlung nun Informationen darüber tragen könnte, was in das Schwarze Loch segelt, also in diesem Fall Pelle, dann müsste diese Information irgendwie kopiert werden können, ehe sie den Horizont passiert. Danach ist ja alles zu spät. Da die Hawking-Strahlung irgendwo direkt vor dem Horizont entsteht, wäre es doch nicht sonderlich erstaunlich, wenn sie spüren würde, was hineinfällt. Vielleicht hinterlässt Pelle ein paar kleine Pfotenabdrücke, aus denen man etwas über ihn ablesen kann. Vielleicht ist es so und Hawking ist mit seinen Berechnungen einfach etwas schlampig gewesen; damit wäre das Paradoxon aufgelöst. Leider ist es nicht ganz so einfach, die Quantenmechanik schlägt sogleich zurück. Nach der Quantenmechanik ist es nämlich unmöglich, eine perfekte Kopie zu machen, ohne das Original zu zerstören. Es gibt keine perfekten Kopiergeräte! Vielleicht erinnern Sie sich an unsere Diskussion um der Teleportation. Mit anderen Worten, wenn die Hawking-Strahlung eine vollständige Information über das, was in das Schwarze Loch fährt, tragen soll, dann muss dieses Etwas, also Pelle, zerstört werden. Und dann sind wir schon wieder drauf und dran, ein Paradoxon zu haben, denn ich habe ja bereits erzählt, dass Pelle nichts passiert, wenn er den Horizont durchquert.

Maja, die draußen geblieben ist, meint also zu sehen, wie Pelle auf seinem Weg zum Schwarzen Loch aufgelöst und in die ausgehende Hawking-Strahlung einkodiert wird. Welch ein schreckliches Schicksal! Pelle hingegen merkt gar nichts. Das sind offenbar zwei völlig widersprüchliche Bilder, denn natürlich können nicht beide gleichzeitig wahr sein. Oder ist das vielleicht ein übereilter Schluss? Es ist ja trotz allem so, dass Pelle, der durch den Horizont fällt, nicht wieder herauskommen kann, um Maja zu sagen, dass alles gut ging, und dass ihm nichts Unangenehmes zugestoßen ist. Des Weiteren kann man auch zeigen, dass Maja, die draußen geblieben ist, keine Möglichkeit hat, hinter Pelle herzueilen und zu erzählen, dass sie gesehen hat, wie er sich auflöste und verschwand. Um das zu schaffen, ehe Pelle in die Singularität abdriftet, müsste Maja nämlich mehr beschleunigen, als möglich ist. Es sieht mit anderen Worten ganz so aus, als könnten wir uns den Pelz waschen, ohne uns nass zu machen. Diese erstaunliche Idee nennt man das *Komplementaritätsprinzip* der Schwarzen Löcher.

Glücklicherweise sieht es ganz so aus, als würde die Stringtheorie eben diese Komplementarität enthalten. Die Stringtheorie verbessert noch dazu die Erinnerung bei einem Schwarzen Loch, indem es Information in den zusätzlichen Dimensionen verbirgt. So scheint die Stringtheorie eines der richtig schwierigen Probleme der theoretischen Physik zu lösen und damit auch 't Hooft und den anderen Skeptikern Recht zu geben.

Wieder einmal setzt sich die Quantenmechanik durch. Eigentlich ist dies nur das jüngste Beispiel in der Reihe dafür, wie die Wirklichkeit sich unterschiedlich verhalten kann, je nachdem, wie man sie zu betrachten wählt. Alles ist relativ, auch Leben und Tod. Wir sind wirklich weit gekommen seit der unabhängigen, eindeutigen und offenkundigen Wirklichkeit, die in der alten Newtonschen Physik für selbstverständlich erachtet wurde.

Hawking wird oft im Zusammenhang mit dem Nobelpreis genannt. Doch der Weg dorthin ist lang. Lassen Sie mich noch einmal auf die Konferenz in Potsdam zurückkommen, von der ich zuvor erzählt habe. Im Rahmen eines

Empfangs in der Orangerie von Sanssouci spielte ein kleines Kammerorchester. Plötzlich erklang ein Stück, das ich sehr gut kannte. Es war »Der Marsch des dänischen Prinzen« von Jeremiah Clarke (1674–1707), der schon manches Mal den Einmarsch der Nobelpreisträger bei der Preisverleihungszeremonie untermalt hat. Genau in diesem Augenblick rollte Hawking in seinem Rollstuhl herein. Er lächelte breit, doch ich weiß nicht, ob auch er die Musik erkannte. Die Zukunft wird zeigen, ob er dem begehrten Preis noch näher kommen wird als in jenem Moment. Der Nobelpreis wird für Physik verliehen, die durch Experimente beobachtet und verifiziert worden ist. Die Hawking-Strahlung wie auch die Saitenphysik sind bisher nur Träume. Wir werden sehen, wann und ob sie Wirklichkeit werden.

Was ist M?

Die Stringtheorie setzt eine Welt mit Gravitation und Teilchen derselben Sorte voraus, wie wir sie wirklich sehen. Ihr exakter Inhalt hängt davon ab, mit welcher Theorie in zehn Dimensionen man beginnt, und wie man die überzähligen Richtungen einrollt. Es gibt Varianten, in denen man die heterotischen Saiten verwendet, die sehr realistische Modelle zulassen, mit genau den richtigen Teilchen und auch den Kräften, die wir in der Natur sehen. Doch selbst wenn man eine Stringtheorie mit einem dazugehörigen Einrollen finden würde, die die Natur beschreibt, so wäre sie dennoch nicht vollständig zufrieden stellend. Es stellt sich sogleich die Frage, warum denn gerade diese Theorie von der Natur ausgewählt wurde. Da wäre es besser, wenn die Theorie selbst diese Wahl treffen könnte. Vielleicht gibt es nur eine Theorie, die wirklich funktioniert. Fünf Stringtheorien sind vielleicht einfach vier zu viel.

In den letzten Jahren hat man mehrere erstaunliche Zusammenhänge zwischen den verschiedenen Stringtheorien entdeckt, und dass die verschiedenen Theorien im Grunde dieselbe zugrunde liegende Wirklichkeit beschreiben. Sie geben verschiedene Bilder vom selben Phänomen, von denen jedes bei unterschiedlichen Gelegenheiten passend ist. Was in einem Bild einfach ist, ist in einem anderen kompliziert und umgekehrt. Eine plausible Frage, die sich viele gestellt haben, ist auch, warum man bei den Saiten stehen bleiben sollte. Warum nicht den eingeschlagenen Weg weitergehen und auch Objekte höherer Dimensionen zulassen, wie zum Beispiel Membrane? Es hat sich schließlich auch erwiesen, dass Saiten nicht alles sind, was es gibt, sondern dass daneben noch viele andere Strukturen von Bedeutung sind.

Abgesehen von der Stringtheorie gibt es noch eine weitere bemerkenswerte Theorie, die im Laufe der Jahre beobachtet worden ist, eine supersymmetrische Gravitationstheorie mit sage und schreibe elf Dimensionen. Indem man diese Mitte der 90er Jahre auch noch ins Spiel brachte, konnte plötzlich ein Muster entdeckt werden. Die Stringtheorien und die Theorie mit den elf Dimensionen erwiesen sich als verschiedene Manifestationen derselben zugrunde liegenden Urtheorie: der M-Theorie. Die *M-Theorie* hat elf Dimensionen als Ausgangspunkt, und es können alle möglichen spannenden Dinge geschehen, je nachdem, was man mit den verschiedenen Richtungen anfängt.

Der Zusammenhang zwischen der Stringtheorie und der M-Theorie begann 1995 offenbar zu werden. Der Engländer Paul Townsend und der Amerikaner Edward Witten – einer der wirklichen Superstars in der modernen theoretischen Physik – hatten unabhängig voneinander eine erstaunliche Beobachtung gemacht. Seit langem schon hatte man den Eindruck, dass die Stringtheorie Typ IIA Schwarze Löcher beinhaltete. Das ist im Grunde nichts Besonderes für eine Theorie, die die Gravitation beschreibt, doch diese Schwarzen Löcher waren etwas Besonderes. Sie konnten nur mit bestimmten Massen und Ladungen existieren. Was Townsend und Witten erkannten war, dass dies begreiflich wurde, wenn es über die zehn Dimensionen der Stringtheorie hinaus noch eine elfte Dimension gab. Die zugrunde liegende Wirklichkeit musste die Supergravitation mit elf Dimensionen sein, von denen eine Richtung die Form eines Kreises hatte. Ein Schwarzes Loch in zehn Dimensionen ist somit ganz einfach eine gewöhnliche masselose Gravitation, die sich in einer elften Richtung bewegt, die wiederum zu klein ist, als dass man sie direkt sehen könnte. Immer rundherum. Von einem zehndimensionalen Ausgangspunkt würde das als ein massives Teilchen interpretiert werden. Je schneller sich das Teilchen in der elften Richtung bewegt, desto größer scheint seine Masse in der zehndimensionalen Welt zu sein. Doch nach der Quantenmechanik kann ein Teilchen sich nicht beliebig schnell auf einer Kreisbahn bewegen. In der Quantenmechanik muss das Teilchen mit Hilfe einer Welle beschrieben werden, wo die Wellenlänge etwas über die Bewegungsmenge (grob gesagt, die Geschwindigkeit) aussagt. Die Wellen müssen zusammenpassen, wenn wir den Kreis beschreiben, was wiederum bedeutet, dass nur bestimmte Wellenlängen oder Bewegungsmengen möglich sind. Man sagt, die Bewegungsmenge sei *quantisiert*. Auf dieselbe Weise ist ja auch die Bewegung der Elektronen im Atom quantisiert. Das könnte also der Grund dafür sein, warum die Schwarzen Löcher, wie man es beobachtet hat, nur bestimmte Massen haben konnten, und dies erwies sich als ein sehr wichtiger Leitfaden zu einem tieferen Verständnis der M-Theorie.

Zuvor hatte man versucht, die M-Theorie mit Hilfe von Membranen zu beschreiben. Das hat leider niemals richtig gut geklappt, die Membrane erwiesen sich als instabil und taugten nicht als Basis für eine fundamentale Formulierung. Dennoch sind sie nicht völlig untauglich. Wenn eine Richtung in der elfdimensionalen Raumzeit zu einem Kreis eingerollt ist, dann kann man nämlich aus der Membran Saiten bekommen. Wenn man eine Membran nimmt und sie entlang eines kleinen Kreises rollt und das Ganze dann aus großer Entfernung anschaut, dann wird es schließlich eine Saite! Die Saiten bestehen also eigentlich aus eingerollten Membranen.

Doch es gibt noch mehr Beispiele dafür, dass die Stringtheorie ihren Ursprung in der M-Theorie hat. Die M-Theorie mit einer der Raumdimensionen in Form eines Kreises ergibt, wie bereits gesagt, eine zehndimensionale Welt, deren Einwohner aus Saiten vom TypIIA aufgebaut sind. Wenn man stattdessen die M-Theorie zwischen zwei riesengroßen Wänden einsperrt, dann bekommen wir zwei zehndimensionale Welten auf jeder Seite der Wände, deren Einwohner in diesem Fall aus heterotischen Saiten bestehen. Und das ist in der Tat die wahrscheinlichste Möglichkeit. Wenn die heterotische Stringtheorie die richtige Beschreibung der Welt ist, dann leben wir in der einen dieser Wände, und vielleicht gibt es in der anderen Wand eine Geisterwelt, von der wir nichts wissen. Und das, obwohl sie nur einen Katzensprung entfernt liegt. In der elften Richtung. So entsteht ein mögliches Bild von unserem Universum, das von einem Trinkhalm ausgeht. Aus großer Entfernung sieht man nur eine Richtung, nämlich die Richtung entlang des Trinkhalms, die im Einklang mit den drei Dimensionen ist, die wir in unserem Alltag kennen. Doch wenn man näher hinschaut, entdeckt man eine kreisförmige Dimension, die zu den sechs eingerollten Richtungen der Stringtheorie passt. Und wenn man ganz genau hinschaut, dann hat der Trinkhalm auch eine Dicke, die elfte

Richtung, und wir wohnen auf der einen Seite des Trinkhalms.

Wofür steht denn »M«? Vielleicht mystisch, mythisch oder magisch? Bis vor kurzem hatte man keine Ahnung, auch wenn Paul Townsend darauf hingewiesen hat, dass ein auf den Kopf gestelltes M aussieht wie ein W. Wie in Witten. Doch viele glauben stattdessen, dass es für *Matrix* stehe, in Verbindung zu einer mathematischen Formulierung mit Hilfe von Matrizen, die uns vielleicht, vielleicht erzählen können, was die M-Theorie eigentlich ist.

Das Universum in der Nussschale

Vielleicht ist ja die Wirklichkeit ein Gewebe wie das, was die Nornen Urd, Verdandi und Skuld in der nordischen Mythologie weben, und vielleicht benutzen sie ja Saiten als Garn. Lustigerweise hat das Wort Wirklichkeit denselben Ursprung wie das Wort wirken (hier zu verstehen im Sinne von weben). Doch was ist der Grund für das Weltgewebe? Es gibt eine immer weiter verbreitete Auffassung, dass diese Physik des Allerkleinsten auch Rückwirkungen auf die Kosmologie haben wird, die Wissenschaft von der Schöpfung und dem Allergrößten.

Um eine Vorstellung davon zu gewinnen, wie ein Zusammenhang zwischen dem Kleinsten und dem Größten aussehen kann, sollten wir etwas näher darüber nachdenken, wie es wäre, in einer Welt mit einer kreisförmigen Dimension zu leben. Auf was kann eine Saite in einer solchen Umgebung treffen? Zum einen kann sie sich natürlich in dieser zusätzlichen Richtung herumdrehen und so eine Bewegungsmenge entwickeln. Genau wie jedes andere Objekt auch. Und wie ich schon gesagt habe, sagt ja die Quantenmechanik, dass eine solche Bewegungsmenge quantisiert sein muss.

Das Ergebnis ist ein Spektrum möglicher Massen in den niedrigeren dimensionalen Welten, die am ehesten als eine Ansammlung von Teilchen mit verschiedenen Eigenschaften betrachtet werden. Doch die Saite kann auch noch etwas anderes, sie kann sich um die zusätzliche Richtung herumwickeln. Je mehr Umdrehungen, desto länger muss sie sein, und deshalb auch mehr wiegen. Selbst das kann als Teilchen mit unterschiedlicher Masse angesehen werden. Wenn die zusätzliche Dimension groß ist, wird die Masse der ersten Art geringer, während die Masse von der Wickelung größer wird. Wenn die zusätzliche Dimension klein ist, verhält es sich andersherum. Dies kann für einen seltsamen Trick benutzt werden. Man kann so tun, als würden die Teilchen, die zu einer quantisierten Bewegungsmenge passen, und die, die man zunächst als quantisierte Bewegungsmenge bezeichnete, im Grunde zu gewickelten Saiten passen. Doch die zusätzliche Dimension muss jetzt groß sein anstelle von klein. Es gibt folglich eine Art Wahlfreiheit dafür, wie man bestimmte Phänomene betrachten möchte. Entweder als etwas sehr Kleines oder als etwas sehr Großes – wählen Sie selbst! Zwischen dem Großen und dem Kleinen gibt es einen engen Zusammenhang.

Verhält es sich so auch mit unserem sich ausdehnenden Universum? Wenn wir dem Ursprungsmoment des Urknalls immer näher kommen, und die Welt immer kleiner wird, dann sollten wir vielleicht einmal alles umbenennen. Vielleicht verstehen wir das besser als ein Universum, das immer größer wird. Dies ist die Grundidee hinter der Saitenkosmologie, von der noch niemand weiß, wohin sie führen wird. Wir wissen immer noch zu wenig, um irgendwelche sicheren Schlüsse ziehen zu können. Doch die entstehende Theorie für die Quantengravitation weist auf eine Welt hin, in der das Große und das Kleine nicht im Wesen unterschiedlich, sondern eng verbunden sind. Vielleicht in der

Art wie in William Blakes »… die Welt in einem Sandkorn sehen und den ganzen Himmel in einer Blume«. Doch alles ist einer rigorosen Mathematik und Logik entsprungen und deshalb keineswegs nur das Wunschdenken eines romantischen Dichters. Es ist schon lange klar, dass das Verständnis der innersten Natur der Materie notwendig ist, wenn man das Schicksal und den Ursprung des Universums verstehen will. Es scheint auch so, als hätte das Große eine Rückwirkung auf das Kleine. Alles bildet eine Einheit.

Die Entwicklung in der theoretischen Physik der letzten Jahre, die zur M-Theorie geführt hat, war für diejenigen, die daran beteiligt waren, ein phantastisches Abenteuer. Einem Außenstehenden kann es allerdings so vorkommen, als wäre ziemlich viel davon aus der Luft gegriffen. Woher weiß man, dass man auf der richtigen Spur ist? Wenn man eine Theorie für die Quantengravitation finden will, dann liegt das Problem nicht darin, dass wir viele unterschiedliche Möglichkeiten haben, zwischen denen wir wählen können. Das Problem ist, überhaupt eine logisch haltbare Idee zu finden. Es hat sich nur eine einzige Theorie als widerstandsfähig genug erwiesen, nämlich die Stringtheorie. Und wenn wir die Saiten erst einmal akzeptiert haben, dann erledigt die Mathematik den Rest. Wir geraten unweigerlich in die elf Dimensionen der M-Theorie.

Es gibt also viele theoretische Gründe, zu glauben, dass wir einem der tiefsten Geheimnisse der Natur auf der Spur sind. Aber genügt das? Der Unterschied zwischen Philosophie und Naturwissenschaft ist, dass man in der Naturwissenschaft durch Experimente und Beobachtungen der Natur immer das letzte Wort überlassen kann. Es kann ja immer noch sein, dass wir auf dem Holzweg sind. Haben wir irgendetwas Offensichtliches übersehen? Gibt es eine völlig andere Art, die Paradoxa der Quantengravitation in den Griff zu bekommen? Es ist absolut notwendig, dass wir eine Methode finden, unsere Ideen zu erproben. Die Super-symmetrie kann vielleicht mit dem Teilchenbeschleuniger der nächsten Generation sichtbar gemacht werden, doch Saiten und die M-Theorie sind kniffliger, und vielleicht werden wir dafür unseren Blick aus den unterirdischen Tunneln hinauf zu den Sternen am Himmel wenden müssen. Die Kosmologie ist eine Wissenschaft auf dem Vormarsch, und vielleicht können wir im Inferno des Urknalls Hinweise auf seine gut versteckten Geheimnisse finden.

KAPITEL 10

Swedenborgs Punkt

In dem Swedenborg darüber spekuliert, woher alles kommt,
und wir erfahren, warum es in der Nacht dunkel ist.

Unter einem Ahorn irgendwo auf dem alten Friedhof von Uppsala gibt es ein kleines namenloses Grab ohne Stein. Dort ist bloß ein Schädel begraben. Niemand weiß, wem er gehört, doch auf jeden Fall ist es nicht der Schädel von Emanuel Swedenborg.

Emanuel Swedenborg (1688–1772) war ein vielseitiger Mann. Philosoph, Naturkundler, Alchemist, Prophet, Theologe und einer der Schweden, der draußen in der Welt die deutlichsten Spuren hinterlassen hat. Seine Gedanken und Ideen bewegten sich unbehindert in den erstaunlichsten Richtungen. Er ließ sich schon früh von Newton inspirieren und widmete sich kühn den neuen Ideen. Doch die letzten Jahre seines Lebens verbrachte er damit, über seine seltsamen Träume und die Natur Gottes nachzudenken. Genauso ereignisreich wie die Gedanken Swedenborgs war auch das Schicksal seines Schädels nach seinem Tode. Swedenborg starb in London, doch seine sterblichen Überreste wurden im Dom zu Uppsala zur letzten Ruhe gebettet. Sein Schädel jedoch geriet auf Abwege und wurde 1978 plötzlich auf einer Auktion von Sotheby's in London angeboten. Wie sich herausstellte, lag im Grab im Dom der falsche. Doch Swedenborgs Schädel fand schließlich doch noch den Weg nach Uppsala, und der falsche, wem er auch immer gehört hatte, wurde auf dem alten Friedhof von Uppsala in dem Grab ohne Namen begraben.

Johan Henric Kellgren warf Swedenborg ungerechtfertigterweise in einen Topf mit allen möglichen Scharlatanen der Zeit, als er schrieb:

»Auch wenn man in der Sonne Flecken sah,
So wird der Mond doch voll sein, mit seinen Flecken und dem Schimmer.
Auch wenn Newton selbst im Geistesfieber lag,
Bleibt Swedenborg doch nichts andres als – ein Spinner.«

Doch wie ich schon erzählt habe, hat auch Newton im Esoterischen herumgepfuscht (wenn auch mit weniger Erfolg und Durchschlagskraft als Swedenborg), und was das übergreifende Bild der Natur angeht, so war Swedenborg unglaublich modern. Er berichtet davon, wie die Sonne und die Planeten aus wirbelnden Gaswolken gebildet wurden, dass es in anderen Sternenhaufen mit Sicherheit auch noch andere Welten gibt, und dass das ganze Universum von Leben sprudelt. Swedenborg weicht auch nicht aus, wenn es darum geht zu durchdenken, wie alles einmal erschaffen wurde. Er schreibt davon, wie das Weltall durch eine geometrische und eine mechanische Bewegung entstanden sein könnte, und dass es zunächst etwas »unendlich Nichtiges« gegeben haben könnte, aus dem dann durch die Bewegung das Universum entstand. Eine Bewegung, die vom »Punkt« ausging, der ohne Ausdehnung sei und gleichzeitig endlich und unendlich wäre. Es ist offenkundig, dass sich Emanuel Swedenborg unter den Kosmologen von heute sehr heimisch gefühlt hätte.

Der erste Augenblick

Was ist nun dieser Anfang, den Swedenborg einen unendlich nichtigen Punkt nennt, und der bei uns der Urknall heißt?

»Willst du die Welt sehen,
wie sie zu Beginn war,
vor der Ankunft der Zahlen?«,

fragt Bo Setterlind. Aber ist das denn überhaupt möglich? Was kommt zuerst, die Mathematik oder die Welt? Emanuel Swedenborg hat einmal im Traum eine lange Reihe von Zahlen gesehen. Das waren Engel, die miteinander in einer seit langem ausgestorbenen Sprache redeten. Wenn Engel Zahlen sehen, dann fassen sie die nicht nur als etwas auf, was von einer Anzahl erzählt, sondern sie begreifen es als eine Idee. Und diese Sprache der Engel versucht in gewisser Weise auch die Wissenschaft anzuwenden, um zu verstehen, wie alles irgendwann einmal geschaffen worden sein könnte.

Wenn man über die Quantenkosmologie versucht, der Entstehung des Universums auf den Grund zu gehen, dann geht man davon aus, dass die Naturgesetze vor der Welt da waren. Wenn das nicht so wäre, wie sollte man dann überhaupt irgendetwas über eine Schöpfung sagen können? Es ist ein weit verbreiteter Glaube, anders kann ich es nicht nennen, unter Physikern und vor allem Mathematikern, dass die Mathematik eine eigene unabhängige Existenz besitzt. Dass die Welt Ideen verwirklicht, die ihre ursprüngliche Existenz irgendwo anders haben. Da hört man ganz deutlich das Echo von Platon mit seiner Ideenwelt. Die Mathematik ist das ewige Perfekte, während unsere Welt nur ein undeutlicher Schatten bleibt.

Es ist viel darüber sinniert worden, wie wohl geordnet diese mathematischen Naturgesetze sein müssen, damit Leben entstehen kann. Eine kleine Änderung einer Konstante in der Natur würde ja schon dazu führen, dass kein Leben mehr möglich ist. Aber vielleicht ist das ja nur das Werk des Zufalls. Es bleibt aber festzuhalten, dass das Universum sich *per definitionem* in einem solchen wohlausgewogenen Zustand befindet, denn sonst gäbe es uns nicht, und wir könnten nicht über das Dasein nachdenken. Dies ist das *Anthropische Prinzip*. Bei einem solchen Gedanken zuckt manch einer zusammen, weil er denkt, dass jeder Hinweis auf ein anthropisches Prinzip bedeutet, dass man die Suche nach eine tieferen Erklärung, die es ja vielleicht geben mag, aufgegeben hat. Das ist keineswegs der Fall, denn das anthropische Prinzip ist durch und durch wissenschaftlich, und es formuliert eine dramatische Aussage: Es muss mehrere Universen geben. Es gilt nur, Wege zum Wissen über diese anderen Welten zu finden.

Nun hofft man darauf, dass die Quantenmechanik uns eben solche Möglichkeiten eröffnen wird. Man geht davon aus, dass sie nicht nur die Entstehung von kleinen Teilchen aus dem Nichts, sondern auch von ganzen Welten ermöglicht. Mit dem leeren Nichts wird dabei ein Nichts jenseits von Raum und Zeit bezeichnet, vielleicht etwas im Stil der platonischen Ideenwelt, wo nur Möglichkeiten existieren. Die Frage, was es vor der Schöpfung gab, bleibt – analog zu den Überlegungen von Stephen Hawking – ebenso sinnlos wie die Frage, was es südlich vom Südpol geben könnte. Es bleibt eine Herausforderung, die Gleichungen zu finden, die verraten, wie die geschaffenen wirklichen Welten aussehen. Vielleicht gibt es viele verschiedene Möglichkeiten, von denen unser Universum nur eine ist. Die meisten Universen sind dann öde und leer, ohne Sterne und Planeten. Andere quellen von Leben über, wieder andere enthalten kleine Inseln des Lebens in einem ansonsten öden Raum, wie es ja in unserem Universum der Fall ist.

Lange hatte man gehofft, dass die Stringtheorie nur eine Möglichkeit einer Welt von vielen erklären würde und dass die Welt im kleinsten Detail einfach so aussehen würde, wie sie aussieht. Doch in den letzten Jahren sind diese Hoffnungen zunichte gemacht geworden. Die übergreifende M-Theorie mag vielleicht einzigartig und dominierend sein, doch ihre möglichen Manifestationen scheinen unendlich vielseitig zu sein. Das anthropische Prinzip ist für viele deshalb immer mehr zur natürlichen Betrachtungsweise geworden, und eigentlich ist es auch schwer vorstellbar, dass es anders sein könnte. Es scheint außer Zweifel, dass die Welt ungeheuer gut dafür eingerichtet ist, nicht zuletzt auch Leben entstehen zu lassen. Aber wie sollte so etwas möglich sein, wenn die Welt im kleinsten Detail von mathematischen Notwendigkeiten bestimmt ist? Warum sollte sich die Mathematik darum scheren, eine lebendige Welt hervorzubringen? Ist es nicht wahrscheinlicher, dass die Mathematik stattdessen mehrere verschiedene Möglichkeiten zulässt, und dass das anthropische Prinzip dann den Rest erledigt?

Eines Tages werden wir es erfahren. Wir werden die nötigen Gleichungen finden, die all diese Fragen beantworten. Wir werden die Naturgesetze finden, die die Physik des Kleinsten, die Quantenmechanik, in der alles möglich ist, mit der Gravitation, die die Zukunft des Universums lenkt, verbindet. Und richtig spannend ist doch, dass wir schon jetzt auf eine sinnvolle Weise über solche Fragen sprechen können.

Die Ursache für eine Schöpfung

Aber warum muss denn das Universum eine Schöpfung haben? Warum muss es einen Swedenborgschen Punkt gegeben haben? Vielleicht gibt es das Universum ja schon seit ewigen Zeiten. Der Zweite Hauptsatz der Thermodynamik: »Früher war alles besser«, von dem ich ja schon erzählt habe, weist darauf hin, dass das nicht stimmen kann. Denn wenn früher alles besser war – und es ist heute eigentlich immer noch ganz in Ordnung –, dann kann das Universum nicht schon seit ewigen Zeiten bestehen. In einem unendlich alten Universum hätte ja alles längst genug Zeit gehabt, um zu verfallen, und alles müsste bedeutend schlechter dastehen, als es uns heute erscheint. Daraus können wir nun den Schluss ziehen, dass es einen Schöpfungsmoment gegeben haben muss – einen Augenblick höchster Ordnung, der den Startschuss für eine Reise zum Verfall hin gab. Dieses Argument klingt vielleicht wie ein Scherz, es ist jedoch sehr ernst gemeint und gehört mit zu den stärksten, die man vorbringen kann.

Doch diese und ähnliche Gedanken waren längst nicht immer zugelassen. Man war einfach zu sehr davon überzeugt, dass das Universum ewig sei. Nicht einmal Einstein mit seiner neuen Theorie von der Gravitation, der Allgemeinen Relativitätstheorie, konnte sich von dem vorherrschenden Bild eines statischen Universums befreien. Zu seinem eigenen Verdruss erkannte Einstein aber dann, dass die Gleichungen, die er entdeckt hatte, ein ewig existierendes Weltall nicht zuließen. Die Allgemeine Relativitätstheorie besagt, dass das Universum sich entweder ausdehnen oder zusammenziehen muss, und das war natürlich etwas, was Einstein überhaupt nicht gefiel. Deshalb sah er sich gezwungen, einen Ausweg zu finden, eine Art, die Gleichungen so zu verändern, dass ein statisches Universum weiterhin möglich blieb. Einen Ausweg bot die *kosmologische Konstante*. Einstein ließ mit dieser Lösung zu, dass die Leere selbst eine Masse hat, oder besser gesagt, eine Energie. Diese Wendung bezeichnete er selbst später als den größten Missgriff seines Lebens. Allerdings erinnern sich die meisten von uns wahrscheinlich an schlimmere Missgriffe als so etwas. Aber man darf vermuten, dass Einstein auch noch andere, mehr im Dunkeln liegende Gründe für sein Vorgehen hatte. Ein expandierendes Universum verlangt ja das Nachdenken über einen Ursprung, eine Schöpfung, über das, was man später den Urknall nennen würde. Und es ist kein großer Schritt von einer Schöpfung zu einem Schöpfer. Da wäre doch ein statisches Universum viel sicherer, oder? Ein solches Weltbild wäre viel besser gegen religiöse Spekulationen gefeit. So ist die kosmologische Konstante vielleicht unter anderem auch eingeführt worden, um einen Schöpfergott zu umgehen.

So wie Einstein hatte auch Newton in seiner Mechanik viel früher schon festgestellt, dass es schwer war, ein statisches Universum zu vermeiden. Anders als Einstein suchte Newton darin jedoch einen Hinweis auf einen Gott und stellte sich Gott als den Erhalter des Gleichgewichts vor, was die Physik nicht aufrecht zu erhalten vermochte. Das Absurde an der Geschichte: Das von Einstein angestrebte statische Universum benötigte keinen Schöpfergott, während Newton eben im statischen Universum Gottes helfende Hand zu erkennen meinte. Hier wird offenkundig, wie sinnlos es ist, mit Hilfe der Naturwissenschaft für oder gegen einen Gott zu argumentieren.

Wie auch immer: Beide täuschten sich. Das Universum ist nicht statisch, es entwickelt sich und dehnt sich aus. Der amerikanische Astronom Edwin Hubble entdeckte in den 20er Jahren, dass das Licht in weit entfernten Galaxien etwas röter ist, als es sein sollte. Die einzig vernünftige Erklärung für diese Rotverschiebung ist, dass diese Galaxien sich von uns entfernen, und dass das Universum ständig wächst. Eine Galaxie, die sich entfernt, muss nämlich etwas roter werden, während das Licht von einer Galaxie, die sich nähert, etwas blauer werden muss. Nach demselben Prinzip, wie der Klang eines Zuges, der auf uns zu fährt, höher wird, während ein Zug, der von uns weg fährt, dunkler klingt. Die Beobachtungen aus jüngster Zeit über Objekte und Phänomene, die weiter von uns entfernt und damit auch weiter in der Zeit zurückliegen, weisen unzweideutig auf ein Weltall hin, das altert und sich entwickelt. Was lernen wir daraus? Die Natur geht ihren eigenen Weg, unabhängig von unseren Vorurteilen und Ideen darüber, wie die Welt eingerichtet sein sollte.

Doch die Ironie des Schicksals macht auch vor der Physik nicht Halt. Vor nicht allzu langer Zeit hat man trotz allem eine kosmologische Konstante gefunden, auch wenn diese nicht die Funktion erfüllt, auf die Einstein einmal gehofft hatte. Einstein hatte sich ein exaktes Gleichgewicht gedacht, in dem die Gravitation der Materie durch eine Anti-Gravitation von der kosmologischen Konstante ausgeglichen würde, was ein statisches Universum ermöglicht hätte. In unserer Welt hat nun die kosmologische Konstante überhand genommen und der Expansion einen zusätzlichen Schub gegeben.

Die Entdeckung, dass das Universum eine kosmologische Konstante besitzt, ist durch genaue Beobachtungen von explodierenden Sternen – Supernovae – in entlegenen Galaxien möglich geworden. Diese Sternexplosionen berichten davon, wie weit entfernt die Galaxien sind, und somit, wie weit zurück wir in die Vergangenheit sehen können. Die Farbe des Lichts gibt Aufschluss darüber, wie schnell sich das Universum ausgedehnt hat. Damals, vor langer Zeit. Auf diese Weise kann man ausrechnen, wie sich die Expansion des Universums im Laufe der Zeitalter verändert hat. Viele Kosmologen atmen jetzt auf und begrüßen diese Entdeckung. Denn früher hatten Messungen mit dem großen Raumteleskop Hubble zu Ergebnissen geführt, nach denen sich das Universum zu schnell ausdehnte. Wenn man zurückrechnete, schien es zu jung zu sein, nur mal gerade 10

Milliarden Jahre alt. Die ältesten Sterne aber, Mitglieder altertümlicher Sternhaufen an den Außenbereichen der Galaxie, wurden von der Wissenschaft auf viele Jahrmilliarden älter geschätzt. Die Lösung kam mit der Erkenntnis, dass sich die Ausdehnungsgeschwindigkeit des Universums verändert hat, dass sich die Ausdehnung gleichsam beschleunigt. Wenn sich das Universum also in der Vergangenheit langsamer ausgedehnt hat, dann kann es natürlich auch älter sein. Das Paradoxon war gelöst.

Auch für die Teilchenphysik, die sich lange mit dem Problem der kosmologischen Konstante herumgeschlagen hat, ist dies eine wichtige Entdeckung. Wie ich bereits erzählt habe, ist ja die Leere in der Teilchenphysik eine siedende Suppe aus Entstehen und Vergehen. Dieses ständige Blubbern ist der Ursprung einer allgegenwärtigen Hintergrund-Energie, die ganz genau wie eine kosmologische Konstante funktioniert. In allen Teilchenbeschleunigern auf der ganzen Welt kann man diese Effekte messen und beobachten. Doch der natürliche Wert dieser Hintergrund-Energie ist bedeutend höher als der Wert, der jetzt von den Astronomen gemessen wurde, oder als die obersten Grenzen, die man sich früher aus Beobachtungen erschlossen hatte. Nicht einmal die Stringtheorie oder die Supersymmetrie kann das Problem beseitigen. Da ist irgendetwas falsch, sehr falsch.

Früher hatte man sich bemüht, in der Teilchenphysik eine Art Symmetrie zu finden, die eine kosmologische Konstante unmöglich machen würde. Da es sie aber nun trotz allem gibt, erhält das Problem eine weitere Dimension. Nicht genug damit, dass man diese geheimnisvolle Symmetrie finden muss, es muss auch einen Effekt geben, der die Symmetrie ein klein wenig bricht und einen Rest hinterlässt, den man beobachten kann. Man hat auch darüber spekuliert, ob die kosmologische Konstante vielleicht gar nicht konstant ist, sondern sich vielmehr mit der Zeit verändert. Vielleicht kann man sie mit einer Art dunkler Energie vergleichen, die ihren Ursprung in einem Teilchenfeld hat, das es überall gibt. Diese neue Form von Materie hat sogar einen Namen bekommen: die *Quintessenz*. Aber es weiß noch niemand, wie das alles eigentlich zusammenhängt.

Deshalb ist es nachts dunkel!

Es gibt jedoch mehrere Arten, sich zu vergewissern, dass die Welt nicht ewig ist. Das Einzige, was man tun muss, ist, sich lange genug wach zu halten, um feststellen zu können, dass es nachts dunkel ist. Es verhält sich damit wie mit allen selbstverständlichen Beobachtungen: Wenn man ein wenig darüber nachdenkt, sind sie plötzlich alles andere als selbstverständlich. Stellen wir uns spaßeshalber einmal ein unendliches Universum vor, wo ein Stern neben dem anderen steht. Weiterhin denken wir uns das Universum ewig und statisch. Auf lange Sicht sieht deshalb alles gleich aus. Diese Sichtweise der Welt war, wie ich bereits angedeutet habe, im 19. Jahrhundert sehr populär, und eigentlich wirkt es doch auch tatsächlich so. Mit bloßem Auge sehen wir ein paar tausend Sterne, mit dem Teleskop noch viel mehr, und außerdem ahnen wir weit draußen weitere Galaxien, vielleicht noch endlos viele. Des Weiteren scheint sich im Zeitablauf nichts Wesentliches zu verändern. Der Himmel sieht heute ungefähr genauso aus wie voriges Jahr um diese Zeit. Doch wenn man es genau betrachtet, dann stimmt das ganz und gar nicht. In einem unendlichen Universum, das schon immer existiert hat, müsste man, wie weit man auch ins All hinausschaute, mit seinem Blick immer einen Stern treffen, wenn man nur lange genug hinschaut. Der Himmel müsste also genauso hell sein wie die Scheibe der Sonne selbst! Ganz offenkundig ist das in Wirklichkeit aber nicht so, und die Frage ist nun, warum. Dies ist das *Olbers-Paradoxon*, benannt nach dem deutschen Astronomen Wilhelm Olbers, der im Jahre 1823 hierüber nachdachte. Doch wie in den meisten Fällen gibt es immer noch jemanden, der schon viel früher einmal darüber nachgedacht hat, aber in Vergessenheit geraten ist. Mehr als zweihundert Jahre zuvor hatte ein gewisser Johannes Kepler über die Unmöglichkeit eines unendlichen und ewigen Universums voller Sterne räsoniert.

Des Rätsels Lösung ist im endlichen Alter des Universums zu finden, und wurde zuerst von niemand anderem als Edgar Allan Poe (1809–1849) in *Eureka* erahnt:

»Wäre die Reihe der Sterne unendlich, dann müsste der Hintergrund des Himmels einen alles überdeckenden Lichtschein aufweisen, so wie die Milchstraße – denn es würde am ganzen Himmel keinen Punkt geben, an dem keine Sterne wären. Die einzige Art, wie wir die Leere begreifen können, die unsere Teleskope in unzähligen Richtungen sehen, ist deshalb anzunehmen, dass der Abstand des unsichtbaren Hintergrunds so enorm ist, dass keiner seiner Strahlen bisher die Möglichkeit hatte, uns zu erreichen.«

Mit anderen Worten können wir nicht so weit wie möglich sehen, da das Licht es in der Zeit, die seit der Entstehung des Universums vergangen ist, noch nicht geschafft hat, die ganze Strecke bis zu uns zurückzulegen. Unser Sehstrahl bricht deshalb im Allgemeinen ab, lange bevor er den Körper eines Sternes erreicht, und endet im Dunkeln. Man kann also sagen, dass das Interessanteste am Nachthimmel die Dunkelheit zwischen den Sternen ist, in der wir die Notwendigkeit einer Schöpfung sehen – eine Schöpfung an der Grenze der Dunkelheit. Denken Sie daran, wenn Sie das nächste Mal etwas zu lange aufbleiben.

Der Widerschein der Schöpfung

Wenn wir die Sterne am Himmel sehen, dann sehen wir auch rückwärts in der Zeit – viele der für unser Auge sichtbaren Sterne liegen tausend und mehr Lichtjahre entfernt. Mit dem Teleskop kann man viele Milliarden Jahre in der Zeit zurückschauen. Wenn nun das Universum ein endliches Alter hat, müsste man dann nicht bis zu seiner Entstehung zurücksehen können? Die gigantische Urexplosion würde vielleicht zu erahnen sein, wenn wir nur weit genug in die Weite hinaus und ausreichend weit in die Vergangenheit sehen könnten. 1948 sagte der russische Physiker George Gamow, der Schöpfer von Mr. Tompkins, eben dies voraus. Er meinte, dass es einen Widerschein vom Licht der Schöpfung geben müsse, der in alle Richtungen zu sehen ist. Da das Licht von entfernten Galaxien ins Rot tendiert, müsse auch der Schein des Urknalls rot sein.

Die amerikanischen Physiker Arno Pnezias und Robert Wilson suchten überhaupt nicht nach irgendeinem Widerschein der Schöpfung, sondern waren stattdessen darauf aus, die Milchstraße zu beobachten. Als sie Mitte der 60er Jahre eine unerwartete Strahlung entdeckten, die von allen Seiten zu kommen schien, waren sie völlig perplex. Sie verwandten viel Zeit darauf, mögliche Fehlerquellen auszuschließen, und hatten unter anderem irgendwelche Tauben in Verdacht, die in ihrer Antenne ein Nest gebaut hatten. Doch am Ende, als sie auch die Tauben vertrieben hatten, mussten sie akzeptieren, dass die Strahlung wirklich aus dem All kam. Eine andere Forschergruppe, angeführt von Robert Dicke an der Universität in Princeton, hatte längere Zeit vergebens versucht, die Strahlung zu entdecken. Als Wilson schließlich Dicke anrief, um zu diskutieren, was sie da gefunden hatten, begriff Dicke schnell, dass seine Gruppe geschlagen war. Er soll ausgerufen haben: »Well boys, we've been scooped!« Penzias und Wilson erhielten natürlich einen Nobelpreis für ihre Entdeckung, die der beste Beweis für die Urknall-Theorie ist, den wir kennen. Es hat ein Jahr gedauert, so sagten sie selbst, bis sie sich schließlich davon überzeugen ließen, dass ihre Beobachtungen wirklich etwas mit dem Urknall zu tun hatten.

Die von ihnen entdeckte so genannte Hintergrundstrahlung wurde abgestrahlt, als das Universum erst ein paar 100 000 Jahre alt war. Damals wurde das Weltall plötzlich durchsichtig. Zuvor bestand die Welt aus einer nebligen Suppe aus freien Elektronen und Protonen (Wasserstoffkernen) mit einer viel zu hohen Temperatur, als dass irgendwelche Atome oder Moleküle hätten existieren können. Da Licht mit geladenen Teilchen eine Wechselwirkung eingeht, konnte kein Photon besonders lange ungestört herumschwirren. Ein guter Vergleich hierfür ist ein Metall. Das Glänzende bei einem Metall beruht nämlich auf all den freien Elektronen im Metall, die auch für seine Leitfähigkeit, sowohl für elektrischen Strom als auch für Wärme, verantwortlich sind. Das Licht prallt mühelos von den Elektronen zurück, und das Metall sieht für uns glänzend aus. Als nun das Universum durchsichtig wurde, fanden Elektronen und Protonen einander und bildete elektrisch neutrale Wasserstoffatome. Als dieses wichtige Ereignis geschah, betrug die Temperatur ein paar tausend Grad. Seither kann das Licht ungestört durch das Universum reisen, auch wenn die Wegstrecke in dem Maße länger geworden ist, wie sich das Universum ausgedehnt hat. Die Strahlung ist deshalb vom sichtbaren Bereich zur Mikrowellenstrahlung übergegangen, was heute einer Temperatur von ungefähr drei Grad über dem absoluten Nullpunkt entspricht.

Ich habe einmal vor einer Gruppe Kinder von der Geschichte des Universums erzählt, und natürlich auch von dieser Strahlung, die noch vom Urknall herrührt. Die Kinder sollten dann von dem Gehörten inspiriert etwas malen. Als ich mir später anschaute, was die Kinder gemacht hatten, fand ich eine Zeichnung, die alles übertraf: Sie zeigte ein Mikrowellengerät voller Sterne. Besser geht es gar nicht.

Über die Samenkörner, die zu Galaxien werden

Die Hintergrundstrahlung ist ungeheuer gleichförmig. Es kommt fast aus allen Richtungen genau gleich viel Strahlung. Die einzige richtig deutliche Unterscheidung ist, dass die Strahlung in der einen Richtung etwas blauer ist und etwas rötlicher in der anderen. Die Erklärung dafür ist in unserer Bewegung durch das Universum zu finden. Die Sonne bewegt sich ja auf der Milchstraße in Richtung auf das Sternbild Schwan, und die Milchstraße dreht sich ihrerseits zusammen mit der Lokalen Gruppe in Richtung auf das Sternbild Kentaur, von dem man glaubt, dass sich dort eine gigantische Ansammlung von Galaxien befindet, der *Große Attraktor*. Und dann kreist ja noch die Erde um die Sonne, was bewirkt, dass das Rote und das Blaue in der Hintergrundstrahlung sich je nach Jahreszeit ein wenig verschiebt.

Aber die Hintergrundstrahlung kann nicht einfach gleichmäßig sein. Schließlich waren es vor langer Zeit die Unregelmäßigkeiten, die sich zu den Galaxien von heute entwickelten. Im Widerschein der Schöpfung müsste man das Samenkorn dessen erahnen können, was dann zu all dem wuchs, was wir heute sehen können. Doch es dauerte lange, bis man irgendeinen anderen Effekt fand als den, der durch die Bewegung der Erde zu erklären war. Die Lage wurde wirklich prekär, als noch Ende der 80er Jahre die Strahlung sich stur weigerte, irgendeine Struktur zu offenbaren. Am Ende entdeckte dann 1990 der amerikanische Satellit COBE die lang ersehnten Unregelmäßigkeiten. Aufgeregte

Astronomen, vielleicht ein wenig von der Hybris ergriffen, riefen aus, nun habe man Gott ins Antlitz geschaut. Dann ist es offenbar ein Gesicht voller Sommersprossen.

Inzwischen gibt es neue Beobachtungen, bei denen man die Unregelmäßigkeiten in der Strahlung mit hoher Genauigkeit gemessen hat. Hier war der amerikanische Satellit WMAP von besonderer Bedeutung, der im Frühjahr 2003 seine ersten Ergebnisse liefern konnte. Unter anderem war man nun zu der Erkenntnis gelangt, dass das Universum 13,7 Milliarden Jahre alt ist. Man hat beobachtet, wie gigantische Schallwellen langsam durch das frühe Universum wogten. Wenn man genau weiß, wie schnell sich das Universum ausdehnt, wie viel Materie es enthält und woraus diese besteht, dann kann man ausrechnen, wie die Wellen aussehen müssten. Dann muss gemessen und verglichen werden. Auf diese Weise hofft man herauszubekommen, wie unser Universum zusammengesetzt ist.

Doch obwohl man die Unregelmäßigkeiten gefunden hat, mit denen man gerechnet hat, ist doch noch nicht alles in Ordnung. Die Hintergrundstrahlung ist trotz ihrer Galaxiensamenkörner ganz unvorstellbar gleichmäßig. Wie ist das möglich? Warum ist unser Universum nicht ein tumultartiges, wirbelndes Chaos? Bei den Berechnungen, wie sich das Universum ausdehnt, hat man herausgefunden, dass die Ursprungspunkte der Hintergrundstrahlung am Himmel um mehr als ein Grad voneinander abweichen, sodass diese Bereiche nicht miteinander in Kontakt oder in Wechselwirkung gewesen sein können. Umso rätselhafter ist dann aber, wie die Strahlung so völlig gleichmäßig aussehen kann. Wie können die unterschiedlichen Teile wissen, welche Temperatur sie haben sollen?

Es gibt eine erstaunliche Idee, die das Rätsel zu erklären scheint. Sie geht davon aus, dass in dem frühen Universum einen verschwindend kurzen Augenblick lang eine unfassliche Expansion stattgefunden hat, bei der das Universum plötzlich auf eine enorme Größe aufgeblasen wurde, ehe es wieder in die gewöhnliche langsame Expansion überging. Auf diese Weise könnten mögliche Ungleichmäßigkeiten ausgeglichen worden sein, und das Ergebnis ist unser schön gleichmäßiges Universum. Nach dieser Theorie sind alle verschiedenen Teile der Hintergrundstrahlung durchaus in Kontakt miteinander gewesen. Die Lichtsignale sind durch den sich schnell ausdehnenden Raum gesurft und haben es geschafft, gigantische Gebiete zusammenzubinden. Diese Theorie wird die *Inflationstheorie* genannt.

Dieses unvorstellbare schnelle Aufblasen des Kosmos, die Inflation, kann möglicherweise das Resultat eines Phasenübergangs gewesen sein, kurz nach der Schöpfung, als die Welt kälter wurde. Ungefähr wie wenn Wasser zu Eis gefriert. Doch wie ein unterkühlter Regen, wenn das Wasser kälter wird, als es sollte, hat auch das Universum ein wenig zu lange in seinem Säuglingsalter verharrt. Das äußerte sich darin, dass die Leere eine zusätzliche Energie hatte, die wie eine kosmologische Konstante agieren konnte und deshalb das Universum zu einer dramatischen Ausweitung brachte. Genau wie das unterkühlte Wasser schließlich seine Ruhe als Eis findet, fand auch das Universum sich in einer neuen Phase zurecht. Die Inflation endete, und die übrig gebliebene Energie nahm die Gestalt gewöhnlicher Materie an. So wie Sie und ich.

Doch der Mittelweg ist der beste. Die Inflationstheorie dient dazu, einen völlig gleichmäßigen und glatten Anfangspunkt des Universums zu denken. Überall genau gleich. Aber ganz so ist es ja nicht. Es gibt Galaxiehaufen, Galaxien, Sterne, Erden und Leben. Irgendwo, irgendwann muss das Samenkorn gepflanzt worden sein, mit dem die Natur dann weitergearbeitet hat, um all die Struktur zu erschaffen, die wir heute sehen. Die Inflation hat auch die Antwort auf dieses Rätsel bereit. Der Zufall der Quantenmechanik ist dafür verantwortlich, dass nichts vollkommen gleich und eben sein kann. Es gibt unausweichliche zufällige Fluktuationen, die man weder verhindern noch im Detail vorhersehen kann. Normalerweise verstecken sie sich in der mikroskopischen Welt, selbst wenn sie sich manchmal mehr oder weniger direkt in unserer Welt zu erkennen geben. Erinnern Sie sich an den Stift, den Sie niemals länger als ein paar Sekunden auf der Spitze balancieren können? Die Inflation sorgt dafür, dass dieses Allerkleinste zum Größten, was Sie sich vorstellen können, vergrößert wird. Das Größte vom Größten, was wir am Himmel sehen können, ist also eine Vergrößerung von zufälligen Fluktuationen in einem unbedeutenden Irgendwas vor langer, langer Zeit.

Wie geht es weiter?

Einige sehen das Ende der Welt in Feuer,
andere in Eis,
ich erinnere die Zeit der Begierde und sollte ich wählen,
so wählte ich Feuer,
aber kann sie auf verschiedene Arten sterben,
dann weiß ich wirklich genug vom Hass,
um zu glauben, dass beim Verderben Eis
ein gut Ding ist
und seinen Preis wert.
Robert Frost

Wie lange wird es das Universum geben? Wird die Expansion sich einmal umkehren? Die Antwort auf diese Frage hängt davon ab, wie schnell sich das Universum ausdehnt und wie viel Materie es enthält. Nicht anders ergeht es Ihnen, wenn Sie auf der Erde in die Luft springen. Sie kommen vielleicht einen halben Meter hoch, dann fallen Sie wieder herunter. Von einem kleinen Asteroiden aus könnten Sie dagegen hinaus ins All hüpfen, um nie wieder zurückzukehren. Die schwere Erde hat genügend Gravitation, um Sie zurückzuhalten, während der unbedeutende Asteroid keine Chance hat. Wenn es also viel Materie gibt, dann kann die Gravitation letztendlich das gewaltige expandierende Weltall bremsen und wieder zum Kollaps bringen, selbst wenn es bis dahin noch ein paar Zehnmilliarden Jahre älter sein sollte. Alles würde dann in einem gigantischen Weltenfeuerwerk enden, dem *Big Crunch*.

Wenn es hingegen zu wenig Materie gibt, dann wird die Expansion sich ewig fortsetzen. Alles wird dünner und kälter und langweiliger. Der letzte Stern im Universum wird in ungefähr 100 000 Milliarden Jahren verlöschen, und bis dahin werden dann schon seit langem erloschene Weiße Zwergsterne, Neutronensterne und Schwarze Löcher den Großteil der Materie stellen. Die toten Sonnensysteme werden sich auflösen, und auch die Galaxien werden ihre Sterne draußen in der Ödnis verlieren, und das alles im Laufe der ersten 100 Milliarden Jahre. Doch es ist noch nicht alles dunkel, manchmal treffen ein paar Braune Zwergsterne aufeinander und in der Kollision wird ein neuer kleiner Stern erschaffen, der zu leuchten beginnt. In dem, was noch von der Milchstraße übrig sein wird, werden irgendwann vielleicht hundert solcher Sterne leuchten, zusammen werden sie nicht heller sein als unsere Sonne allein. Vielleicht werden sich um diese letzten Sterne auch Planeten bilden. Vielleicht wird es Leben und Zivilisationen auf einigen von ihnen geben. Man kann darüber nachdenken, wie es wäre, in der letzten Dämmerung des Universums zu leben.

Doch der Verfall setzt sich fort. Der Zweite Hauptsatz der Thermodynamik, der besagt, dass alles zum Schlechteren geht, schlägt zu. Nach 10^{37} Jahren sind alle Protonen verschwunden, und von der gewöhnlichen Materie ist nichts mehr übrig. Das Einzige, was abgesehen von einzelnen Elektronen, Positronen und Photonen noch bleibt, sind Schwarze Löcher. Doch wie ich schon erzählt habe, sind nicht einmal Schwarze Löcher ewig. Die quantenmechanische Hawking-Strahlung darf nun endlich zum Zuge kommen. Langsam wird sie selbst die größten der Schwarzen Löcher auslaugen. Schwarze Löcher, die so viel wiegen wie Sterne, werden nach 10^{65} Jahren verschwinden, während die allergrößten 1 gogol Jahre, also 10^{100} Jahre brauchen, ehe sie verdunsten. Danach senkt sich die ewige Dunkelheit herab, und es passiert fast nichts mehr. Nirgendwo. Aber es gibt dann auch keinen mehr, der das langweilig finden könnte.

Um die unterschiedlichen Möglichkeiten charakterisieren zu können, hat man eine Zahl eingeführt, die man mit dem griechischen Buchstabe Ω (Omega) bezeichnet. Ω besagt, wie viel Materie das Universum im Verhältnis zu einem entscheidenden kritischen Wert enthält. Wenn Ω kleiner ist als eins, dann wird sich das Universum in alle Ewigkeit ausdehnen; ist Ω größer als eins, dann wird die Gravitation die Expansion eines Tages in eine Kontraktion umkehren. Vielleicht ist es ganz passend, dass der letzte Buchstabe des griechischen Alphabets diese Aufgabe bekommen hat. Doch da man nun eine kosmologische Konstante gefunden hat, werden die Spielregeln etwas verändert. Die kosmologische Konstante versetzt der Expansion einen zusätzlichen Schub, und das bedeutet, dass fast unabhängig davon, welchen Wert Ω hat, das Universum sich dennoch in alle Ewigkeit ausdehnen wird.

Der Wert von Ω ist auch aus einem anderen Blickwinkel heraus noch interessant. Nach Einstein gibt es nämlich einen Zusammenhang zwischen Ω und der räumlichen Ausdehnung des Universums. Ein Universum mit Ω größer als eins wird *geschlossen* genannt und ist endlich groß. Ein Universum mit Ω kleiner als eins wird hingegen *offen* genannt und ist so groß wie möglich. Wenn ein Universum ohne Ende schwer vorstellbar ist – wie kann denn etwas unendlich sein? –, dann ist ein endliches Universum eigentlich noch unbegreiflicher. Was kommt nach dem Ende? Um verstehen zu können, wie das alles zusammenhängt, muss man sich ein einfaches Modell ausdenken, und wie ich schon vorgeschlagen habe, ist es ganz gut, nur eine oder zwei Dimensionen auszusuchen. Lassen Sie uns also eine Welt entwerfen, die aus den zwei Raumdimensionen auf der Außenseite einer Kugel besteht. Nun nehmen wir einmal an, Sie seien ein gänzlich plattes Schattenwesen, das an der Oberfläche der Kugel lebt – genau wie das, das uns half, die gekrümmte Raumzeit zu verstehen. Sie haben keine Vorstellung von einer zusätzlichen dritten Richtung. In einer solchen Welt werden Sie niemals an einen Rand kommen, wie weit Sie auch fahren, und das, obwohl die Welt doch nicht so groß wie möglich ist. Stattdessen werden Sie immer an denselben Punkt zurückkehren, von dem aus Sie gestartet sind. Um zu verstehen, wie ein solches Universum sich entwickeln kann, kann man ein Gleichnis benutzen, in dem das Universum wie ein Ballon betrachtet wird, der immer weiter aufgeblasen wird, um dann eines Tages plötzlich wieder immer kleiner zu werden. Die Oberfläche des Ballons ist immer endlich groß, und auf dieselbe Weise würde auch unser Universum nicht unendlich viele Galaxien enthalten. Ich möchte aber betonen, dass die Geschichte mit dem aufgeblasenen Ballon nur ein Gleichnis ist, mit dem man vorsichtig umgehen muss. Um deutlich zu sehen, was es beinhaltet, müssen wir die runde Oberfläche in einem dreidimensionalen Raum zeichnen, in dem sie sich krümmen kann. Doch das ist nur ein Hilfsmittel für unsere unzureichende Phantasie. Die gekrümmte Oberfläche oder

302

der gekrümmte Raum, wenn wir noch eine Dimension hinzunehmen, um unsere Welt zu beschreiben, ist sich selbst genug und braucht eigentlich keine zusätzlichen Dimensionen, in denen es sich einen krummen Rücken holen muss.

Die Mathematik hat also keine Probleme damit, endliche Welten zu beschreiben, die dennoch keinen Rand haben. Was es draußen gibt, bleibt bedeutungslos. Es ist nicht einmal leer, es gibt keinen Raum, keine Zeit, wirklich nichts. Schon Aristoteles kämpfte mühsam mit vergleichbaren Überlegungen, um sein Weltbild zu verstehen. Raum war für Aristoteles etwas, was durch die umgebende Materie definiert wurde. Eine sinnvolle Leere gab es nicht, ohne Materie konnte man nicht einmal über Zeit und Raum sprechen. Dafür gab es auch buchstäblich nichts außerhalb der äußersten Sternsphären. Keinen Raum, keine Zeit, nichts. Möglicherweise sind diese Ideen von einer gewissen Eleganz, doch es gab dann Schwierigkeiten, wenn man dem Weltall selbst einen Raum zuordnen wollte. Denn wenn nur die Materie etwas darüber aussagt, wo sich etwas befindet, wie kann dann etwas, das von gar nichts umgeben ist, hier oder dort ausgemacht werden? Das ist ein Rätsel, über das man Tausende von Jahren nachdenken könnte.

Doch wie soll man dann ein offenes, unendliches Universum betrachten? Es ist natürlich schwierig, sich vorzustellen, dass das Universum immer unendlich groß war, und dass es auch unendlich groß geboren wurde. Doch anstatt zu versuchen, diese Unendlichkeit unmittelbar zu begreifen, sollte man besser versuchen herauszubekommen, was das denn in unseren Erfahrungs-Begriffen bedeutet. Wie wäre es, in einem solchen Universum zu leben?

Wenn das Universum unendlich groß ist, dann bedeutet das ganz einfach, dass wir so weit reisen können, wie wir wollen, und ständig neue Galaxien entdecken, ohne jemals an irgendein Ende zu kommen. Eigentlich ist das nichts Besonderes. Doch ein solches Universum kann trotzdem expandieren, nämlich insofern, als der Abstand zwischen allen Galaxien im Laufe der Zeit größer wird. Wenn das Universum heute unendlich groß ist, dann wird es morgen immer noch unendlich groß sein, und gestern war es auch unendlich groß. Das gilt auch für die Zeit direkt nach dem Urknall, als die Materie natürlich sehr dicht war. Überall. Doch seither ist sie immer dünner geworden. Gleichzeitig und überall in der unendlich großen Welt.

Das Universum wiegen

Wie viel Materie gibt es, welchen Wert hat Ω? Welche der Möglichkeiten, die ich geschildert habe, sind die richtigen? Um auf diese Fragen antworten zu können, müsste man das Universum wiegen können, und das hat man tatsächlich versucht zu tun. Man hat alle Sterne und Gaswolken berechnet, die man sehen kann, und von dort aus geschätzt, wie viel Materie es gibt. Die Antwort liegt ungefähr bei dem kritischen Wert, und der Schluss scheint folgerichtig: Es ist ein unendliches, ewig expandierendes Universum. Aber gibt es vielleicht Materie, die man nicht sieht?

Durch Beobachtungen der Bewegungen der Galaxien weiß man schon seit langem, dass es im Universum mehr Materie gibt als das, was als Sterne sichtbar ist. Es muss sich ein unbekanntes Etwas in der Dunkelheit verbergen und durch seine Gravitationskraft an den Galaxien und Sternen reißen und drehen: Die *Dunkle Materie*. Zu diesem Schluss ist man gekommen, indem man studierte, wie sich die Sterne in der Milchstraße und sogar in anderen Galaxien bewegen. Schon Kepler wusste ja, dass sich die Planeten im Sonnensystem immer langsamer um die Sonne drehen, je weiter entfernt sie sind, und ebenso müsste es sich mit den

Sternen an den Außenkanten der Milchstraße verhalten. Die Geschwindigkeit der Sterne in der Milchstraße müsste mit anderen Worten immer geringer werden, je weiter entfernt sie sind, und je schwächer die Schwerkraft vom Rest der Milchstraße wird. Doch erstaunlicherweise zeigen die Beobachtungen ein ganz anderes Bild. Man hat vielmehr festgestellt, dass die Rotationsgeschwindigkeit im Großen und Ganzen konstant ist, und der einzig sinnvolle Schluss daraus ist, dass es eine zusätzliche Materie geben muss, die den Sternen weiteren Schwung verpasst. Doch es gibt noch mehr Argumente, die darauf hinweisen, dass Ω eben den kritischen Wert haben muss, und dass es damit mehr Materie gibt, als wir sehen.

Wenn die Materie in einem offenen Universum dünner wird, dann verliert sie immer mehr die Fähigkeit, die Expansion zu bremsen. Die Folge davon ist, dass Ω mit der Zeit geringer wird und sich rasch dem Nullpunkt annähert. Deshalb ist es sehr schwer, ein Universum zu konstruieren, in dem ein Ω von ein paar Prozent sonderlich lange aufrecht erhalten wird. Dass es trotzdem so aussieht, als würden wir in einer solchen Zeit leben, hat vielen Astronomen schwere Kopfschmerzen verursacht.

Eine Lösung des Problems wäre natürlich, auf das anthropische Prinzip zurückzugreifen. Wir müssen ja in einer in der mittleren Epoche nach dem Urknall stattfindenden Phase in der Geschichte des Universums leben, da schon Galaxien und Sterne mit gastfreundlichen Erden geschaffen werden konnten. Doch in einem offenen Universum können wir auch nicht allzu lange unterwegs sein, denn dann wären die Sterne schon verloschen und alles wäre dunkel und kalt. Ist das vielleicht die Erklärung? Vielleicht, doch eine solche Erklärung kann für uns nur der letzte Ausweg sein. Sonst übersehen wir womöglich die richtige Antwort.

Eine andere Möglichkeit wäre, dass das Universum ein Ω mit einem Wert von genau eins hat. Das bedeutet nämlich, dass Ω immer eins bleiben wird. Wir leben deshalb nicht in irgendeiner besonderen Epoche der Geschichte, auf der anderen Seite braucht man dann aber noch nicht entdeckte Materie, die uns von dem beobachteten Prozentwert bis zum magischen Wert bringt. Das ist die Dunkle Materie. Allerdings fragt man sich, warum Ω denn diesen wohlabgewogenen Wert hat. Möglicherweise gibt es da irgendeine tiefsinnige Symmetrie oder ein Prinzip, das der Natur gefällt, und es ist eine Tatsache, dass die Inflation, zumindest in ihrer ursprünglichen Form, genau dies zustande bringen kann. Ein Ballon, der ausreichend aufgeblasen wurde, wird ja für ein winziges Wesen, das auf seiner Oberfläche herumkrabbelt, völlig flach wirken.

Doch was könnte jetzt die Dunkle Materie sein? Eine ganz natürliche Möglichkeit ist, dass es sich um gescheiterte, tot geborene Sterne handelt. Ein Stern muss eine Masse von ungefähr 8 Prozent der Masse der Sonne haben, damit das kernphysikalische Feuer in seinem Innern entzündet werden kann. Ein Himmelskörper wie Jupiter, mit einer Masse von ungefähr einem Tausendstel der Sonnenmasse, ist viel zu klein und muss deshalb mit geliehenem Licht leuchten. Man hat solchen Objekten den Namen MACHO – *Massive Compact Halo Objects* – gegeben. Der Name Halo kommt daher, dass man meint, diese Objekte würden hauptsächlich an den Außenkanten der Milchstraße, im Halon vorkommen. Um diese Idee auszuprobieren, hat man das Phänomen der *Mikrolinse* benutzt, wobei die Brechung des Lichts nach den Regeln der Allgemeinen Relativitätstheorie angewandt wird. Das ist derselbe Effekt, den Eddington benutzte, um Einstein ein für alle Mal einen Platz in der Geschichte zu sichern. Doch während Eddington nur anmerken konnte, wie sich die scheinbaren Positionen der Sterne fast unmerklich ein wenig verschoben, geht das Prinzip des *Microlensing* einen Schritt weiter. Die Auswirkungen der Gravitation auf das Licht lassen ein Gravitationsfeld nämlich wie eine Art Teleskop wirken. Das Licht von einem Stern, der direkt hinter einem unsichtbaren, aber schweren Objekt liegt, wird so gekrümmt, dass man einen kleinen Ring sieht, den *Einstein-Ring*. Wenn man aus der richtigen Richtung hinschaut. Außerdem ergibt sich eine Fokussierung des Lichts, sodass dieses verstärkt wird. Man hat geduldig das Licht bei Millionen von Sternen im Magellannebel beobachtet, um herauszufinden, ob etwas passiert. Die Hoffnung war, dass ansonsten unsichtbare Objekte aus der Milchstraße ihre Existenz offenbaren würden, wenn sie zwischen uns und den entlegenen Sternen hindurchgehen. Und zwar nicht so, dass sich der Stern in einen Ring verwandelt – auch wenn es in Wirklichkeit einen Ring gibt, so ist dieser doch viel zu klein, als dass man ihn sehen könnte –, sondern durch die Fokussierung des Lichts, die bewirkt, dass der Stern erkennbar stärker wird. Und man hat es wirklich geschafft, solche erstaunlichen Geschehnisse zu beobachten. Hier und da leuchtet ein Stern ein paar Wochen lang etwas heller und erzählt uns damit von den unsichtbaren Körpern, die sich draußen in der Dunkelheit bewegen.

Manchmal scheinen sich da draußen trotz allem nicht genügend Objekte zu bewegen, um all die Dunkle Materie zu erklären. Und das ist eigentlich auch ganz gut. Denn wenn man durch Microlensing alle Dunkle Materie entdeckt hätte, und es sich gezeigt hätte, dass es alles einfach tot geborene Sterne sind, dann hätte man schon wieder ein Problem am Hals. Das meiste von dem Helium, das es im Universum gibt, wurde ungefähr drei Minuten nach der Schöpfung gebildet, und weil man die richtigen Mengen vorausberechnen kann, dürfte es nicht viel mehr gewöhnliche Materie im Universum geben als die, die man schon kennt. Die Dunkle

Materie kann deshalb nicht nur aus tot geborenen Sternen bestehen, sie muss auch etwas anderes sein, etwas, was das Rezept für die drei Minuten alte kernphysikalische Ursuppe nicht beeinträchtigt. Also will ich ein wenig davon erzählen, was dieses andere sein könnte.

Wie besonders wir sind

Wenn es MACHOs gibt, dann muss es auch WIMPs geben, also *Weakly Interacting Massive Particles*. Das ist ein Sammelname für mögliche Kandidaten aus der Dunklen Materie, die der frühen Kernphysik nicht in die Suppe spucken. Um herauszubekommen, worum es sich dabei handelt, müssen wir ein paar exotischere Möglichkeiten untersuchen als nur gescheiterte Sterne. Wir müssen uns den mikroskopischen Partikeln der Teilchenphysik zuwenden.

Das Teilchen, das sich da am ehesten anbietet, ist das Neutrino. Das Neutrino ist ja ein Teilchen, das unmerklich Lichtjahre von Blei durchqueren kann, und deshalb kann man sich gut vorstellen, dass es in unerhörten Mengen vorhanden ist, ohne viel Aufheben um sich zu machen. Man kann tatsächlich ausrechnen, wie viele Neutrinos es gibt, da es eine Art Hintergrundstrahlung von Neutrinos geben müsste, die der gewöhnlichen Hintergrundstrahlung von Mikrowellen nicht unähnlich ist. Selbst wenn man lange dachte, dass es den Neutrinos an Masse fehlt, hat man doch kürzlich tief unten in japanischen Höhlen die Eigenschaften der Neutrinos messen können und herausgefunden, dass sie trotz allem ein wenig wiegen. Leider ist diese Masse allzu klein, als dass die Neutrinos, trotz ihrer unglaublichen Anzahl, die seit Anbeginn der Zeit im All herumsaust, einen entscheidenden Einfluss auf die Bewegung der Galaxien haben könnten. Wahrscheinlicher ist, dass es da draußen etwas ganz Neues gibt, vielleicht eines der exotischen Partikel, die die Physik im Innersten der Materie vermutet.

Favorit in diesem Zusammenhang sind die supersymmetrischen Teilchen, von denen man sich in der Teilchenphysik so viel Gutes erhofft. Hält die Kosmologie vielleicht noch eine bedeutungsvolle Rolle für sie bereit? Im Unterschied zu den leichten Neutrinos, die mit Geschwindigkeiten nahe der Lichtgeschwindigkeit herumsausen, sind die supersymmetrischen Teilchen schwere Ungetüme, die, wenn sie die Dunkle Materie ausmachen, sich deutlich schwerfälliger bewegen. Man bezeichnet die Neutrinos als heiße Dunkle Materie und die supersymmetrischen Teilchen als kalte Dunkle Materie. Wie soll man da nun beurteilen können, ob man auf der richtigen Spur ist? Wie kann man die supersymmetrischen Teilchen in der Dunkelheit zwischen den Sternen finden? Da sie so schwer und träge sind – sie wiegen ja viele hundertmal mehr als ein Proton –, sind sie auch relativ leicht zu fangen. Sie müssten sich zum Beispiel in großen Mengen in den Sternen sammeln. Auch wenn ein einzelnes supersymmetrisches Teilchen ein Teilchen ist, das im Grunde ewig währt, so führen sie doch eine unsichere Existenz, wenn sie zu mehreren zusammen sind. Supersymmetrische Teilchen können nämlich in gewöhnliche Materie umgewandelt werden, wenn dies paarweise geschieht. Zu zweit können sie getroffen werden und in Licht und Neutrinos umgewandelt werden. Die Wahrscheinlichkeit, dass sie einander finden, ist natürlich größer, weil sie in so großer Anzahl vorhanden sind. So wie in der Sonne. Oder vielleicht in der Erde. Am Südpol, tief im ewigen Eis, hat man nach Lichtblitzen gesucht, die von diesen Neutrinos hervorgerufen wurden, die wiederum von zerfallenden supersymmetrischen Teilchen im Innern der Sonne stammen. Niemand weiß, ob man sie jemals sehen wird. Vielleicht wird man stattdessen etwas völlig anderes entdecken, das niemand sich hat vorstellen können. AMANDA heißt ein internationales Projekt, das zum Ziel hat, ein funktionierendes Neutrinoteleskop zu bauen.

Es scheint also ganz so, als ob die meiste Energie und Materie hier auf der Welt von völlig anderer Art ist, als wir es im Alltag kennen. Zum Teil erscheint sie in Form der rätselhaften kosmologischen Konstante, zum Teil in Form der Dunklen Materie. Ist das vielleicht der nächste Schritt in der kopernikanischen Revolution? Nicht genug damit, dass die Erde nicht das Zentrum des Weltalls ist, und dass die Sonne nur ein gewöhnlicher Stern am Außenrand einer Galaxie unter Milliarden anderen ist, außerdem sind wir selbst und alles, was wir sehen, bloß ein kleines Kräuseln, eine Anomalie auf der Oberfläche von etwas völlig Anderem und Dominantem. Die Welt ist nicht das, wofür wir sie gehalten haben. Sofern das überhaupt jemand ernsthaft geglaubt hat.

Die Ewigkeit

»Ist die Zeit hinter uns lang oder kurz? Das weiß keiner.«
Werner Aspenström

Der Urknall war nicht die einzige Theorie im letzten halben Jahrhundert für die Entstehung des Universums. Man könnte ja glauben, dass die Entdeckung eines sich ausdehnenden Universums eine gewaltsame Schöpfung in Form einer mächtigen Explosion notwendig macht. Doch so einfach ist es nicht. Sir Fred Hoyle (1915–2001), Hermann Bondi und Thomas Gold hatten eine völlig andere Vorstellung. Sie glaubten, dass das Universum schon immer existiert habe. Da die Galaxien sich voneinander entfernen, wird an ihrer Stelle neue Materie geschaffen. Ein Atom hier, ein Atom da, das ist nicht viel, reicht aber aus, um die Zwischenräume auszufüllen. Damit wäre das Universum ewig. Es war schon immer da, es wird immer da sein, und es wird immer ungefähr gleich aussehen. Das ist das *Perfekte Kosmologische Prinzip*. Das kosmologische Prinzip, das allgemein akzeptiert ist, besagt, dass das Universum *überall* gleich aussieht. Das perfekte kosmologische Prinzip sagt nun, dass das Universum überdies *durch alle Zeiten* gleich aussieht. Die Theorie dazu nennt man *Steady State*, und sie war bis in die 60er Jahre, als die Hintergrundstrahlung entdeckt wurde, eine würdige Konkurrentin für die Urknall-Theorie. Die einfachste oder vielleicht die einzige Erklärung für dieses Phänomen ist eben die, dass man den Urknall selbst sehen kann. Hoyle hielt bis zu seinem Tod an dem Glauben an ein ewiges Universum fest. Ironischerweise war es auch Hoyle, der einmal in einem Radiointerview den Begriff des »Big Bang« (»Urknall«) prägte. Er wollte sich damit über die Theorie, an die er nicht glaubte, lustig machen, doch der Name setzte sich fest und ist auch über den englischsprachigen Raum hinaus gebräuchlich.

Hoyle war überhaupt von einem seltsamen Ruf umgeben. Er gehörte zu den Ersten, die begriffen, warum die Sterne leuchten, und viele meinten, dass er deshalb den Nobelpreis verdient hätte. Dann hat er in der Paläontologie Unheil angerichtet, indem er behauptete, der fossile Urvogel Archäopteryx sei eine Fälschung. Er meinte, dass die fossilen Vögel in Wirklichkeit gewöhnliche Dinosaurier gewesen seien, und dass jemand den Stein manipuliert hätte, damit er wie der Abdruck von Federn wirke. Das erzeugte eine gewisse Unruhe, doch man konnte schnell durch die Entdeckung neuer Fossilien beweisen, dass dieser Vorwurf nicht berechtigt war. Hoyle hat auch spekuliert, dass das Leben vom All auf die Erde gekommen sein könnte. Hier liegt er auf einer Linie mit dem Schweden Svante Arrhenius, der nicht nur über Kometenschweife nachdachte, sondern sich in seiner

Panspermientheorie auch vorstellte, wie der Lebenssamen in der Milchstraße herumschwebt, um dann auf die Erde niederzusinken. Hoyles eigener kleiner, zweifelhafter Gedanke war die Überlegung, dass das immer noch hier und da geschehen würde. So sollten nach dieser Theorie Influenzaepidemien von neuen Organismen verursacht werden, die über Kometen in die inneren Teile des Sonnensystems eingebracht würden. In seiner Science-Fiction-Erzählung *Die schwarze Wolke* nimmt Hoyle diesen Gedanken noch einmal auf, indem er die Begegnung der Erde mit einer interstellaren Wolke schildert, die sich dann als ein lebendes und denkendes Wesen entpuppt. Hoyle hat gewiss viele seltsame Ideen gehabt, und es wird sich erweisen müssen, wie viele davon irgendetwas mit der Wirklichkeit zu tun haben.

Doch ich muss zugeben, dass ich einen gewissen Hang zu der ewigen Welt empfinde, von der Hoyle träumte. Es fühlt sich einfach so viel sinnvoller an. Hoyle erzählte von uralten Galaxienhaufen, die seit mehr als tausend Milliarden Jahren existieren. Da wird einem schwindelig. In dem Universum, das von der Urknall-Theorie beherrscht wird, ist ein solches Alter bedeutungslos, denn es hat noch nichts so lange existiert. Und das, was bleibt, kommt einem dann fast etwas mickrig vor. Doch es gibt eine Möglichkeit, sowohl das Ewige zu behalten als auch den Urknall, der doch trotz allem die beste Beschreibung der Natur zu sein scheint.

Als Hoyle in seiner Steady-State-Theorie beschreiben wollte, wie sich aus dem leeren Nichts Materie bildet, da führte er ein geheimnisvolles Feld ein, welches das Weltall durchzog. Aus diesem könnte Materie geschaffen werden. Es gibt nicht viele Leute, die diese Theorie ernst genommen haben, aber das Lustige daran ist, dass Hoyles Feld in vieler Hinsicht den Feldern gleicht, die hinter der seit langem entdeckten Inflationstheorie liegen. Und auch diese Felder schaffen Materie – auch wenn das sehr plötzlich geschieht, und nur in dem Augenblick, wenn die Inflation aufhört. Es gibt also unter der Sonne nichts Neues.

Die Inflation trägt auch den Samen zu einer Theorie in sich, die beschreibt, wie das ganze Universum aus dem Nichts entstehen kann, und wie sich neue Weltblasen ausdehnen und Knospen auf den alten entstehen. Eine ewige Reihe von Welten wie Perlen auf einer unendlichen Perlenschnur. Unsere Welt hat vielleicht eine Mutterwelt in der Vergangenheit, die ihrerseits von einem grenzenlosen Vergangenen ohne Anfang abstammt. Vielleicht unterscheiden sich die Welten voneinander, vielleicht tragen wir ein Erbe aus der früheren Existenz in uns, die mit etwas Neuem gewürzt ist, und vielleicht sind einige Perlen schöner als die anderen. Unser Universum dehnt sich vielleicht in alle Ewigkeit aus und wird kälter, doch das bedeutet nicht, dass das Leben und die denkende Materie unweigerlich vergehen werden. Vielleicht ist es unser Ziel, die Naturkräfte so gut zu beherrschen, dass wir eines Tages unsere alternde Welt verlassen und in eine neu entsprungene Weltenknospe gehen können, die in einem neuen und vielleicht besseren Universum ausschlagen wird. Hoyles ewiges Weltall wird auf diese Weise zu einer reellen Möglichkeit.

Es ist immer gefährlich, wenn etwas zu einem Dogma wird, wenn man nicht mehr länger zweifeln darf. In der Kosmologie war man lange Zeit auf Glauben angewiesen, weil man keine ausreichend gründlichen Beobachtungen hatte, um sichere Schlüsse ziehen zu können. Glücklicherweise verbessert sich diese Situation allmählich. Die Möglichkeiten, die Schöpfung auf eine vorurteilslose Weise studieren zu können, sind immer besser geworden. Im Laufe der Geschichte ist das Weltbild von vorgefassten Meinungen aus der Religion und der Philosophie gefärbt worden. Vielleicht bilden wir uns ein, dass wir dagegen immun seien, und dass wir uns der Rätsel auf eine objektive und wissenschaftliche

Weise annehmen könnten. Doch ich muss gestehen, dass ich ein schleichendes Misstrauen hege, ob die moderne Auffassung von einem Universum in der Entwicklung von einer einzigartigen Schöpfung nicht allzu wohlangepasst an das westliche Gedankenerbe ist, in dem auf eine Schöpfung eine lineare Entwicklung und Geschichte folgt. Aber vielleicht sollte ich diese Zweifel nicht äußern.

Wie dem auch sei, die Antwort wird nicht von derartigen Überlegungen abhängig sein. Die Wissenschaft besitzt einen eingebauten Mechanismus, der am Ende auch die hartnäckigsten Wahnvorstellungen zerschlägt. Eines Tages werden wir es wirklich wissen. Und vielleicht werden wir feststellen, dass es jenseits von Swedenborgs Punkt eine Ewigkeit gibt.

Nachwort

*

Es gibt viele Menschen, die mir auf unterschiedliche Weise geholfen haben, und es ist völlig unmöglich, sie alle aufzuzählen. Doch einige von ihnen, die mit wohldefinierten Problemen oder auf andere Weise eine wichtige Rolle gespielt haben, sind Jan Blomgren, Karin Carlsson, Nanny Fröman, Bengt Gustafsson, Göran Henriksson, Carl Nordling, Gunnar Tibell und Staffan Yngve an der Universität Uppsala, Lars Bergström und Hans Mathlein an der Universität Stockholm und Tommy Danielsson an der Hochschule von Dalarna und Stanislaw Iwaniszewski in Mexiko. Ich möchte auch Rolf Paulsson und Hector Rubinstein danken, die mir halfen, meinen Kurs »Physik für Poeten« an der Universität Uppsala zu verwirklichen. Während der Arbeit in diesem Kurs beschloss ich, dieses Buch zu schreiben.

Und schließlich, aber am allermeisten, möchte ich meiner Familie danken – Karolina, Oskar und Klara –, die ja auch hier und da im Buch auftauchen.

Ich möchte auch einige der Bücher, die mir während meiner Arbeit von Nutzen waren, oder von denen ich glaube, dass sie für eine weiterführende Lektüre geeignet wären, erwähnen. In der populärwissenschaftlichen Physik und Astronomie gibt es viele Erklärungen und Gleichnisse, auf die man in allen möglichen Büchern immer wieder stößt, ohne dass irgendjemand weiß, wer sie sich eigentlich zuerst ausgedacht hat. Ich habe, so weit es ging, auf eigenen Beispielen aufgebaut – oder zumindest auf solchen, von denen ich glaube, dass sie meine eigenen waren. Doch an Stellen, wo es erforderlich war, habe ich mir natürlich auch welche ausgeliehen.

Für den, der sich in das mittelalterliche Denken vertiefen will, gibt es viele interessante ideenhistorische Bücher, doch das, in dem ich am eifrigsten geblättert habe, ist *Das physikalische Weltbild des Mittelalters* von Edward Grant. Über Swedenborg kann man in *Vom Leben auf der anderen Seite* von Olof Lagercrantz lesen.

Isaac Newton spielt in meinem Buch eine wichtige Rolle, und man kann mehr über ihn in *Isaac Newton, the last sorcerer* von Michael White lesen.

Über das Problem der geographischen Länge und den Uhrmacher John Harrison kann man in *Längengrad* von Dava Sobel lesen. *Die Entdeckung der Tiefenzeit* von Stephen Jay Gould handelt davon, wie man entdeckte, dass die Erde uralt ist. Gould hat auch eine lange Reihe lesenswerter Essays über sein Fachgebiet der Paläontologie geschrieben, aber auch über die Naturwissenschaft im Allgemeinen.

Eine Goldgrube für alle, die sich für Kometen interessieren, ist *Comets* von Donald K. Yeomans, in dem man unter anderem über den gescheiterten Astrologen John Gadbury lesen kann.

Es gibt unzählige Bücher über die Relativität und die Zeit, doch eines, das besonders unterhaltsam ist, ist *The river of time* von Igor Novikov, es war auch für mich eine echte Quelle der Inspiration. Auf das wunderbare Zitat über die Erinnerung aus *Alice im Wunderland* wurde ich erst in Novikovs Buch aufmerksam. Die darauf folgenden Überlegungen über das menschliche Gedächtnis sind eine Variante von einer Gedankenfolge in *Das Universum, eine kurze Geschichte der Zeit* von Stephen Hawking. *So baut man eine Zeitmaschine* von Paul Davies ist ebenfalls ein Buch über die Relativität, das ich empfehlen möchte. Sowohl in Davies als auch in Novikovs Buch kann man übrigens über die relativistische Reise der Muonen lesen.

Eine sehr umfassende Beschreibung von Schwarzen Löchern und gekrümmter Raumzeit ist *Gekrümmter Raum und verbogene Zeit* von Kip S. Thorne. Hier kann man mehr über Wurmlöcher, Schwarze Löcher, Billardspielen und Zeitmaschinen erfahren. Es enthält auch Beispiele für Raumfahrten zu entfernten Galaxien und Schwarzen Löchern, wie ich sie auch erdacht habe. Doch alle meine Beispiele beruhen auf eigenen Berechnungen. Über Murray Gell-Mann und die Entdeckung der Quarks kann man in der Biographie *Strange Beauty* von George Johnson lesen.

Über mein eigenes Spezialgebiet, die Stringtheorie, kann man in *Das elegante Universum* von Brian Greene lesen, das eine gute und populäre Übersicht bietet. *Das Universum in einer Nussschale* von Stephen Hawking ist ein surrealistisches Bilderbuch über Strings und Kosmologie.

In *Die fünf Zeitalter des Universums* von Fred Adams und Greg Laughlin kann man lesen, wie die Geschichte des Universums über richtig lange Zeit hinweg aussieht. Wer ein Buch über das Nichts haben möchte, dem rate ich *The book of nothing* von John Barrow zu lesen. Barrow hat auch eine Reihe anderer Bücher geschrieben, wie zum Beispiel *The artful universe*. Darin kann man mehr über Eudoxos, Hipparchos und die Präzession lesen. Doch wenn man etwas wirklich Inspirierendes lesen möchte, dann ist es am einfachsten, irgendein Buch von Peter Nilsson zur Hand zu nehmen.

Literatur

★

Adams, Douglas – Per Anhalter durch die Galaxis. (Ü.: Benjamin Schwarz) Ullstein Verlag, Frankfurt, Berlin 1994

Adams, Fred/ Laughlin, Greg – Die fünf Zeitalter des Universums. Eine Physik der Ewigkeit. (Ü.: Anita Ehlers). Deutsche Verlagsanstalt, Stuttgart 2000

Borges, Jorge Luis – Der andere. In: Das Sandbuch. (Ü.: Dieter E. Zimmer). Hanser Verlag, München, Wien 1977.

Davies, Paul – So baut man eine Zeitmaschine. Eine Gebrauchsanweisung. (Ü.: Helmut Reuter). Piper Verlag, München 2004

Dechend, Helga von/Sanitillana, Giorgio de – Die Mühle des Hamlet. Ein Essay über Mythos und das Gerüst der Zeit. (Ü.: Beate Ziegs). Kammerer und Unverzagt, Berlin 1993

Eco, Umberto – Die Insel des vorigen Tages. (Ü.: Burkhart Kroeber) Hanser Verlag, München/Wien 1995.

Freidel, David und Schele Linda – Die unbekannte Welt der Maya. Das Geheimnis ihrer Kultur entschlüsselt. (Ü.: Johann George Scheffner). Knaus Verlag, München 1991

Ferlin, Nils – Im Labyrinth des Lebens. Ausgewählte Gedichte. (Ü.: Klaus-Rüdiger Utschick). Anacreon Verlag, München 2003

Gould, Stephen Jay –   Die Entdeckung der Tiefenzeit. Zeit pfeil oder Zeitzyklus in der Geschichte unserer Erde. (Ü.: Holger Fliessbach). Deutscher Taschenbuch Verlag, München 1992

Grant, Edward –   Das physikalische Weltbild des Mittelalters. (Ü.: Jan Prelog) Artemis Verlag, Zürich/München 1980

Gamow, George –   Mr. Tompkins im Wunderland oder Träumereien von c, g und h. (Ü.: Hans W. Polak) Ill.: John Hookham. Zsolnay Verlag, Wien 1954

ders. –   Mr. Tompkins seltsame Reisen durch Kosmos und Mikrokosmos. (Ü.: Helga Stadler). Vieweg, Wiesbaden 1984

ders. –   Nicht mehr per Sie mit dem Atom. (Ü.: E. Behrens). Physik Verlag, Mosbach/Baden 1963

Goethe, J.W. von –   Confession des Verfassers.
In: Naturwissenschaftliche Schriften II,4. Weimarer Sophienausgabe

Greene, Brian –   Das elegante Universum. Superstrings, verborgene Dimensionen und die Suche nach der Weltformel. (Ü.: Hainer Kober). Siedler Verlag, Berlin 2000

Hawking, Stephen W. –   Das Universum in der Nussschale. (Ü.: Hainer Kober). Hoffmann und Campe Verlag, Hamburg 2001

ders. –   Eine kurze Geschichte der Zeit. Die Suche nach der Urkraft des Universums. (Ü.: Hainer Kober). Rowohlt Verlag, Reinbek 1988

Kant, Immanuel –   Kritik der reinen Vernunft I. In: Werke in 12 Bänden, Bd. III, Suhrkamp Verlag, Frankfurt a. M. 1956, S. 78

Kopernikus,
Nikolaus –
Über die Kreisbewegungen der Welt-
körper/De revolutionibus orbium cae-
lestium. (Ü.: C.L. Menzner). Akademie
Verlag, Berlin

Lagercrantz, Olof – Vom Leben auf der anderen Seite. (Ü.:
Angelika Gundlach) Suhrkamp Verlag,
Frankfurt a. M. 1997

Manitus, K./
Neugebauer, O.
(Hg.) –
Ptolemäus, Claudius: Handbuch der
Astronomie (Almagest). Teubner,
Leipzig

Martinson, Harry – Aniara. Eine Revue vom Menschen in
Zeit und Raum. Lyr. Epos in 103 Ge-
sängen. (Ü.: Herbert Sandberg). Nym-
phenburger Verlags-Handlung, München 1961

Proust, Marcel – Auf der Suche nach der verlorenen
Zeit. Bd. 10: Die wiedergefundene
Zeit. (Ü.: Eva Rechel-Mertens) Suhrkamp Verlag, Frankfurt a. M. 1957, S.
4185

Schrödinger, Erwin – Was ist Leben? Die lebende Zelle mit
den Augen des Physikers betrachtet.
(Ü.: L. Mazurczak). Piper Verlag, Mün-
chen/Zürich 1987

Shakespeare,
William –
Der Kaufmann von Venedig. In: Sämt-
liche Werke Bd.I. (Ü.: Schlegel/Tieck).
Verlag Lambert Schneider, Heidelberg
1978, S.629

ders. – Hamlet. In: Sämtliche Werke Bd. III
(Ü.: Schlegel/Tieck).Verlag Lambert
Schneider, Heidelberg 1978, S. 478

Thorne, Kip S. – Gekrümmter Raum und verbogene
Zeit. (Ü.: Doris Gerstner und Shankat
Khan). Droemer Knaur, München
1994